儿童和青少年
心理综合评估与整合干预实践

The Practice of Comprehensive Assessment and Multilevel
Psychological Support for Children and Adolescents

杨婵娟 殷炜珍 朱颖贤 等 著

·广州·

图书在版编目（CIP）数据

儿童和青少年心理综合评估与整合干预实践／杨婵娟，殷炜珍，朱颖贤等著．－－广州：华南理工大学出版社，2025.6．－－ISBN 978－7－5623－8056－6

Ⅰ．B844

中国国家版本馆 CIP 数据核字第 2025477TM8 号

儿童和青少年心理综合评估与整合干预实践

杨婵娟　殷炜珍　朱颖贤　等著

出 版 人：房俊东
出版发行：华南理工大学出版社
　　　　　（广州五山华南理工大学 17 号楼，邮编 510640）
　　　　　http://hg.cb.scut.edu.cn　E-mail：scutc13@scut.edu.cn
　　　　　营销部电话：020-87113487　87111048（传真）
策划编辑：林起提　李　璟
责任编辑：卜穗珍
责任校对：陈海娃
印 刷 者：广东鹏腾宇文化创新有限公司
开　　本：787mm×1092mm　1/16　印张：13.75　字数：327 千
版　　次：2025 年 6 月第 1 版　印次：2025 年 6 月第 1 次印刷
定　　价：68.00 元

版权所有　盗版必究　　印装差错　负责调换

编 委 会

学 术 顾 问：宁玉萍　曹莉萍
编委会主任：周燕玲
编委会副主任：宋子仪　陈佩仪　钟思倩
编　　　委：杨婵娟　殷炜珍　朱颖贤
　　　　　　　郝小玉　欧玉芬　孙加琪
　　　　　　　朱智航　洪丹萍　卢京洁
　　　　　　　孙菁阳

前 言

随着社会的快速发展，儿童和青少年心理健康问题日益受到广泛关注，作为精神卫生工作者，我们既欣慰于公众认知的提高，又深切感受到现有服务体系面临的严峻挑战——心理评估碎片化、干预手段单一化、多学科协作不足等问题，仍在制约着儿童和青少年及其家庭的康复之路。标准化的量表无法全然理解孩子们真正的心理困境，单一化的心理干预也难以解开成长的青春迷局。正是基于这样的现实痛点，广州医科大学附属脑科医院儿少科团队历经十余年的临床探索，在多学科团队的共同努力下，逐步构建起一套"儿童和青少年心理综合评估与整合干预"的创新模式，并欣喜地看到这一模式在实践中展现出的独特专业价值。

本书既是我们对这段探索历程的系统总结，更是一次坦诚的经验分享。2015年始，笔者团队引进首发精神病早期整合干预（NAVIGATE）项目，并进行本土化的调整和实践，目前逐步发展和建立了儿童和青少年心理综合评估与整合干预的创新模式。在实践过程中，我们遵循"问题导向—实践验证—开放共建"的原则，构建起持续改进的螺旋式上升路径：从政策层面的机遇与挑战切入，解读国家心理健康促进行动的战略意义；以临床痛点为锚点，通过综合评估和整合干预实践，验证方案的有效性；建立患者及工作人员的反馈机制，动态优化流程；推动这套模式的完善迭代，拓展跨学科团队协作的网络。本书呈现的每套标准化流程、每个精心设计的干预项目，都凝结着临床一线工作者的智慧和心血，更饱含着对儿童和青少年心理发展与成长的专业认知与温情守护。

近年来，我们有幸在各大学术会议上与同行交流和分享儿童和青少年心理综合评估与整合干预的创新模式，也不断收到来自全国各地的学习申请，我们既感荣幸，又觉责任重大。由于儿童和青少年心理领域的复杂性与发展性，本书内容难免存在不足之处，恳请同行和读者批评指正。因此，也特别想对正在阅读此书的同行说：我们深知这套模式尚需持续完善，当您将本书中的方案付诸实践时，可能会遇到文化适配、资源限制、家庭配合度等现实挑战，这正是我们与您开启对话的契机。本书不仅呈现模式框架，更着力于搭建一个"专业、科学、开放、

共享"的持续发展平台。我们诚挚邀请您通过多学科联合会诊、案例研讨、线上工作坊等形式,共同完善儿童和青少年心理综合评估与整合干预的模式,探索更科学、更实用和更能体现人文关怀的本土化干预路径,让这套模式在更多元的文化土壤中扎根生长。

成长就像一场冒险,有时会遇到情绪的风暴、学业的压力或人际关系的迷雾。这些问题不是"软弱"或"错误",而是每个人都会经历的挑战。我们看到的不仅是此刻的困惑,更触摸到生命破茧的力量。我们期待与所有心理工作者并肩同行,带着综合心理评估这幅"心理地图",用整合心理干预的"一砖一瓦"搭建通向心灵的桥梁,为孩子们构筑温暖治愈的港湾。期待这本书也能点燃每一位专业坚守者心中的星火,让微光终成燎原之势!

杨婵娟

广州医科大学附属脑科医院

2025 年 4 月

目 录

第一章 儿童和青少年心理工作概述 ·· 1
- 第一节 儿童和青少年心理工作现状与趋势 ···································· 1
- 第二节 相关从业人员对早期识别与整合干预的认知情况 ················ 4
- 第三节 儿童和青少年心理工作的特点 ·· 16
- 第四节 儿童和青少年心理工作的胜任力 ···································· 17
- 第五节 儿童和青少年心理工作者需遵守的法律与伦理 ·················· 23

第二章 儿童和青少年心理综合评估与整合干预模式 ······················· 29
- 第一节 理论基础 ··· 29
- 第二节 心理综合评估与整合干预创新模式 ································· 35
- 第三节 团队协作 ··· 42
- 第四节 案例示例 ··· 47

第三章 综合心理评估实践 ··· 56
- 第一节 概述 ··· 56
- 第二节 情绪障碍综合心理评估 ·· 62
- 第三节 发育障碍综合心理评估 ·· 97
- 第四节 精神病性问题综合心理评估 ··· 114
- 第五节 深度访谈评估 ·· 122

第四章 整合心理干预实践···136
第一节 心理干预计划制订···136
第二节 情绪障碍整合心理干预···143
第三节 发育障碍整合心理干预···157
第四节 精神病整合心理干预··175

第五章 团队建设及体系保障···186
第一节 团队建设···186
第二节 质量安全管理··195
第三节 硬件及软件资源保障··204

第一章

儿童和青少年心理工作概述

第一节 儿童和青少年心理工作现状与趋势

一、现状

儿童和青少年的精神心理健康问题已在全世界范围内成为严峻的社会问题。在全球25.16亿名5~24岁儿童和青少年中,有2.93亿人至少患一种精神障碍,5~9岁、10~14岁、15~19岁和20~24岁四个年龄段的儿童和青少年的精神障碍患病率依次为6.81%、12.40%、13.96%和13.63%(IHME,2019)。在所有疾病导致的伤残中,约1/5的疾病可归因于精神障碍(Kieling et al.,2024)。而在我国,最新调查显示,儿童和青少年总体的精神障碍患病率为17.5%(Li et al.,2022)。儿童和青少年焦虑、抑郁、网络依赖、自伤、自杀等心理行为问题给其自身、家庭、社会带来负面的影响以及沉重的负担,成为当今严峻的社会问题。

然而,儿童和青少年精神心理相关专业人员不足的问题长期存在,2019年曾有报道称我国专职儿童精神专科医生人数不足500人且分配严重不均(Wu et al.,2019)。近年,随着儿童和青少年精神心理问题呈上升趋势(Li et al.,2022;陈子玥等,2023;Duan et al.,2020),专业的儿童和青少年精神心理卫生服务的供需不平衡现象越发突显。为应对儿童和青少年精神障碍患者医疗服务不足的问题,越来越多机构正在成立儿童和青少年精神心理专科,由普通精神心理专科人员转型服务儿童和青少年患者。但是,儿童和青少年心理健康服务的规范性培训仍短缺,未能真正实现"专业且规范"。此外,我国儿童和青少年心理健康服务规范和指南尚待统一与完善,符合国情的本土化儿童和青少年心理评估及干预服务规范和体系尚待构建。①

我国儿童和青少年的心理健康面临严峻挑战,需要决策者和精神心理相关从业人员

---

① 本书所指的儿童和青少年的年龄范围为4~18岁。

引起重视并付诸实践以应对挑战。儿童和青少年心理健康事业的发展需要社会各界给予政策支持、投入资源、创新技术，以解决目前存在的问题。

二、机遇与挑战

（一）机遇

习近平总书记在党的二十大报告中提出："重视心理健康和精神卫生。"儿童和青少年是祖国的未来，是中华民族的希望。心理健康是儿童和青少年健康的重要组成部分，党中央、国务院高度重视。习近平总书记多次作出重要指示和批示，强调做好新时代儿童和青少年心理健康工作的重要性。

近年来，我国各级政府部门为推动儿童和青少年心理健康服务体系的建设出台了多项政策、行动方案和专项行动计划等。如2019年出台的《健康中国行动——儿童青少年心理健康行动方案（2019—2022年）》、2021年3月出台的《全国社会心理服务体系建设试点2021年重点工作任务》、2023年出台的《全面加强和改进新时代学生心理健康工作专项行动计划（2023—2025年）》、2024年5月教育部印发的《关于开展首个全国学生心理健康宣传教育月活动的通知》等，分别从不同维度指导我国儿童和青少年社会心理服务体系的建设工作。

学校、家庭、社区、社会各个层面越来越关注儿童和青少年心理健康，正在逐步构建及完善儿童和青少年心理健康服务体系，积极营造全社会重视儿童和青少年心理健康的良好氛围。例如，中小学校配备心理健康教师和心理咨询室，开设多元化的心理健康课程，开展学生心理健康系列活动等；主流权威媒体常常邀请专业人员开展家庭心理健康教育课堂，传授亲子互动、儿童养育、情绪管理等专业知识；新媒体平台利用小视频、短剧、微电影、微课等形式引导家庭心理健康教育；社区也定期开展家庭心理健康教育主题沙龙活动，形成互帮互助、共同促进心理健康的良好氛围。

另外，在专业人才培养方面，各大高等院校积极开设心理学相关专业，壮大了心理学专业人才队伍；我国精神医学规范化培训已开展近10年，为精神卫生专科发展培养了许多人才。随着各界对儿童和青少年心理健康问题的关注，儿童和青少年心理健康服务体系的建设将迎来更大的机遇。政府、社会、学校、家庭须共同努力，守护儿童和青少年健康成长。

（二）挑战

我国儿童和青少年心理健康服务在迎来机遇的同时，也面临许多挑战。第一，公众对于高质量、多样化的心理健康科普的需求尚未得到充分满足。我国民众对于儿童和青少年心理健康的重视程度已有明显提升，但仍对许多常见的儿童和青少年心理障碍存在误解。如许多家长和老师认为孩子患有心理障碍是因为矫情、调皮或品行有问题，尚不能科学客观地认识心理疾病及其主要特征，从而延误了疾病的诊治，导致预后不良，带来更沉重的疾病负担。第二，各项政策和行动计划需进一步落实和监管。对于心理健康服务专业工作者资源较为丰富的大城市，切实落实相关政策和行动计划相对容易，但对于资源不足的小城市和乡镇，各项政策和行动计划的规范化落实存在不同程度的困难。而且，各级机构对于政策和行动计划的理解程度不同，最终实施的程度各有差异，仍需更加明确的规范化指导和监管。第三，相对于儿童和青少年及其家庭对于心理健康服务的需求来说，具备胜任力的专业儿童和青少年心理健康服务工作者仍不足。如在精神病学教育和住院医师培训期间，针对儿童和青少年精神医学的专业培训很少，许多医务人员对儿童和青少年心理健康的理解依旧不足，诊疗过程未能完全基于儿童和青少年的心理发展特征开展。第四，临床上尚缺少权威的适合我国国情的儿童和青少年心理健康服务操作规范。在未经过本土化的改编和当前医疗资源分配不均的情况下，使用西方国家的心理健康服务指南可能存在适用性不足的问题。因此，由专业人员基于实践，整理适用于我国国情和文化背景的心理健康服务操作规范尤其重要，可为儿童和青少年精神心理专科人才培训、心理评估及干预规范化培训提供参考。

简而言之，我国儿童和青少年心理健康服务目前迎来了一些机遇，有望朝着专业化、规范化、精细化和纵深化的方向发展，但同时也面临着诸多挑战，需要更多的专业人员持续付出努力来克服困难。笔者团队基于理论学习与研究、前人的经验和本机构的实践经验，整理了儿童和青少年心理健康服务的创新模式，涵盖综合心理评估和整合心理干预，以期为我国儿童和青少年心理健康服务工作者提供参考，为推动我国儿童和青少年心理健康服务体系的完善添砖加瓦。

三、发展趋势及愿景

儿童和青少年的心理健康对个人、国家、社会影响深远，其受多种内在因素和外在环境影响。儿童和青少年心理健康是中国式现代化高质量发展的工作要求，是全生命周期健康的重要基石，是公共卫生领域的优先事项和值得应对的时代挑战，应得到全社会的广泛关注，形成政策制度—医疗服务—社区—学校—家庭的系统性合力，做到早识别、早治疗、全面综合干预（宋逸、马军，2023）。其中高效的心理卫生服务是关键，是早识别、早治疗、全面综合干预的主要技术力量。医疗机构除了提供临床医疗诊治服务，其研究成果也可以成为调整政策、降低发病风险、促进儿童和青少年健康发展的依据之一；而学校和家庭是儿童和青少年生活的主要场所，可以成为比识别干预更前端的疾病预防的前哨场所；儿童和青少年生活所处的大环境可为系统干预提供全方位的保障。

展望未来，期待依托"健康中国"行动，儿童和青少年的心理健康维护、诊治系统能逐步完善，家庭、学校、医疗机构与社区之间可形成互相沟通协作的有机工作联盟，作为一个紧密协作的有机整体，共同构建全方位、多层次、立体化的心理健康促进网络，携手培育出身心健康、全面发展的新一代青年，为国家的繁荣与社会的进步奠定坚实的基础。

第二节　相关从业人员对早期识别与整合干预的认知情况

为了调研精神心理相关工作人员对于儿童和青少年心理疾病的早期识别与整合干预重要性的了解和态度，笔者通过方便抽样的方法调研了 21 人，受访者的基本信息如图 1-1 至图 1-4 所示。

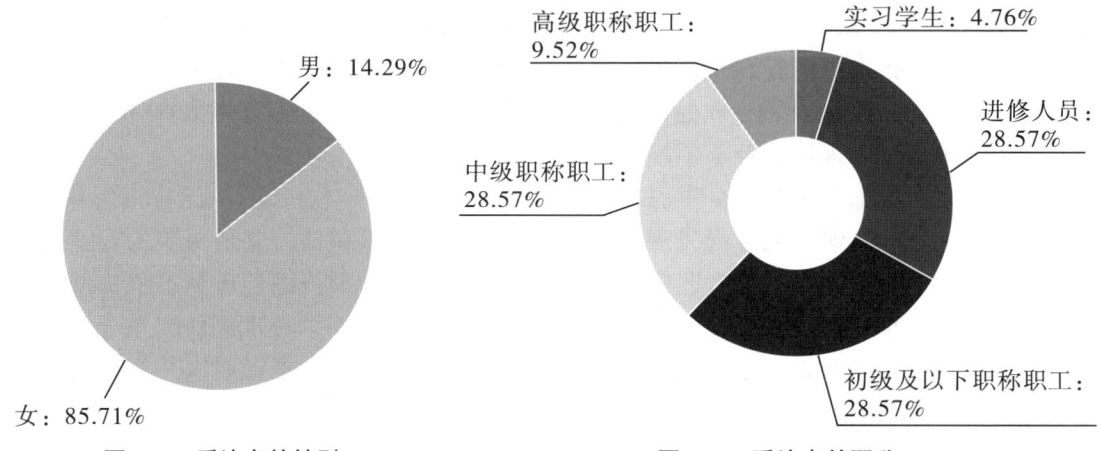

图 1-1　受访者的性别　　　　图 1-2　受访者的职称

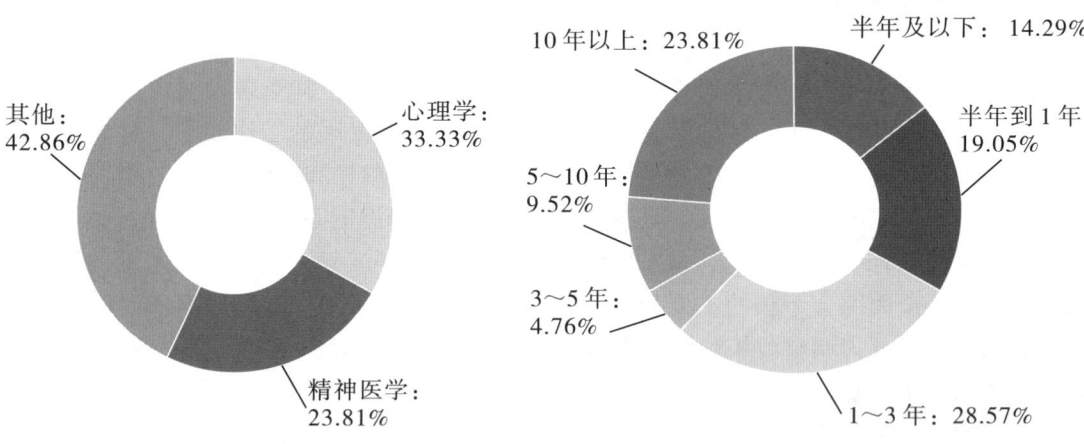

图 1-3　受访者的专业　　　　图 1-4　受访者接触儿童和青少年精神心理领域的时长

感谢所有填写调查问卷的领导、同事、中小学心理老师等；尤为感谢其中 12 位受访者愿意接受进一步的采访（占比 57%），感谢大家如此关心并愿意为儿童和青少年精神心理事业付出！不过，受限于时间、精力和篇幅，本节仅选取了 2 位具有代表性的医生的采访记录。期待未来我们能有机会做更加深入的调研和采访，与各位读者分享更多行业内的一手信息。

第一章 儿童和青少年心理工作概述

一、早期识别与干预的重要性

(一) 关于早期识别与干预的问卷调研结果

如图 1-5 和图 1-6 所示,在笔者进行的调研中,90.48%的受访者表示听过儿童和青少年心理障碍的早期识别与干预,100%的受访者都觉得有必要开展儿童和青少年心理障碍的早期识别与干预。然而,在对"您何时何地第一次听说儿童和青少年精神心理障碍的早期识别与干预"这个问题的回答中,超过50%的受访者表示在多年前就听过早期识别与干预,但也有近50%的受访者表示近期才了解早期识别与干预。不同受访者听说早期识别与干预的时间跨度超过10年。这可能提示,很早就有学者提出早期识别与干预的观点,但至今尚未在所有儿童和青少年精神心理临床工作者中普及。例如,有硕士毕业于知名大学的心理学相关专业的受访者表示在参加相关领域的工作后才第一次了解到这个观点。

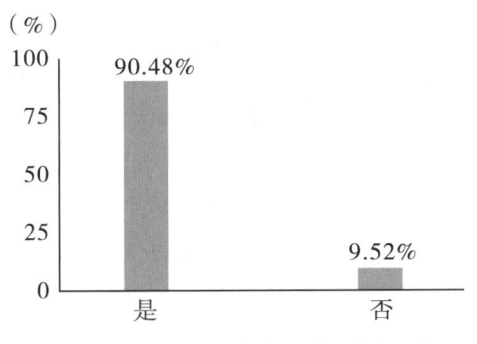

图 1-5 受访者对是否听过早期识别与干预的回答

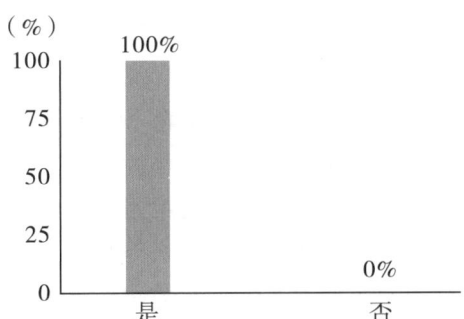

图 1-6 受访者对是否有必要开展早期识别与干预的回答

(二) 不同角色如何看待早期识别与干预

在不同机构中,儿童和青少年心理工作的内容及关注点有所不同,那么不同的工作人员是如何看待儿童和青少年心理障碍早期识别与干预的呢?笔者对一些同道进行了采访,对相关会议的圆桌讨论进行了文稿整理,以期给读者提供不同角色对早期识别与干预的看法。

1. 精神科医生的视角——早期识别和干预重要且极为必要,但需分阶段实现

笔者采访了广州医科大学附属脑科医院早期干预科和儿少科的学科带头人曹莉萍主任,以及主治医师吴秋霞医生。在采访中,曹主任和吴医生都提到对儿童和青少年的精神心理问题进行早期识别与干预特别重要而且极为必要,绝大多数业内人员听过早期识别与干预,但在实际临床工作中可能更多地聚焦于三级预防体系(详见第二章)中的三级预防,即针对已明确被诊断为精神心理问题的患者采取干预措施,旨在防止病情恶化

和复发，但二级预防（在临床前期进行早期干预，控制其发展，降低疾病造成的危害）与一级预防（在心理障碍发生之前，减少或消除致病因素及危险因素，积极主动构建预防体系）做得还不足。在构建完善的三级预防体系后，对儿童和青少年心理问题或障碍做到早期识别与干预是水到渠成的事情。不过构建完善的三级预防体系是一项任重道远的任务，需要分阶段努力实现。

附：对曹莉萍主任的采访稿

笔者：曹主任，您好！我会大致问一下您关于早期识别与干预以及整合干预的一些问题。您已经从事精神心理专业相关工作三十年了，对吗？

曹主任：对，二十多年了，快三十年。

笔者：您最早是在什么时候了解到早期识别与干预的呢？

曹主任：2013年吧。

笔者：是在一些什么样的会议或者是场所了解到的呢？

曹主任：是因为在早期干预科工作。

笔者：那时候的早期识别与干预跟您现在了解的早期识别与干预有什么差别吗？

曹主任：那时候精神障碍的早期识别与干预还没有很清楚明确的规范和模式，现在国际上已经研究得比较多了，有一些比较统一的共识，也有相对成熟的早期识别与干预的模式和方法了。而且以前的早期识别与干预可能侧重于成人重性精神障碍的识别，后来才慢慢更关注儿童和青少年的精神障碍，包括发育障碍的早期识别与干预。

笔者：那就是在您的理解当中，其实早期识别与干预的概念范围有了扩展，或者说它有了更多的延伸。它可能一开始主要是为了重性精神障碍而提出来的概念和服务，后来被更多地扩展到其他疾病当中，并且相比于以前已经有较大的发展，包括已经有一些工具和比较明确的方法来进行早期识别与干预，是这样吗？

曹主任：对。

笔者：那目前具体怎么进行早期识别与干预，以及关于未来开展早期识别与干预的愿景，您可以多分享一些吗？

曹主任：我觉得目前实际上我们还是做得比较浅表的。一方面，我们针对的可能主要还是已经患病的人群，尽量进行早期识别与干预，缩短患者的未治疗期；另一方面，我们在尽最大的努力帮助患者获得功能康复。我们已经做到的主要是通过多种方式进行科普，让已经发病的群体能够尽早地就诊。就诊以后，这些患者通过我们的早期干预和整合干预，让功能没有受到那么大的损害。我觉得现在我们的早期识别与干预主要聚焦三级预防体系中的三级预防。但是，某些疾病，比如说精神病性障碍，因为已经有精神病高危的识别工具，未来我们可以做更多的工作，也就是二级预防。而且未来我们的干预可以更加精准化，例如，可以把精神病高危的个体细分，区分哪一些人倾向于用药，而哪一些人可以先不用药。还有，比如抑郁障碍，它发病前其实是有前驱期的，可能会有半年、一年甚至更长的时间。这段时间实际上我们也是可以做早期识别与干预的，但这一部分在体制、机制上也还不太成熟，而且大众也还不够重视这个问题，目前我觉得做得还是不太理想,尚未使用统一的工具和形成操作规范。

笔者:是,根据我们的临床经验,已经到医院就诊的儿童和青少年确实都至少有挺长一段时间感觉不太好,比如常感觉开心不起来。很多孩子甚至回溯到自己小学四五年级时情绪就有些异常了。

曹主任:对。

笔者:那我们目前有没有相关的工具可以提供给可能处在前驱期的人自评,然后更早地去评估和确认自己是否需要进一步的干预呢?

曹主任:我觉得可以使用简单的评估工具帮助他们学会动态自评,如果他们发现自己一段时间都存在抑郁情绪,功能也受到了一些影响,那此时我们当然就可以进行早期干预了。

笔者:您的意思是说早期识别与干预或许还要再拓展一下,比如说让大众有更强的自我监测的意识。如果他们觉得自己不太开心了,也许就可以先自己动态地监测,再把数据记录下来去找专业人员评估,等等,是吗?

曹主任:对的,动态地监测一段时间以后,如果发现问题确实存在,可以接受进一步的访谈。对于儿童和青少年的心理健康访谈,是心理老师可以去学会的,而且心理老师也可以在学校里提供一些早期的心理干预。不过,目前我们的机制和体系还需要不断摸索及完善。

笔者:您觉得早期识别与干预是非常有必要的,不过我们可能还需要更多的努力,您可以再多谈一下吗?

曹主任:我觉得整体上如何做的框架、思路和方法都是有的,只是要实施起来的时候,到底要投入多少人力,不同机构的协作机制应该怎么设置,这可能需要相关政府部门来进一步协调解决,形成一个有效的联动机制。然后,大众也要对这些心理健康问题有更多的了解,减少患者及其家长的病耻感。

笔者:您可以谈一下早期识别与干预的社会意义吗?

曹主任:精神障碍可能会造成精神功能残疾,这会很大地影响患者的一生及其家庭。像儿童和青少年患心理障碍,其实整个家庭的生活质量、经济支出都会受到很大影响。所以,我们当然希望这样的人群越少越好。那要怎么减少发病人数?如何在病人发病以后,降低残疾程度?那就得通过早期识别与干预。肯定要考虑成本效益的问题,所以我觉得三级预防和二级预防,我们是可以先重点抓的,以后等到经济发展得更好了,我们就可以在一级预防上做更多的事情。

笔者:的确。其实早期识别与干预有很大的社会意义,如果我们把三级预防和二级预防做好了,也许可以减少一些社会恶性事件的发生,减轻整个社会和患者家庭的负担。关于早期识别与干预,您还有什么要补充的吗?

曹主任:我觉得我们业内人员需要有早期识别与干预的意识,然后要去做专业上的探索,包括怎么评估和干预,以及对于疾病的科学研究。如果对于疾病的科学研究在客观标记上没有什么突破,在干预方面也突破不大的话,这时候谈早期识别与干预可能说服力不够。所以我觉得我们要去努力,包括你主要在负责的ADHD(注意缺陷/多动障碍），我们要去呼吁在小学阶段都要筛查，因为这个病相对好治，筛查出来的话也不难，起码早期诊治可以做到。实际上有些发育障碍，比如 ADHD，是相对比较容易做一些早期干预工作的，例如教会家长怎么提高孩子的注意力和进行行为管理。但有一些疾病是比较难的，我觉得我们要努力去早期干预，但是也要有耐心。就像刚才说的，如果经济发展没达到一定的程度，对疾病研究没有形成一些共识，那进行早期干预还是会很困难。

笔者：简单来说，对儿童和青少年的心理障碍进行早期识别与干预非常重要，也非常有必要。不过，我们可能需要分阶段逐步地去发展和推进。

曹主任：是的，非常重要。如果我们都有这种意识，政府部门和整个社会也很重视的话，那这个工作就会推进得快一点，而且它的社会效益还是挺大的。

笔者：是的，我们可以共同期待！

附：对吴秋霞主治医师的采访稿

笔者：吴医生，关于早期识别与干预，您最早是在什么时候了解或听说的？是在您上学期间吗？

吴医生：是的。我们上大学的时候，一直有听说三级预防，其实那个时候就已经有这个概念，在疾病的早期阶段需要去识别或者干预。

笔者：是所有学校都有吗？还是说您所在的专业才有？

吴医生：医学类的本科人才培养方案中基本上都会设置"预防医学"的课程，是所有医学生在医学院校的时候都会学的一门课程。

笔者：明白，有专门提到儿童和青少年心理疾病的早期识别与干预吗？

吴医生：没有，"预防医学"讲的是所有疾病的早期识别与干预，不一定专门细讲儿童和青少年心理疾病的早期识别与干预，但是有个总体的概念，就是在总体上对精神疾病的早期识别或干预方面有个概念了。

笔者：好的，明白。那在您工作之后是怎么实行早期识别与干预的呢？

吴医生：我觉得首先不是从我们医生层面进行早期识别与干预，而是从家长、大众那里着手，帮助他们学会更早地去识别孩子的异常，比如以儿童和青少年心理疾病为例，可能就是家长在早期的时候去了解或是筛查一些线索，向其他人员寻求帮助，包括身边的朋友或者是专业的人员，获得进一步的识别和干预。当然还有孩子自己，我们也鼓励孩子如果自己有什么困难的话可以主动向我们或其他相关人员求助。

笔者：您的意思是我们作为专业的工作人员，要向大众传授一些知识或者是对家长进行科普，让家长掌握早期识别一些征兆的能力，然后尽早带孩子就诊，对吗？

吴医生：对。

笔者：目前您在工作中最大的感受是什么？

吴医生：我觉得最大的感受应该还是科普不够吧。很多时候，临床医生都是在做重重复复的工作。虽然针对的对象，每一个患者和家庭都不一样，但是我们做的很多内容是一样的。如果能够在更大的层面进行科普的话，临床医生可能就会减少很多重复的工作，而且更早接受干预对患者来说康复效果也会更好一些。目前我们所服务的对象其实多数已经进入疾病的后期了,并不是在疾病的早期,只能说在疾病后期康复的过程中尽早去治疗,以免疾病变得更加严重。

笔者: 是的,所以确实是非常有必要开展早期识别与干预的。相比以前,您觉得现在大家对疾病早期识别与干预的意识更强一些了吗?还是说您感觉没什么变化?

吴医生: 我觉得有的,很明显。首先,我发现很多孩子其实是他们自己感觉到心里不舒服,甚至有不少的孩子主动向家长或者其他人求助和请求去看心理医生。我觉得新一代孩子们有这种观念非常好,他们对于心理健康服务的关注度和接受度会比上一代更好。其次,年轻的爸爸妈妈也愿意去接受这个疾病的早期干预,包括带孩子来到医院,或者自行去找其他的资源获得帮助。最后,现在不少家长也愿意调整自己,包括去了解、学习一些心理学的知识或者是精神医学的知识。至少我在这几个方面都能够感受到大家都在积极地朝着提升早期识别与干预的方向努力。

笔者: 是的,确实感觉大家对疾病早期识别与干预的意识更强了,但还是不足的。我们作为专业人员怎么更进一步提高大众的早期识别与干预意识,以及我们作为专业人员可以怎么具体落实早期识别与干预,您有什么样的想法呢?

吴医生: 我觉得现在已经开始在慢慢这么做了。其实,全国从上到下现在都更加注重儿童和青少年心理健康了,我觉得这本身就是一个很大的进步。但是,要把这些工作真正落地的话,可能还是在于一线工作人员和整个社会的联动,比如说医校联合或者说医校家联合等各个方面。不是医生想做这个事就能做成的,需要有一个拥有共同理念的协作团队,才能事半功倍。

2. 学校领导和老师的视角——早期识别与干预很重要,但需加强疾病科普

笔者团队一直较为注重与学校的沟通和合作,以期联手构建较为完善的医教结合的心理健康服务体系。2021—2022年,笔者团队与广州市多所小学联手开展了医教结合的项目。其间,笔者团队为学校700多名学龄期儿童进行了两次全员心理健康评估,发现注意缺陷/多动障碍是学龄期儿童最常见的心理行为问题,约占7.1%,这与既往研究结果基本一致(刘靖、郑毅,2015;Li et al., 2022)。

知识窗

> 注意缺陷/多动障碍(Attention-Deficit/Hyperactivity Disorder, ADHD)以与年龄不相符的注意力不集中、多动/冲动为主要核心特征,是儿童和青少年最常见的心理行为问题(刘靖、郑毅,2015),我国儿童和青少年的ADHD患病率高达6.4%(Li et al., 2022)。ADHD的起病年龄早,对儿童的社交、学习和家庭关系均造成严重负面影响(Faraone et al., 2024)。

笔者将以注意缺陷/多动障碍为例,以笔者团队于2022年7月主办的广东省继续教育项目"儿童注意缺陷/多动障碍综合评估和整合干预研讨班"第二期培训的主题"如何做好医教结合帮助ADHD儿童的圆桌会谈"为窗口,带领各位读者了解学校领导和老

师对于儿童和青少年心理问题早期识别与干预的认识。

在该圆桌会谈中，广州市海珠区五凤小学的德育副校长林妮娜分享道：

在心理健康评估中，初筛出来的学生不少是班级里的"捣蛋大王"。在日常的观察中，这些学生问题特别多，让老师每天都忙于处理各种状况。例如，注意力不集中，经常做白日梦，学习效果差；经常忘记事情或者遗失物品，老师要做"福尔摩斯"帮他们调查物品的去向；有的坐立不安或者烦躁；说话很多；控制不住自己的脾气，更有甚者出手打人；和别人相处困难，总是和同学闹矛盾。

关于健康报告显示的结果，家长会持不一样的态度。在初筛可疑 ADHD 的学生中，能带学生进一步去咨询和治疗的家长比率偏低，可见，部分家长对 ADHD 的认识不足，报告反馈的情况没有得到家长的重视。

广州市海珠区五凤小学的德育副主任曾秀芬分享道：

小学阶段，老师们在班级中总会遇上这样一些孩子：学习时无法集中注意力，所以这类孩子不喜欢上课；写作业时同样表现出不安定状况，可能时而坐立不安，时而扭动身体。如果一个班级里有几个这样的孩子，那老师们上课就容易会出现"弹钢琴"的管控情况。再有个别孩子，特别是男孩子，可能会行为冲动、出言鲁莽、脾气急等，久而久之在班里与同伴相处就会有困难。而上课爱走神、不愿意写作业、日常调皮捣蛋等是家校间沟通最多的问题，也成了老师和家长口中的"教育难题"。

孩子的这些表现，经常被成人认为是家长教育方式不当所致，或是对孩子有品质方面的误解，从而延误甚至错失了诊治。学校邀请专业人士通过讲座方式，向老师们进一步科普了孩子的状况及成因，提高老师们对 ADHD 疾病的认知。而如何正确、恰当地与家长沟通孩子的 ADHD 行为表现，还需要进一步通过专业人士的科普，提升家长对孩子行为表现的认知，促进及时诊治。

（三）总结

简而言之，不管是问卷调研还是采访，乃至学术会议交流，几乎所有受访者、与会专家都觉得极有必要开展儿童和青少年精神心理疾病的早期识别与干预。这与其他学者的观点相互呼应。譬如，有学者提出，早期识别与干预治疗对儿童和青少年情绪相关精神障碍的预防和缓解至关重要（金宇，2023）。然而，目前该工作尚未足够普及开展，仍需儿童和青少年精神心理临床工作者提高其重要等级。故我们迫切需要在更大范围内普及早期识别与干预儿童和青少年精神心理障碍，如将之纳入常规学历教育、专业技能培训和考核中。

二、整合干预的重要性

（一）关于整合干预的问卷调研结果

如图 1-7 和图 1-8 所示，在笔者进行的调研中，仅有 61.9% 的受访者听过儿童和青少年精神心理工作的整合干预，而90.48%的受访者认为有必要开展儿童和青少年精神心理疾病的整合干预。这说明，虽然不少受访者是在调研时第一次了解到整合干预，但已经认为有必要开展整合干预并给出了对应的原因。对于为什么觉得整合干预重要，笔者无比同意和欣赏某位受访者的回答：

小朋友们的心理健康就像一棵树苗，需要被细心呵护。但是，现在的社会压力、学业压力、家庭问题等，都像大风大雨，很容易让这棵小树苗长歪。整合干预就像给这棵小树苗打造一个全方位的"保护罩"。从家庭、学校、社会等各个层面出发，给小朋友们提供心理支持、教育指导、治疗干预等，让他们在面对困难时能够有足够的勇气和力量去应对。所以，开展儿童和青少年精神心理疾病整合干预是非常有必要的！这样才能让小朋友们健康快乐地成长，成为社会的栋梁之才！

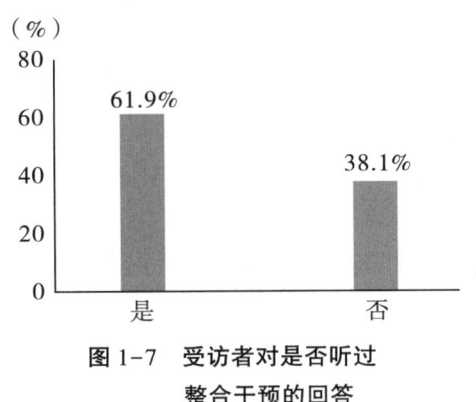

图1-7 受访者对是否听过整合干预的回答

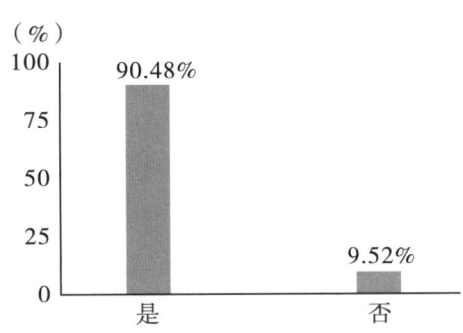

图1-8 受访者对是否有必要开展整合干预的回答

（二）不同角色如何看待整合干预

笔者团队在临床实践中发现对儿童和青少年进行整合干预非常重要，但整合干预尚未广泛铺开落实。为了更进一步了解不同角色如何看待整合干预，笔者采访了一些同道，并对相关会议的圆桌讨论进行了文稿整理，以期给读者提供不同角色对整合干预的看法。

1. 精神科医生的视角——整合干预重要且效果佳，但受限于人力成本高

在采访中，曹主任和吴医生都提到儿童和青少年的整合干预与综合干预的不同，整合干预具有很大的优势，但业内尚未形成被广泛认可和采用的整合干预模式。此外，2位受访者都提及笔者团队引进的首发精神病早期整合干预项目。该项目采用精细化的诊疗模式，从多个维度全面地了解患者及其家庭，不同角色的临床工作人员形成密切沟通的诊疗小组，再根据患者的具体情况提供个性化的多方法干预，帮助患者最大程度地减轻症状和恢复功能。然而，它的实施需要多个不同的角色进行频繁的密切沟通，对团队的人力投入要求非常高。

附：对曹莉萍主任的采访稿

笔者：曹主任，请问您最早是在什么时候了解到整合干预的呢？

曹主任：我之前没有太留意整合干预和综合干预的区别，引进首发精神病早期整合

干预之后，我的理解就是我们对疾病的治疗肯定是多个维度的，会把多种方法都用上去帮助患者康复，这就是综合治疗。但综合干预不像整合干预那样——小组之间进行密切和充分的信息沟通。在整合干预中，我们的干预小组成员之间经常就一个患者的具体康复情况进行讨论和沟通，可以让诊疗效果更好。整合干预是一个精细化的诊疗模式，人力投入就要比综合治疗大一些，但治疗效果也会好一点。因为在整合干预的时候把所有的东西，包括患者本身所患的疾病，还有他周遭的环境以及成长过程进行了详细的了解和评估，以提供更加个性化的干预，治疗效果通常会更好。

笔者：您可以更具体讲讲怎么才算是整合干预吗？

曹主任：整合干预指的是一个个体来到你的面前以后，综合全面地考虑以下这些问题：这个人的疾病是什么？然后跟他可能相关的影响因素有哪些？康复的影响因素有哪些？在疾病发生的整个过程当中，他可能又被什么因素影响了？整合干预肯定要把这些因素都考虑到，要考虑用到各种生物学的手段以及心理学的手段，还有一些康复的功能训练，等等，帮助准确地评估患者的病情以及提供有针对性的干预。在整合干预中，肯定要以个体为中心，但是我们要有系统观和发展观，从整体上多个维度地思考患者本身的发育发展、环境，以及还会被什么因素影响。另外，要强调在干预的时候，必须要以多个角色组成的诊疗小组的形式来提供诊疗服务，而且小组之间要保持密切的沟通和协作。

笔者：听起来实施标准的整合干预确实需要充足的人力，您可以多谈一下不同角色之间应该如何有效协作吗？

曹主任：举例来说，心理治疗师要了解患者用了什么药，可能这个药物有一些副作用。如果患者对药物治疗存在歪曲的认识，心理治疗师知道他在这方面可能有偏差，那就需要提供健康教育。然后，心理治疗师在做心理治疗的时候，发现患者有某些方面的异常，需要反馈给精神科医生，精神科医生就会从他的角度给到一些协作。诊疗小组成员从不同的角度去开展工作，对患者的某些认知歪曲的改善可能效果更好。以前我们开展首发精神病早期整合干预项目的时候是通过诊疗小组会议，当然也可以进行信息共享和讨论，就是你想告诉我什么，你希望我在诊疗当中给到一些什么样的帮助，起码做到这样的互通。

笔者：其实我自己在给患者治疗时确实也有这样的感受，心理治疗师与精神科医生的适时沟通非常重要。其实现在实际工作中基本上实现了这个事情，虽然限于人力不足还不能常规地为每个患者开不同角色的诊疗小组会议。我们每次完成心理评估与干预后会在门诊、住院系统进行文字记录，如遇到特别的情况，也会主动跟精神科医生去沟通和讨论。这个不同角色怎么定义，要沟通到什么样的程度，或者什么时机要沟通，还需要继续完善机制和规范。

曹主任：这个没有关系，只要有整合干预的理念，然后开始做，能做多少算多少，总比不做强吧。

笔者：那确实是。也许一些基层的医院工作人员也会接诊很多儿童和青少年患者，在整合干预方面您有什么建议吗？

曹主任：基层方面的话，比如说精神科医生，要想把一个患者治好，那就需要集合团队里面大家的力量,定期开展有多个角色参与的诊疗小组会议,包括患者和家长都在场。以前刚刚开始,我做的时候心里面也没有底,不知道该做什么。那现在我的感受是,你可以把它想得简单一点,患者的康复不只是你一个人负责的,你觉得需要哪些人一起努力的,就大家相互沟通吧。

笔者:其实您讲的这个过程,我感觉跟心理治疗里的个案概念化非常像,就是如果患者需要药物治疗,那我们就会建议他去找精神科医生。当然我们会做得更细,包括教他们怎么去沟通和报告自己的情况,然后去了解他服药之后的感受,等等,好像这样也能做到基本的整合了。但是要纳入其他角色和进行更深入的整合,可能会受制于人力资源,毕竟目前我们的人力资源是非常不足的,甚至很多患者要来做治疗都要排很久队。对此,您有什么进一步的建议吗?

曹主任:未来个案管理可以培训家长来承担,专业人员教会家长盯着什么时候要来复诊,然后定期要和医疗团队一起努力。家长培训可以安排个案管理的知识技能培训。另外,诊疗小组成员之间要有讨论,可以融入日常的工作沟通中。最后,诊疗小组成员要与患者及家庭一起讨论,可以将与患者及家庭的沟通融入常规的心理治疗中。

笔者:所以我们目前在开的家长培训和养育支持团体作为整合干预的一部分是很有必要的。

附:对吴秋霞主治医师的采访稿

笔者:吴医生,关于精神心理疾病的整合干预,您在求学期间就接受了相关的教育吗?

吴医生:有的,其实我们之前是有整合模式的状态,只是说那个时候可能落地没那么明显,但是我觉得是有整合或者说综合的这个过程的。从医疗角度来讲,或者说面对一个疾病,首先就是医护的整合,你去到了医院之后,肯定不是光靠医生就可以了,尤其是针对住院的病人,所以整合的模式肯定很早之前就有。其次,医患关系的配合也是一种整合,如果从大的范围来讲的话,只要是涉及多方因素其实都叫整合,但是整合的效果各不相同,或者说整合的力度和效果不一样。

笔者:是的,听起来您说的是在一个比较大范围内的、比较粗的这种整合,或者更贴切地说应该是综合。那在您上学期间有专门课程讲基于某个个体、某个患者本身及其环境的一些独特特点等等,对其进行整合的干预吗?

吴医生:读书期间这些学得比较少。因为我们更多的是以医学学习为主,老师偶尔会给我们讲一些案例,但是那个时候其实并不是特别深刻。

笔者:所以,那时候可能没有特别强调这方面,可以这么理解吗?

吴医生:是的,有整合干预的概念,但是因为自己没有经验,所以仅限于理论层面。

笔者:那您什么时候会感觉对这种概念的体验更加深刻了呢?

吴医生:可能是在工作之前,尤其是在读硕士期间,其实还是有接触这种整合模式的。因为精神科首先要从生物、心理和社会因素去考虑疾病的发生、发展过程,这其实已经从整合的角度思考了。

笔者：那个时候好像没有很多或者很明确的模式和经验，可以这么说吗？

吴医生：其实也有一些，比如说我们读研期间在管床的时候，也会关心病人多方面的情况，除了查房、进行病程记录，老师也会教我们一些心理治疗的技术，让我们做一些支持性的心理治疗。其实有时候医生的某些话可能对一些患者会有较多的支持作用，确实有一部分人结合心理治疗之后，治疗效果会更好一些。不过那个时候做得比较零散，确实没有系统、规范的整合干预模式。

笔者：就是说当时精神科医生会强调生物因素之外的社会心理因素，可能给患者提供一些支持性的心理治疗，但其实好像没有很凸显整合的理念，尤其是与我们科之前办的 NAVIGATE① 培训所指的整合很不一样，对吧？

吴医生：不一样，当时提供的社会心理支持干预相对零散，也不持续。

笔者：那参加 NAVIGATE 培训会使您对整合干预有更深入的了解吗？

吴医生：是的，我觉得这个项目其实从刚开始参与到后面真正地去执行，整个过程我的收获比较大，我对这个项目还是给予很高的评价的。

笔者：那您可以分享一下它在哪些方面帮您丰富了知识体系，或者如何帮助您对整合干预有更深刻的理解吗？

吴医生：我觉得最直观的感受就是，经过整合干预的患者基本上在中长期范围之内的治疗效果，优于未进行整合干预的患者的治疗效果，这也得到了一些研究的支持。这会让我们感受到它真的有用。另外，实施整个项目的过程也确实有利于各个工作人员进行信息的整合。传统的精神科医生看诊可能就是主要自己采集病史，但是如果有多方资源整合的过程，不同工作人员会对同一个问题有不同角度的认识。这个时候其实也是可以相互启发对方的，不管是从医生角度去启发心理治疗师，还是心理治疗师针对某一个问题来启发医生，都能更有效地帮到患者及其家庭。这其实就是整合的力量。

笔者：最后再确认一下，您还记得您是什么时候开始参与整合干预的项目的吗？

吴医生：2016 年。

笔者：那已经很多年了。关于整合干预方面，您还有其他要分享的吗？

吴医生：我希望不仅仅是在首发精神病有早期整合干预，所有的疾病都应该要有类似的这种整合框架，当然也会存在现实的问题，就是资源不够。虽说如此，但我还是期待着各类精神疾病，尤其是儿童和青少年精神疾病都能够做到类似的整合干预。

笔者：很好的理想，我们共同努力！那您对我们本土化的这种整合干预有什么期待或愿景吗？

吴医生：期待的就是能够让孩子们的患病率降低，广大儿童和青少年的心理能够越

---

① NAVIGATE 首发精神病早期整合干预技术是以团队协作为基础的多学科综合治疗技术，该技术源自 2008 年美国开始推行的首发精神分裂症康复项目（Recovery After an Initial Schizophrenia Episode，RAISE），包括药物治疗、个体心理弹性训练、家庭教育、职业与教育支持 4 个模块，旨在引导首次发作的精神病患者（及其家属）走向精神心理和社会功能的全面康复，回归正常生活（基本生活、娱乐、工作与学习、人际交往等）。

来越健康!

笔者:好的,让我们共同期待!这样的话,我们投入整合干预的人力资源也更充足一些。非常感谢您的分享!

2. 学校领导和老师的视角——整合干预是必须,医校家需携手共促康复

仍以广州医科大学附属脑科医院儿少科 2022 年 7 月主办的广东省继续教育项目"儿童注意缺陷/多动障碍综合评估和整合干预研讨班"第二期培训的"如何做好医教结合帮助 ADHD 儿童的圆桌会谈"为例。除了广州市海珠区五凤小学的德育副校长林妮娜和德育副主任曾秀芬,参与圆桌会谈讨论的人员还有海珠区家庭教育研究与指导中心的业务负责人张慧、广州医科大学附属脑科医院主任医师程道猛和心理治疗师殷炜珍。在该会谈中,各位讨论人主要以医教结合为切入点就 ADHD 的整合干预进行了探讨,大致内容整理如下:

ADHD 的儿童需要全方位的系统干预,并需要在评估的基础上选择合适的干预组合进行个性化的干预。常见的干预方式包括药物治疗、儿童行为管理训练、心理治疗、游戏治疗、家长干预、组织技能训练、社交技能训练、问题解决能力训练、学校的个性化支持等。其中,药物治疗需要到医院在儿童和青少年精神科医生的指导下进行。但对于大多数 ADHD 儿童而言,仅靠药物治疗是远远不够的,还需要对孩子进行个性化和有针对性的心理行为干预,以最大程度地恢复其学业和社交等各方面功能。家长作为孩子的主要养育者,需要科学客观地认识 ADHD,理解孩子的情感需求和行为动机,掌握行为管理的原理,维持良好的亲子关系,才有可能最大程度地为孩子保驾护航。若家长对 ADHD 存在误解,如误认为 ADHD 随年龄增长症状就会缓解、不需要治疗或把孩子的冲动归因于家庭教育不当,可能会让孩子和家长都面临更多的挑战,导致不良的疾病结果。

学校的环境支持和教师干预是 ADHD 学生治疗的重要组成部分。教师在面对 ADHD 学生的时候,需要进行正确的引导、关注和帮助,更好地与家长沟通,加强家长对孩子行为发育情况关注的主动性。学校与教师对 ADHD 学生的不良行为需有较深入的把控,转变对学生的期望和看法,以便在日常教育教学中对 ADHD 学生进行适当的行为管理,更多地予以表扬和奖励,帮助学生养成良好的行为习惯。例如,设计班级行为公约,或与这类学生沟通建立小范围内的行为守则;有意识地把这类学生的座位安排在教室前面,方便老师及时关注;等等。甚至,老师可以很巧妙地安排一些班级工作给这类学生,让他当个"小官",在管理中逐步实现自我约束;有针对性地在班级中以集体活动、体育游戏等方式帮助多动/冲动的 ADHD 学生释放其过剩精力,促进他们与同伴间的交往。

(三) 总结

总的来说,儿童和青少年精神心理整合干预的理念尚未深入人心,仅有 61.9% 的受访者在调研前听过整合干预,但不少第一次了解到整合干预的受访者认为极为有必要开展儿童和青少年精神心理疾病的整合干预,并给出了足够有说服力的原因。这说明其非常易于被接受。虽然医校家结合的整合干预已有较好的例子,但遗憾的是目前该工作尚

未获得专项政策或计划支持，因专业人员资源不足，难以长期维持和推广，迫切需探索出适合我国国情的本土化、专病化、个性化的整合干预方案[①]。

第三节　儿童和青少年心理工作的特点

儿童和青少年的心理评估与干预有其独特的特点和要求。儿童和青少年的身心均尚在发育，如缺乏相关专业知识和技能的临床心理工作者贸然接诊，可能会给儿童和青少年带去伤害而不是帮助。例如，我们时常在临床工作中听到青少年抱怨上一任咨询师揭开了自己的伤疤，但根本不包扎或者给出一些不契合的建议，等等。甚至有的时候，不专业的心理干预可能会导致青少年直接对所有的心理干预产生反感，从而错失获得帮助的有效手段。因此，在开展儿童和青少年的心理干预之前，临床心理工作者务必先学习和了解儿童和青少年心理工作的特点，并接受相关的专业培训。笔者从经验出发，梳理了儿童和青少年心理工作的三大特点，以供参考。

一、强调发展的视角

儿童和青少年的身心都在快速发展变化中，内在不断地与外部世界碰撞出不同的火花而构成一个个闪亮鲜活的个体。那么，儿童和青少年在成长过程中，其内心世界和内在故事是怎么样的？在儿童和青少年与环境不断互动的过程中，是什么构成和决定了他们的性格？不同年龄段儿童和青少年的心理特征和情感世界是怎么样的？在不同的年龄段，儿童和青少年的内在可能面临怎样的情感挑战？儿童和青少年出现哪些行为表现需要警惕心理障碍？对于不同年龄段的儿童和青少年，临床心理工作者需要注意些什么？怎么理解每个独特的儿童和青少年所面临的外在和内在挑战？如何才能更好地帮助儿童和青少年更加健康快乐地成长？

上述问题都提示，从事儿童和青少年精神心理工作的专业人员，需要具备发展心理学的相关知识，熟悉不同年龄段儿童和青少年的身心发育特点，始终秉持发展的态度理解和帮助儿童和青少年及其家庭，方能准确地评估儿童和青少年的情况并取得良好的干预效果。

二、重视系统观

我们每天都面临着相互交织的各种复杂情境，不同的系统和环境彼此交叉和相互影响，儿童和青少年亦是如此。例如，儿童和青少年患了精神心理疾病往往并不是孩子一个人的问题。笔者在临床中听到儿童和青少年所承受的巨大压力，每次都会打心底里对

[①] 笔者注：本轮问卷调研是方便取样的小样本调研，调研结论供参考，需谨慎推广到整个群体中，期待未来有更大规模、抽样更具代表性的调研。

这些孩子感到心疼不已。有的孩子承受着巨大的学业压力（可能来自自身、家长或学校），有的孩子承受着巨大的家庭关系压力，有的孩子承受着巨大的人际关系压力，有的孩子承受着疾病所带来的心理痛苦和压力，还有的孩子承受着现实的创伤事件所带来的压力和挑战。因此，我们不能孤立地看待儿童和青少年的心理问题，而是需要采取系统的视角，将儿童和青少年的心理问题置于其环境中并观察个体与不同环境直接的相互影响，才能更好地理解儿童和青少年，进而提供个性化的干预。

因此，作为儿童和青少年精神心理领域的专业人员，我们需要从家庭、学校及更大的系统层面关注孩子的问题，采用系统的观点理解和解析儿童和青少年的精神心理问题，才能标本兼治，有效地帮助儿童和青少年康复。

三、坚持多方联盟

正如前文所述，儿童和青少年并不是独自生活在孤岛上的，而是生活在各种相互复杂交织着的环境和系统中的。若要有效地干预儿童和青少年，家庭、学校、医院和社会需要形成合力的多方联盟。

举例来说，一位初二学生因精神心理障碍休学后复学，其一需要有国家的法律法规保障学生的受教育权利；其二需要医疗机构对其身心健康状况进行全面评估和提供维持稳定的治疗方案，强化各种干预措施以帮助学生调整到能够适应学校生活的身心状况；其三需要学校和老师的接纳和配合，允许学生循序渐进地返校，允许学生需要一段时间适应，为学生复学创建友好的班级氛围和环境；其四需要家长作为核心力量协助其返校复学，密切关注和动态评估孩子的复学情况，维持和平衡各方关系，建立良好的多方联盟关系，为孩子的正常复学排忧解难。

第四节　儿童和青少年心理工作的胜任力

众所周知，要成为儿童和青少年的临床心理工作者，仅仅了解儿童和青少年心理工作的特点是远远不够的。那么，要达到什么标准才能成为一名合格的儿童和青少年临床心理工作者呢？这个问题变得越来越重要，很多学者对此提出了不同的观点。本节将聚焦于儿童和青少年心理健康服务的胜任力标准、评定、提升和保持，同时分享笔者团队进行心理评估与干预的胜任力标准及评定经验。

一、概念与标准

（一）概念

胜任力指个体具备顺利完成某项特定工作的能力，包括具备所需的知识、态度（价值体系）、技能和个人特征等。它已在不同的行业和专业领域被广泛使用，如医学、管理学和教育学等。心理咨询与治疗的行业伦理守则要求心理咨询师和治疗师在专业能力范围内，根据自己所接受的教育、培训和督导的经历及工作经验，为适宜人群提供科学有效的专业服务（中国心理学会临床心理学注册工作委员会伦理修订工作组，2018）。也就是说，在心理咨询与治疗领域，胜任力可被定义为个体具备综合运用心理咨询与治疗相关的专业知识、态度（价值体系）、技能和个人特征等，在专业范围内为来访者提供优质心理健康服务的能力。然而，目前业内尚缺乏通用的心理咨询与治疗胜任力模型，不同的研究者从不同的角度出发提出了不同的模型。限于篇幅，本书不具体介绍各个胜任力模型，读者可自行查阅相关资料。

在儿童和青少年心理工作领域，具备胜任力的心理咨询师与治疗师应非常熟悉发展心理学、教育学、游戏治疗、家庭治疗、行为治疗、精神医学和营养学等相关专业知识，熟练掌握心理咨询与治疗的访谈技术，运用来访者能理解的言语和非言语方式传达共情及支持，在系统评估和个案概念化的基础上选择适合的技术实施个性化的干预，在遵守伦理守则和尊重多元文化的同时促成来访者及其环境的改变，以实现来访者的利益最大化。

鉴于无人能在缺乏专业训练的情况下自然成为称职的社会心理服务提供者（王建平等，2019），在心理咨询与治疗领域进行胜任力的评定和考核尤为重要。对于胜任力的要求和考查，主要在回答这一问题：一个人是否有资格成为称职的心理健康服务人员，持续提供有效的心理健康服务？"称职"二字即属于本书所探讨的胜任力范畴。近10年来，国内外研究者在该领域内做了大量研究。这些研究对于改进心理健康服务人员的教育、培训、录用与管理起到了重要指导作用（张爱莲、黄希庭，2010）。

（二）标准

在心理咨询与治疗领域，很多国家和地区的行业协会制定了跨流派的胜任力评估标准，如美国心理学会制定了心理咨询与治疗领域的核心胜任力标准，涵盖了6个胜任力类别的16种胜任力。特定心理治疗流派的研究者也制定了相应的胜任力标准，如贝克认知行为疗法研究所对于实施认知行为治疗的不同维度提出了具体的胜任力标准，并开发了相应的评定工具。再如，美国婚姻与家庭治疗协会制定了家庭心理治疗的胜任力标准，涵盖了6个范畴、5个方面，共128项胜任力指标。

然而，目前尚未形成成熟且通用的儿童和青少年心理健康服务胜任力标准。其中，美国临床儿童和青少年心理学委员会所提出的标准被认为是较为成熟的胜任力标准之一。具体而言，儿童和青少年心理健康服务胜任力包括基础胜任力和功能胜任力两部分：基础胜任力包括能建立良好的咨询和治疗关系、尊重个体和文化多样性、遵守相关伦理守则和法律法规、保持专业的精神和态度、进行反思性的实践并做好自我关照、具备科学的知识和方法、重视跨学科的协作以及进行循证实践；功能胜任力包括具备正确开展评估、干预、咨询、研究、督导、教学、管理和科普等工作的能力。

二、胜任力的评定

(一) 评定对象

心理健康服务的胜任力有赖于临床心理工作者的持续专业成长与提升。为确保来访者的福祉，所有临床心理工作者均应接受心理健康服务胜任力的定期评定，以确保能在专业范围内为来访者提供称职的心理健康服务。根据临床心理工作者的发展阶段，可将胜任力的评定对象划分为实习阶段、新手阶段、成长阶段、熟手阶段、专家阶段的临床心理工作者。

处于实习阶段的临床心理工作者，可能尚未发展出足够的自我反思能力，甚至不知道如何评价自己的优势和劣势，往往僵化地理解和实施技术。处于新手阶段的临床心理工作者，可能初步发展出了自我反思能力，可以在一定程度上做出自我评价，但通常不知道如何有针对性地提升自己不足的地方，对技术的使用灵活性欠佳。处于成长阶段的临床心理工作者，可能已经具备比较客观的自我评价能力并能够针对自身发展需求进行有针对性的提升，他们能够准确地运用个体概念化来理解和干预来访者及其所处环境，并可承担一定的培训和督导工作。处于熟手阶段的临床心理工作者，通常在评估诊断、个案概念化和技术运用方面都具备较好的胜任力，具备良好的伦理意识和决策能力，能有效帮助来访者，并承担培训和督导工作。处于专家阶段的临床心理工作者，通常具备良好的自我反思能力，可以开放地不断扩展自己的知识面，整合已有知识和技能，融会贯通地使用各种理论和技术，灵活地为来访者提供适切的服务，并承担主要的教学、培训和督导工作。

(二) 评定工具

笔者团队尤为关注心理评估与干预工作的质量，敦促每位工作人员提高并保持其临床胜任力水平。不同的研究者基于不同的理论视角已开发了许多胜任力评定工具，但目前学界尚无统一的胜任力评定工具。笔者团队为保证心理健康服务的质量，基于理论基础并结合临床实际，制定了儿童和青少年综合心理评估胜任力评定工具，同时采用贝克认知行为疗法研究所制定的认知治疗评定量表修订版（Cognitive Therapy Rating Scale-Revised，CTRS-R）作为心理干预的胜任力评定工具。

1. 综合心理评估胜任力评定工具

儿童和青少年综合心理评估胜任力评定工具（详见表1-1）采取0～3分的四级李克特评分方式，共考查在综合心理评估过程中的8项核心胜任力。若评估师在整体评估过程及文字报告中完全没有体现该条的任何具体标准，则该项评分为0分；若在评估会谈及文字报告中只有一处或少量该项目的体现，则评分为1分；若在评估会谈及文字报告中均有该项目中所有标准的体现，则评分为2分；若评估会谈及文字报告中均有该项目所有标准的出色体现，则评分为 3 分。总分为 8 项核心胜任力得分之和，总分大于或等于 22 分，则视为该次综合心理评估考核通过，具备开展儿童和青少年综合心理评估所需的胜任力。需要注意的是，8 项核心胜任力中，出于对评估最基本的准确性和保密性的重视，笔者团队特将患者的信息保存、评估完整性和评估准确性这 3 项作为最核心的胜任力标准，任何一条核心项评分低于 2 分则视为该次综合心理评估考核不通过，即评估师尚未具备独立开展儿童和青少年综合心理评估所需的胜任力。

表 1-1 儿童和青少年综合心理评估胜任力评定工具

儿童和青少年综合心理评估胜任力考核评分表		
评估大类	具体条目/描述	评分（0～3 分，最小得分单位为 0.5 分）
1. 访谈前介绍（3 分）	访谈提问前评估师向患者做自我介绍（1 分）	
	评估师向患者介绍访谈评估做的是什么（1 分）	
	评估师告知患者关于本次评估的注意事项（1 分）	
2. 检查量表（3 分）	访谈评估前检查患者所有量表已完成填写并提交（1 分）	
	访谈评估前检查患者量表结果已全部被正确打印（1 分）	
	访谈评估前及过程中均确认量表填写的可靠性（1 分）	
3. 治疗师表现（3 分）	符合医疗评估着装、仪态得当、自然大方（1 分）	
	整个评估过程中体现出关爱患者的态度（1 分）	
	表达共情、科学严谨的评估态度（1 分）	
※4. 患者的信息保存（3 分）	准确填写患者的基本信息并将评估电子文档保存在正确的评估设备文件夹中（3 分）	
※5. 评估完整性（3 分）	评估类目准确对应每条医嘱评估项目（1 分）	
	针对每条评估项目，询问到单个项目对应的症状（1 分）	
	针对每条评估项目，询问到单个项目严重程度（0.5 分）	
	针对每条评估项目，询问到单个项目功能影响（0.5 分）	
※6. 评估准确性（3 分）	对患者的症状表现判断无误（1.5 分）	
	基于病历信息对症状进行有效识别并且进行鉴别（1.5 分）	
7. 信息收集全面（3 分）	曾与患者收集信息（1.5 分）	
	曾与家长确认信息（1.5 分）	

续上表

评估大类	具体条目/描述	评分（0～3分，最小得分单位为0.5分）
8. 报告及讲解（3分）	评估报告全文语句通顺、逻辑清晰（1分）	
	干预建议完整、准确（0.5分）	
	干预建议体现个性化（0.5分）	
	访谈评估后，对报告的讲解清晰、完备（1分）	
9. 评估报告中的报告者和审核者签字顺序正确且完整（3分）		
10. 整体用时：评估整体用时恰当，综合心理评估一般在40分钟左右，最长不超过1小时；深度心理访谈评估时长符合相应项目描述的用时（3分）		
11. 评估收尾（3分）	访谈评估结束后及时完成医嘱的执行和记录（1.5分）	
	访谈评估结束后邀请患者及其家属及时填写评估反馈（1.5分）	
总分		

补充说明：

1. 关于评分（0～3分）

0分：评估会谈及文字报告中没有体现该项目；

1分：评估会谈及文字报告中只有一处或少量该项目的体现；

2分：评估会谈及文字报告中均有该项目的体现；

3分：评估会谈及文字报告中均有该项目的出色体现。

2. 关于通过标准

带有※的项目为核心项目，任一核心项目低于2分则不能通过考核；总分低于22分则不能通过考核。

3. 考生当次的综合评估报告需打印附上备案留存。

2. 心理干预胜任力评定工具

认知治疗评定量表（Cognitive Therapy Rating Scale，CTRS）最早于20世纪80年代被设计出来用于评定治疗师实施认知行为疗法的胜任力。其修订版（CTRS-R）由贝克认知行为疗法研究所于2022年修订。笔者团队与贝克认知行为疗法研究所联合开展的国际儿少认知行为治疗连续两年培训的六人小组督导中，督导师和受督导者均使用了CTRS-R对治疗会谈进行胜任力的评定。受督导者可使用CTRS-R自评，将之视为具有指导性的自我反思工具。督导师会使用CTRS-R对受督导者提供的治疗会谈录音进行评定，并在督导中逐项分析和讨论，帮助受督导者有针对性地提升胜任力。

CTRS-R包括11项胜任力的评定标准，分别是议程设置、反馈、理解、人际效能、合作、节奏适当且用时高效、引导式发现、聚焦于关键的认知和行为、促进改变的策略、认知行为治疗技术的应用、行动计划。每项评定标准按 0~3 分进行四级评分。总分为 11 项评定标准的得分之和，大于或等于 22 分，则视为该次心理咨询与治疗会谈考核通过，具备开展认知行为治疗会谈所需的胜任力。如果得分低于 22 分，则视为该次心理咨询与治疗会谈不通过，尚不具备独立开展认知行为治疗会谈所需的胜任力。

值得注意的是，胜任力的评定不是一锤定音的事情，也不是一劳永逸的事情。虽然我们可借助上述胜任力评定工具判断某个临床心理工作者是否具备开展儿童和青少年心理评估与干预所需的胜任力，但要得出准确的结论还需仰赖于多次、定期的胜任力评定。

（三）评定方式

从心理师个人成长的角度看，建议使用临床督导评定结合自评的方式来发展自身的临床胜任力。从团队发展和质量保证的角度看，笔者团队采取了督导评估和质量安全管理组评估结合的方式。

1. 督导评估

临床督导是培养心理健康专业人才的标志性教学法（Barnett et al., 2007; Watkins, 2014b），能有效、持续地发展受督导者的专业胜任力。督导师承担着教学、质量控制以及为来访者的福祉服务的多重功能。在工作中，笔者团队的督导活动包括请国内外行业著名及资深专家带领的团体督导、具备督导胜任力的团队成员为进修人员和实习学生提供一对二督导。此外，在必要的情况下，具备督导胜任力的团队成员还会为新入职职工、进修人员和实习学生提供一对一的现场督导。

2. 质量安全管理组评估

笔者团队专门成立了质量安全管理工作组，定期对临床心理评估及心理治疗进行质量安全管理。在心理评估方面，资深心理评估人员每月轮流抽取 6 份综合心理评估报告进行盲评或现场质控。在对综合心理评估报告进行盲评时，评定者依照儿童和青少年综合心理评估胜任力标准评定表进行评估，并在盲评过程中对每份报告进行评分和修改。在心理治疗方面，笔者团队目前主要通过定期团体督导活动，对初级心理治疗师的临床治疗个案进行督导，由督导师对受督导者的临床干预胜任力进行把关。此外，笔者团队采用 CTRS-R 量表定期对心理治疗会谈进行评定，由经过 CTRS-R 量表评估培训的治疗师进行胜任力评估。

随着笔者团队规范化工作的推进和开展，越来越多进修、实习人员申请以进修或实习的身份加入笔者团队学习。进修、实习人员需要经过在笔者团队的学习且接受胜任力考核合格后方可开展临床实践工作。所有进修、实习人员均需定期参加团队内部的团体督导及其带教老师开展的一对二督导，以达到其接诊的所有个案（包括心理评估与心理治疗）均在有胜任力的临床心理工作者督导下完成的效果。

三、胜任力的提升

（一）提升胜任力是永恒的目标

作为临床心理工作者，我们从事的专业领域仍在蓬勃发展，相关专业研究和实践在不断更新。同时，我们在职业生涯中，也需要面对作为临床心理工作者的个人局限。追求卓越、不断精进自己的胜任力水平，不仅有利于临床心理工作者适应不断变化的临床心理工作要求，也是临床心理工作者需要秉承的专业责任。

从经验角度总结，笔者团队发现，绝大多数临床心理工作者都十分注重培养且提高理论知识和实践技能，但在法律和伦理方面的学习、实践意识及相关资源方面仍显不足。本章会在下文详细论述法律和伦理议题可能涉及的情况和相关资源，在此不做赘述。

（二）提升胜任力的途径——在督导下实践

在督导下开展实践是提升胜任力的有效方式。作为"守门人"角色，督导师站在更高视角给予受督导者清晰的评价与改进建议。以认知行为治疗流派的督导为例，更高视角涵盖但不局限于以下方面：个案概念化、治疗目标、所制定的治疗方案、治疗技术的选择和应用、作业的布置、会谈议程的设置、治疗师的优势与劣势、法律与伦理的议题等。在督导中，受督导者能够依照督导师的建议，在实践中展开"刻意练习"，同时，由于临床督导的首要职责是保护来访者或患者的福祉，那么，在督导下的实践可以保证该"练习"是在确保来访者福祉的前提下进行的。

简而言之，在督导下进行实践，是临床心理评估与治疗人员职业生涯中的必经之路。

第五节 儿童和青少年心理工作者需遵守的法律与伦理

一、常见法律法规和伦理守则

近年来，我国对儿童和青少年心理评估与治疗的法律法规、伦理守则逐步完善。这些法律法规和伦理守则不仅为儿童和青少年的心理健康提供了坚实的保障，也为相关从业人员提供了明确的工作指导。作为儿童和青少年心理评估与治疗工作者，既要遵循伦理守则要求，也要提高自身法律意识，了解和学习相关的法律法规与条例，深刻理解应有的权利和义务。

迄今为止，我国最受广泛认可的伦理守则是《中国心理学会临床与咨询心理学工作伦理守则（第二版）》，强调"善行""责任""诚信""公正""尊重"的总则，对专业关系，知情同意，隐私权和保密性，专业胜任力和专业责任，心理测量与评估，教学、培训和督导，研究和发表，远程专业工作（网络/电话咨询），媒体沟通与合作，伦理问题处理这十大方面做出了明确的要求。中国心理学会临床心理学注册系统也提供系统的临床与咨询心理学伦理培训。在面向儿童和青少年工作时，常常面临不同的伦理挑战，若缺少伦理意识，很有可能给患者及其家属带去不必要的伤害。

儿童和青少年作为特殊群体，所涉及的法律相关问题以及风险较于成年人更加特殊，要格外注意，因此从业者需要了解的法律法规也需更加全面。以下不完全地列举了与儿童和青少年心理评估及治疗工作相关的常见法律法规[①]：①《中华人民共和国精神卫生法》（2018 年修订版）；②《中华人民共和国未成年人保护法》（2020 年修订版）；③《中华人民共和国民法典》（自 2021 年 1 月 1 日起施行）；④《中华人民共和国反家庭暴力法》（2015 年修订版）；⑤《中华人民共和国刑法》（2020 年修订版）；⑥《关于建立侵害未成年人案件强制报告制度的意见（试行）》（2020 年 5 月 7 日九部委联合下发）；⑦《中华人民共和国个人信息保护法》（自 2021 年 11 月 1 日起施行）等。

二、常见法律与伦理议题相关案例简析

如果缺乏相应的法律知识和伦理意识，那么儿童和青少年临床心理工作者很容易在实践中不经意间触碰到"雷区"，下面列出了三个典型案例供大家参考[②]。

案例一——乐于助人，但不能超出执业范围

某医院的心理治疗师在来访者未进行精神科就诊的情况下，告知 15 岁来访者其诊断为"重度抑郁障碍"，推荐了相关治疗药物及服用剂量，并将来访者转介到院外个人接诊，开展心理治疗。

【该案例相关的法律议题简析】 该心理治疗师违反了《中华人民共和国精神卫生法》（以下简称《精神卫生法》）中第二十九条及第五十一条相关规定："精神障碍的诊断应当由精神科执业医师作出"，"心理治疗活动应当在医疗机构内开展。专门从事心理治疗的人员不得从事精神障碍的诊断，不得为精神障碍患者开具处方或者提供外科治疗。心理治疗的技术规范由国务院卫生行政部门制定"。因此，即使是在医疗机构从业的心理治疗师（非精神科执业医师兼职）亦无权给出明确诊断与药物治疗方案，正确做法为当发现接受评估或治疗的人员可能患有精神障碍时，应建议其到符合《精神卫生法》规定的医疗机构就诊，而非自行给出明确诊断并超出执业范围进行精神障碍相关治疗（包括药物及心理治疗）。此外，心理治疗活动应限定在卫生机构内开展。

【该案例相关的伦理议题简析】 该心理治疗师违反了《中国心理学会临床与咨询心

---

① 括号内版本为本书撰写时的最新修订版。
② 三个案件均为在日常实践中总结、凝缩而成，非某一具体对象，无特指。

理学工作伦理守则（第二版）》（以下简称《伦理守则》）第 1.16 款"在机构中从事心理咨询与治疗的心理师未经机构允许，不得将自己在该机构中的寻求专业服务者转介为个人接诊的来访者"。合乎《伦理守则》的做法应为在医院内为来访者提供专业的心理治疗服务，确保治疗设置的稳定性，动态评估自己对该来访者的接诊胜任力，进行充分的知情同意，密切与其他学科工作人员联系，坚持在伦理规范内提供专业服务。

【临床启示】虽然临床心理工作人员可能接受过精神障碍诊断及相关药物治疗的培训，但仍须严格遵守《精神卫生法》，切勿擅自对来访者的情况进行诊断或开具药物治疗方案，并且牢记心理治疗仅可在卫生机构内开展。此外，临床心理工作人员还应熟悉本领域最新的伦理守则，定期接受伦理培训，确保自己的言行符合专业规范。

案例二——个人信息管理与隐私保护，易被忽视的雷点

某医疗机构的心理治疗师在日常工作中将成人与未满 14 周岁的未成年人来访者的相关资料共同存放，并采取相同的规则进行管理。一日，一名自称是某位未成年人来访者（12 岁）的父亲的男士找到该治疗师，并要求其介绍来访者的治疗情况。后证实该男士并非来访者的父亲，亦非来访者的法定监护人，而是另有所图的第三人。该心理治疗师在未获得来访者知情同意的情况下，把来访者的个人信息、评估及治疗情况泄露给了这名男士。

【该案例相关的法律议题简析】该心理治疗师违反了《中华人民共和国未成年人保护法》（以下简称《未成年人保护法》）第四条（其三）的规定，即"保护未成年人的隐私权和个人信息"，同时也违反了《中华人民共和国个人信息保护法》（以下简称《个人信息保护法》）第十条的规定，"任何组织、个人不得非法收集、使用、加工、传输他人个人信息，不得非法买卖、提供或者公开他人个人信息；不得从事危害国家安全、公共利益的个人信息处理活动"。在未取得当事人或其法定监护人的同意下提供来访者的治疗信息是法律所不允许的，这种非法泄露和传播来访者敏感个人信息的行为侵犯了来访者的隐私权。未成年人的隐私权尤其需要保护，所有涉及未成年人心理咨询、治疗的信息都必须严格保密，不得泄露给无关人员。虽然该心理治疗师存在被误导或被欺骗的情节，但其依旧未尽到进一步核实的义务。此外，该案例还涉及将成年人与未成年人来访者的资料采取相同规则管理的问题，违反了《个人信息保护法》第三十一条的规定："处理不满十四周岁未成年人个人信息的，应当制定专门的个人信息处理规则"。

【该案例相关的伦理议题简析】该心理治疗师违反了《伦理守则》第 3.4 款"心理师应按照法律法规和专业伦理规范在严格保密的前提下创建、使用、保存、传递和处理专业工作相关信息（如个案记录、测验资料、信件、录音、录像等）。心理师可告知寻求专业服务者个案记录的保存方式，相关人员（例如同事、督导、个案管理者、信息技术员）有无权限接触这些记录等"。合乎《伦理守则》的做法应为按照上述法律法规创建、使用、保存、传递和处理专业工作相关信息，在非保密例外但可能需要披露来访者的治疗情况时，首先需明确对方的目的和具体诉求，然后对来访者及其法定监护人进行充分的知情同意，在获得同意后最低限度地披露来访者的治疗情况，并在后续的治疗中

与来访者讨论相关披露情况,持续监测来访者对此的反应。

【临床启示】 作为儿童和青少年的心理治疗师,我们接触到的来访者个人信息在一定程度上均属于敏感个人信息,只有在具有特定的目的和充分的必要性以及采取严格保护措施的情形下,个人信息处理者方可处理敏感个人信息。因此,在处理来访者个人信息,包含收集、存储、使用、加工、传输、提供、公开、删除等各个环节时,都应紧绷"信息安全"这根弦。特别需要指出的是,未满14周岁未成年人的个人信息均属于敏感个人信息,处理信息时需取得父母或者其他监护人的同意。因此,在临床上我们需要充分做好知情告知的义务,宁愿事无巨细,也不一笔带过,避免因不恰当的方式造成来访者的信息泄露,带来不必要的法律风险。

案例三——知而不报,小心法律风险

某医院心理治疗师在治疗中获知,一名13周岁的来访者常年遭受其继父的言语攻击,其继父不顺心时就会对来访者进行一顿毒打,且来访者自述在12岁时曾被继父性侵。但来访者的母亲认为这是"家丑",要求来访者不能透露给其他人,且不能报警。在来访者及其家长的强烈要求下,治疗师选择为其隐瞒,并删去相关记录。在开展心理治疗的过程中,来访者曾向治疗师透露过痛不欲生,想在下次再遭遇家暴时实施自杀行为,然而,该治疗师未做及时处理,后其继父的家暴依旧存在,该来访者不堪忍受,选择了轻生。

【该案例相关的法律议题简析】 在本案例中,该心理治疗师明知该未成年人来访者依旧存在被家暴风险,但未能及时采取相应保护措施,使其陷入更危险的境地。该行为违反了《未成年人保护法》第十一条、《中华人民共和国反家庭暴力法》第二十二条以及《关于建立侵害未成年人案件强制报告制度的意见(试行)》第二、第四、第七、第十六条相关规定。密切接触未成年人的组织及个人,一旦发现未成年人遭受或疑似遭受侵害,应按规定书写、记录和保存相关病历资料,并及时向有关部门举报和履行报告义务。该案例中,治疗师未能做到以上举措,造成了未成年人遭受更严重的后果,因此治疗师应承担相应的法律责任。

【该案例相关的伦理议题简析】 该心理治疗师违反了《伦理守则》第3.2款"心理师应清楚地了解保密原则的应用有其限度,下列情况为保密原则的例外:(1)心理师发现寻求专业服务者有伤害自身或他人的严重危险;(2)不具备完全民事行为能力的未成年人等受到性侵犯或虐待;(3)法律规定需要披露的其他情况"。合乎《伦理守则》的做法应为在确认未满14周岁的来访者遭受性侵犯或虐待后,与其监护人进行保密例外的告知,并按照相关法律规定履行报告义务。

此外,该治疗师还违反了《伦理守则》第3.3款"遇到3.2(1)和(2)的情况,心理师有责任向寻求专业服务者的合法监护人、可确认的潜在受害者或相关部门预警;遇到3.2(3)的情况,心理师有义务遵守法律法规,并按照最低限度原则披露有关信息,但须要求法庭及相关人员出示合法的正式文书,并要求他们注意专业服务相关信息的披露范围"。合乎《伦理守则》的做法应为在确认来访者存在明确的自杀风险时,对

来访者及其法定监护人进行明确的安全风险告知，制订安全计划，并对上述过程进行规范记录和存档。

【临床启示】随着《关于建立侵害未成年人案件强制报告制度的意见（试行）》的推出，我们需要意识到，儿童和青少年心理治疗师作为密切接触未成年人的群体，上报侵害未成年人案件已不再是"可为可不为"，而是必须履行的法律义务，需要果断地做出最符合来访者福祉的决策。同时，相关法律指出，在上报和处理未成年人相关案件时，需以未成年人最大利益作为第一原则，采取对未成年人影响最小的方式，避免进一步伤害到未成年人的身心健康。最后，建议有关单位和组织进一步建立与落实相关案件上报程序与渠道，让一线工作者有现成、合理且可行性高的规章制度可依，避免上报无门或困难重重，打击一线工作者上报的积极性和决心。

本章简单列举了儿童和青少年心理评估与治疗工作中可能遇见的部分案例，以及相关法律法规和伦理议题。通过案例解读，我们需要意识到法律和伦理议题其实离我们不远，工作实践中稍不注意，便有可能引发纠纷。法律规定和伦理守则对于保障儿童和青少年的心理健康具有深远的意义，作为密切接触儿童和青少年的心理健康工作人员，我们既是守护儿童和青少年的重要力量，也必须在法律法规和伦理守则的指导下工作，不仅更好地呵护儿童和青少年的心理健康，也更好地保护自己。

参考文献

[1] 陈子玥, 蔡珊, 马宁, 等. 中国9～18岁儿童和青少年心理困扰流行现状[J]. 中华流行病学杂志, 2023, 44（10）: 1537-1544.

[2] DUAN L, SHAO X, WANG Y, et al. An investigation of mental health status of children and adolescents in China during the outbreak of COVID-19 [J]. Journal of Affective Disorders, 2020, 275: 112-118.

[3] FARAONE S V, BELLGROVE M A, BRIKELL I, et al. Attention-deficit/hyperactivity disorder [J]. Nature Reviews Disease Primers, 2024, 10（1）: 11.

[4] Institute for Health Metrics and Evaluation (IHME). Global Burden of Disease Study 2019 (GBD 2019) population estimates 1950—2019 [DB/OL]. (2020-10-12) [2023-04-10]. https://ghdx.healthdata.org/record/ihmedata/gbd-2019-population-estimates-1950-2019.

[5] 金宇. 儿童青少年情绪相关精神障碍的早期识别与治疗 [J]. 中国儿童保健杂志, 2023, 31（12）: 1280-1285.

[6] KIELING C, BUCHWEITZ C, CAYE A, et al. Worldwide prevalence and disability from mental disorders across childhood and adolescence: evidence from the global burden of disease study [J]. JAMA Psychiatry, 2024, 81（4）: 347-356.

[7] 刘靖, 郑毅. 中国注意缺陷多动障碍防治指南 [M]. 2版. 北京: 中华医学电子音像出版社, 2015.

[8] LI F, CUI Y, LI Y, et al. Prevalence of mental disorders in school children and adolescents in China: diagnostic data from detailed clinical assessments of 17,524 individuals

[J]. Journal of Child Psychology and Psychiatry, 2022, 63 (1): 34-46.

[9] 宋逸, 马军. 全面促进中国儿童和青少年心理健康发展 [J]. 中华流行病学杂志, 2023, 44 (10): 1531-1536.

[10] 王建平, 李荔波, 蔡远. 谁是"最好"的心理服务提供者? [J]. 心理学通讯, 2019, 1 (2): 5-10.

[11] WU J L, PAN J. The scarcity of child psychiatrists in China [J]. The Lancet Psychiatry, 2019, 6 (4): 286-287.

[12] 张爱莲, 黄希庭. 国外心理健康服务人员胜任特征 [J]. 心理科学进展, 2010, 18 (2): 331-338.

[13] 中国心理学会. 中国心理学会临床与咨询心理学工作伦理守则 [J]. 心理学报, 2018, 50 (11): 1314-1322.

[14] BARNETT J E. Whose boundaries are they anyway? [J]. Professional Psychology: Research and Practice, 2007 (38): 401-405.

[15] WATKINS C E Jr. On psychoanalytic supervision as signature pedagogy [J]. The Psychoanalytic Review, 2014 (101): 175-195.

第二章

儿童和青少年心理综合评估与整合干预模式

近年来，社会对儿童和青少年心理健康的关注度广泛而显著地提升，这一趋势不仅反映了公众对于儿童和青少年心理健康的重视，也推动了儿童和青少年心理工作领域的快速发展。在此背景下，儿童和青少年心理工作呈现出前所未有的机遇，包括政策支持的加强以及社会资源的倾斜，为该领域的发展提供了有利条件。同时，我们也面临着行业与专业的挑战，亟待推出更专业、更规范的心理服务实践，以更好地满足儿童和青少年的心理健康需求。这要求我们不仅在理论研究上不断深入，更需在实践层面积极探索与创新，以期形成一套有效的心理服务规范，为儿童和青少年的健康成长提供有力保障。

为实现这一目标，笔者所在的团队积极关注国内外对于综合心理评估以及整合干预的先进理念，系统地搜集与梳理了相关研究资料，也参考了国际上较为成熟的心理服务项目，充分结合我国本土化国情，构建了儿童和青少年心理综合评估与整合干预的创新模式，并在实践中不断发展与完善。

第一节 理论基础

笔者团队所开展的儿童和青少年心理综合评估与整合干预模式的构建与发展，参考了国内外对于儿童和青少年心理的前沿理论及干预方法，同时结合我国国情进行了探索和实践，最终梳理了一套兼顾心理服务资源、效率与公平的本土化儿童和青少年心理综合评估与整合干预实践模式，以期为所有心理服务资源有限的医疗、教育和社区等机构提供参考。在本节中，笔者梳理了相关的理论模型及研究资料，为更好地理解儿童和青少年的心理问题、实施有效心理干预提供不同的视角，接下来将对这些理论模型进行逐一介绍。

一、易感性-应激模型

米尔（Meehl）在1962年提出了精神分裂症的基因-环境交互模型，首次明确结合了易感性与压力的影响。门罗（Monroe）和西蒙斯（Simons）（1991）系统整理了易感性-应激模型（vulnerability-stress model，VSM）的理论框架，并推动了其在心理病理学中的应用。易感性-应激模型揭示了心理障碍形成的潜在机制，亦为我们更有效地开展心理疾病的预防与干预提供了理论支撑。易感性-应激模型认为易感性和应激作为相互影响的因素导致了心理障碍的发生。易感性，也常被称为"素质"，指的是促使心理障碍发生的诱因或因素，不仅包括遗传和生物学因素，也涵盖了认知、人际关系、人格等社会心理因素；而应激指的是个体面对真实或潜在威胁的反应能力。根据英格拉姆（Ingram）等人的研究，该模型突出了六大核心特征。（1）叠加性（additivity）：易感性和应激因素之间可能存在复杂的交互作用，它们以某种形式相互叠加，增加了发展出心理障碍的可能性。（2）单一性（uniqueness）：在特定情境下，易感性或应激的某一方面可能占据主导地位，而另一方面则起补充作用，这要求我们在评估个体风险时要有选择地关注关键因素。（3）双重性（diathesis-stress）：当个体面临高强度的生活应激与高易感性时，心理障碍的发生风险会显著增加，这提示我们在预防干预中需同时考虑减少应激和降低易感性。（4）静态-动态性（static-dynamic nature）：易感性和应激在一定程度上具有稳定性，但也会随时间、环境和个体经历的变化而表现出动态性，这要求我们在评估与干预中持续关注这两个维度并保持灵活。（5）连续性（continuity）：易感性和应激的相互作用过程是连续发生、互相加强的，需以动态发展的眼光看待。（6）阈值（threshold）：每个个体患心理障碍的风险都有一个潜在的阈值（Monroe & Simons，1991）。当易感性与应激的相互作用超过个体的阈值时，就可能导致心理障碍的产生。不同的人具有不同的阈值，这取决于个体的易感性敏感程度和所遭遇的生活应激强度。

综上，该模型强调易感性和应激之间的复杂交互作用，为我们理解儿童和青少年患心理障碍的风险、制定有效的预防和干预策略提供了理论视角。在心理评估与干预的过程中，我们需要关注个体"阈值"的调整，基于评估了解个体的差异，采用全方位、系统的干预方式，以促进个体的全面功能康复，降低心理障碍复发的风险。

二、生态系统理论

生态系统理论（ecological systems theory）是布朗芬布伦纳（Bronfenbrenner，1979）在发展心理学领域提出的一个重要模型，该理论突破了传统发展心理学中仅关注个体内部因素的局限性，强调个体发展与其所处环境系统之间的复杂交互作用。布朗芬布伦纳认为，人类发展是一个多层次、多系统、动态的过程，其中个体嵌套在相互影响的环境系统之中。这些环境系统包括微观系统（如家庭、学校、同伴群体）、中观系统（各微观系统之间的关系，如家庭与学校之间的关系）、外观系统（如父母的职业场所、社区资源）和宏观系统（如文化、亚文化、社会环境）。这些系统层层嵌套，相互影响，共同构成了个体发展的生态环境。此外，生态系统理论还强调个体不仅受到环境的影响，也通过自身的行为、态度和价值观等对环境产生影响。生态系统理论如图 2-1 所示。

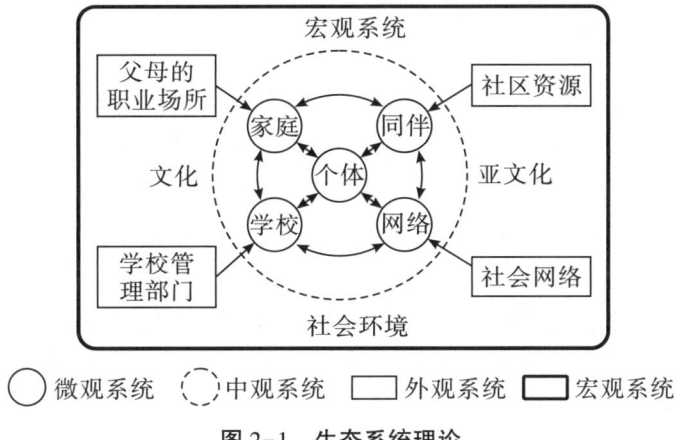

图 2-1　生态系统理论

在探讨儿童和青少年发展的多维度环境框架时，我们必须首先将目光聚焦在最贴近生活的微观系统之上。微观系统，作为儿童和青少年日常活动和跟环境互动的直接舞台，其边界并非静态的，而是随着成长的步伐而动态扩展和演变。对于婴儿来说，这一系统几乎等同于温馨的家庭环境，然而随着他们年龄的增长，幼儿园、学校以及日益丰富的社交圈子逐渐融入孩子的微观系统，共同构建了一个日益复杂的立体世界。布朗芬布伦纳的理论深刻揭示了微观系统中成人与儿童之间关系的双向性。成人不仅是儿童成长道路上的引导者、教育者，他们的行为、态度和价值观也在潜移默化中受到儿童独特个性、天赋和能力的影响。这种相互影响、相互塑造的双向关系，在生活的点滴细节中得以体现：当父母的养育方式引起孩子的情绪反应时（比如父母对孩子的责备使孩子哭泣），父母会根据孩子的情绪反应来调整自己的语言、语气等表达方式，用更有建设性的方式去与孩子沟通。而在微观系统中，孩子与父母的直接关系并不是全部，第三方因素，如父母的婚姻状态或家庭的经济状况等，也会影响成人与儿童之间的关系。当父母关系和谐、家庭氛围温馨时，儿童更容易感受到安全和被爱，从而有利于他们的健康成长。相反，如果家庭中存在冲突和紧张，这种负面氛围也会对儿童的情感和认知发展造成不良影响。因此，在全面理解、干预儿童和青少年心理障碍的过程中，我们不仅要深入剖析微观系统内部的动态交互，还需敏锐地捕捉和评估外部环境的影响。通过构建一个更加全面、立体的环境框架，我们能够更加精准地把握儿童成长的脉络，为他们的全面发展提供更为有力的支持和指导。

进一步拓展我们的视野，关注中观系统，它连接着各个微观系统，并体现它们之间的相互作用和联系。生态系统理论强调，当微观系统之间能够建立起积极、稳固的联系时，儿童的发展往往能够达到最优化的状态。反之，如果这些系统间的联系呈现出消极、不稳定的状态，那么可能会对儿童的成长产生不利影响。以儿童在家庭和学校的经历为例，如父母在养育原则上比较一致，与学校的老师可以形成良好沟通，学校老师也可以定期向父母反馈孩子的情况，共同制订更适合孩子的学习计划，并在学校和家中执行；但若父母之间的养育原则有较大冲突，在家中无法对孩子形成一致的规则，孩子有可能会"钻空子",同时,父母与老师的沟通可能也存在不一致的信息,导致学校老师无法了解孩子的真实情况。

外观系统是一个儿童和青少年个体并未直接参与,但会对其发展产生重要影响的系统。最后,在深入探讨儿童发展的多维度环境时还需要关注宏观系统。宏观系统涵盖了文化、亚文化和社会环境,在不同的文化背景下,价值观念可能存在显著的差异。然而,这些观念无处不在,它们渗透在微观系统、中观系统和外观系统中,直接或间接地影响着儿童和青少年知识经验的获取和积累。

因此,为了全面理解儿童和青少年心理障碍的发展,我们需要综合考虑这四个环境层次的作用和影响,深入理解它们之间的相互作用和联系,为儿童创建一个更加全面、和谐、有利于其健康成长的环境。

三、多元文化咨询与治疗视角

多元文化咨询与治疗(Multicultural Counseling and Therapy,MCT)在当今咨询实践中展现了其不可或缺的价值,它极大地扩展了咨询师的角色范围,并深化了对治疗技能的理解和应用。

MCT特别强调了咨询过程中应使用与来访者种族、文化、民族、性别及性取向背景相一致的模式和目标的重要性。这一观点挑战了传统咨询中的一刀切方法,促使咨询师采取更加灵活和个性化的咨询策略。正如佩德森(Pedersen)等人(2002)所述,即便在很多时候,并不鼓励咨询师对来访者直接提供意见和建议,但对于某些来访者群体,提供直接的建议在特定情境下可能是有效且适当的。MCT还指出,我们的存在和身份是由个体(独特性)、群体和普遍维度共同构成的,任何只关注其中一部分而忽视其他部分的方式,都无法全面理解和支持一个人的真实需求。这一观点要求咨询师在咨询过程中充分考虑来访者的文化背景、社会经历和个人经历,以提供更加贴切和有效的帮助。

在多元文化背景下,MCT通过平衡个人主义与集体主义来拓宽心理咨询、治疗关系的视角。它承认我们不仅是独立的个体,也是家庭、重要他人、社区和文化的一部分。因此,在处理跨文化咨询问题时,咨询师需要综合考虑多个层面的因素,以提供更加全面和深入的支持。

四、认知行为疗法

认知行为疗法(Cognitive Behavioral Therapy,CBT)是目前循证依据最多的心理疗法。它以结构化、目标导向、聚焦于当下为特征,通过对认知、行为的干预来帮助人们解决当前的问题。已有大量的研究证据表明,CBT能够有效缓解儿童、青少年常见的情绪和行为问题。在CBT的实践中,评估和个案概念化扮演着至关重要的角色。个案概念化不仅仅是一个工具,更是一个精心构建的过程,旨在深入理解和解析来访者的内心世界。CBT中的个案概念化如同一个精密的熔炉,使用横向及纵向的概念化的框架,将来访者的独特经历、宝贵经验和潜在优势，与心理治疗领域的丰富理论和前沿研究相融合，形成关于来访者独特问题和需求的描述，像灯塔一样为进一步的干预指引方向。

这一比喻生动地体现了个案概念化的三个核心原则。首先，治疗师与来访者之间的紧密合作与深度互动如同熔炉中的炽热火焰，为整个概念化过程提供了源源不断的动力。在这个过程中，治疗师倾听着来访者的心声，探索他们的内心世界，而来访者则在治疗师的引导下逐渐打开心扉，展现出真实的自我。其次，个案概念化是一个不断发展的过程，如同熔炉中的化学反应。在初始阶段，治疗师可能更侧重于对来访者当前问题和经历的描述性理解；然而，随着治疗的深入，治疗师会逐步将理论框架和研究证据融入概念化过程中，去探索来访者的中间信念、核心信念。此外，个案概念化还可能涉及对来访者过去经历和保护因素的探索，以便更全面地理解他们的当前认知和行为模式。最后，它强调并整合了来访者的优势。这些优势可能包括来访者的个人品质、应对机制、社会支持等。通过强调和利用这些优势，治疗师可以帮助来访者建立更积极的自我价值和自我认同，提高他们的自尊心、自信心。同时，这也有助于来访者在面对挑战和困难时更加从容和坚定，从而更有效地缓解他们的痛苦并提高心理韧性。

在 CBT 的实践中，治疗师需要保持开放和灵活的态度，随时准备根据来访者的进展和反馈调整治疗方案。同时，治疗师还需要具备深厚的专业知识和技能，以便能够准确地识别和理解来访者的问题和需求，并为他们提供有针对性的干预措施。通过不断的实践和学习，治疗师可以不断提高自己的个案概念化能力，为来访者提供更优质的心理健康服务。在 CBT 中，个案概念化的框架如图 2-2 所示（Beck，2013）。

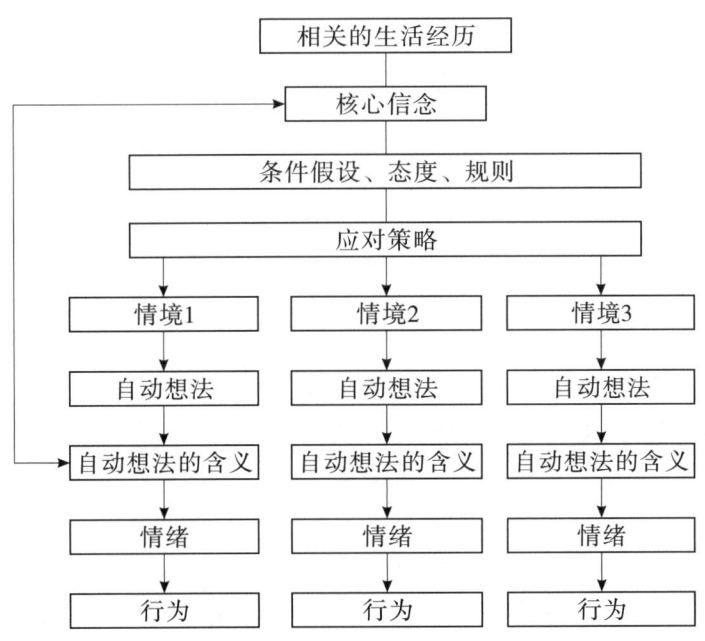

图 2-2　CBT 的个案概念化框架

五、阶梯式医疗干预

在儿童和青少年心理工作领域，针对家长和来访者的心理干预已经被广泛接受，并取得了显著的临床效果。然而，考虑到医疗人力资源和地域心理服务资源的差异，我国整体心理干预的可及性不足，只有有限数量的求助者能够获得有效的心理干预，且常常面临着治疗预约等待时间长等严峻问题。同时，由于来访问题的严重程度和个人、社会资源的差异，并非所有来访者都需要接受所有层级的心理干预。例如，对于仅因亲子沟通不畅而产生烦躁情绪的青少年来访者，通过沟通技巧干预和表达技巧指导，可以有效缓解问题，而无须进行长期的个体治疗。因此，业内专家提出了"阶梯式医疗干预"作为潜在的解决方案，旨在最大限度地减少专业治疗师的时间投入，降低治疗师提供服务的成本，尽可能覆盖需要接受心理干预的人群（Bower & Gilbody，2005）。另外，阶梯式医疗干预模式将家长纳入干预计划中，由此来访者接受治疗的病耻感会减少。研究表明，阶梯式医疗干预显著提高了治疗效率，提升了医疗资源的合理利用。笔者团队基于阶梯式医疗干预提出的整合心理干预模式可分为四个步骤：（1）自助式干预（除定期心理评估外，无临床心理工作者介入）；（2）普遍性干预（临床心理工作者提供指导，供来访者和家长自助主导治疗）；（3）选择性干预（针对特定问题的干预团体）；（4）精准个性化干预（短期或长期的个体治疗和家庭治疗）。同时，在治疗进展过程中，也需进行定期评估，明确治疗级别何时"升级"或"降级"。

笔者团队正在增强对于阶梯式医疗干预决策机制的研究，以期不断完善和优化符合我国国情的阶梯式心理干预方案，通过全面评估为儿童和青少年匹配最佳的治疗等级，增加心理干预的可及性，缩短等候时间，并明确升级或降级的决策标准。

六、精神障碍的三级预防体系

预防医学将精神障碍预防分为三级，旨在通过不同阶段的干预措施减少精神心理问题的发生，控制其发展，制定适宜且个性化的治疗干预方案，达到延长缓解期的效果（郝伟、陆林，2018）。

一级预防也称为病因预防，指的是在心理障碍发生之前，积极主动构建预防体系，减少或消除致病因素及危险因素，避免或降低疾病的发生。在一级预防中，可以通过心理评估识别潜在心理障碍，尽早筛查疾病和高危人群，或帮助个体了解自己的身心状况，预防疾病的发生，提升民众对疾病的重视和了解。在干预措施上，可以通过心理健康教育，增进精神健康的保健工作，普及精神卫生知识，提高公众的认识及重视程度。针对高危人群，可以提供必要的心理支持服务，增强其情绪调节能力及保护因素的支持，减少社会压力源。

二级预防也称为"三早预防"（早发现、早诊断、早治疗），是指在临床前期进行早期干预，控制其发展，降低疾病造成的危害。临床心理工作者需对来访者定期进行动态评估分析，与精神科医生紧密合作，将高危疑似精神疾病的个体转介至专业精神科医生处，尽早筛查及诊断。基于全面综合的评估，为个体制订个性化的心理干预计划，包括心理咨询、心理治疗、药物治疗等针对性的整合干预计划，在疾病发展初期尽早干预，有效延缓疾病的进展，进而有效保护患者的社会功能，达到延长缓解期的效果。

三级预防是针对已明确诊断精神心理问题的患者采取干预措施，旨在防止病情恶化，预防复发。在此阶段，可以通过医院、学校、家庭、社会的四方联盟，建立多方合作协同机制，在不同层面给来访者提供个性化的干预计划及治疗方案。在治疗的过程中，可以根据个体的反馈和追踪评估的不同结果，及时调整治疗方案，提高治疗效果。此外，还可以协同各方资源，进行多种形式的治疗和康复训练，尽可能维持其社会功能。这些资源也可以形成来访者的"保护网"，提供充分的社会支持。

综上，社会、学校、家庭、医院需要进行多方面深入的合作与联合，建成三级预防体系，实施有效的预防及干预策略。在此过程中，也需要定期进行动态评估与跟踪反馈，了解预防及干预措施的效果，及时调整和优化干预方案。

第二节 心理综合评估与整合干预创新模式

心理综合评估与整合干预创新模式分为综合心理评估和整合心理干预两部分，本节将具体阐述。

一、综合心理评估创新模式

基于本章第一节提到的理论基础，我们可以发现，不同的理论都在共同强调"多元视角"的重要性，这提示临床心理工作者，在看待儿童和青少年时要使用多元视角，去评估他们的心理健康及其疾病（如有）的发展。因此，笔者团队创新性地提出了综合心理评估的概念。

通过调研我们发现，国内大部分的心理评估，无论是在线上平台，还是在线下医院，多数还在采用来访者自行填写的自评量表，或使用他评量表由评估人员与患者进行结构式询问的方式开展。然而，在评估过程中常常遇到一些实际困难，例如，使用者不了解心理评定量表的性质和作用、不配合填写真实信息；临床心理工作者不知道该如何找到合适量表，以及如何使用、解释评定结果并下结论等；部分相关人员仅会机械地操作评估软件，对所得出的结果难以进行恰当的解释、下结论，尤其是在量表评估结果与临床表现信息不一致时。

在2016年之前，笔者团队在病房中采用一人一机的心理测评开展方式，同样遇到了以上问题。2016年，早期干预科率先引进"首发精神病早期整合干预模式"（见图2-3），多学科、多角色共同参与首发精神病人的干预服务，其中就包括精神科医生进行药物治疗，家庭心理治疗师负责家庭心理干预，个体治疗师负责个体心理弹性训练，社工负责支持性职业指导和教育，个案管理员进行随访、临床评估、组织治疗联盟会议等几个模块。

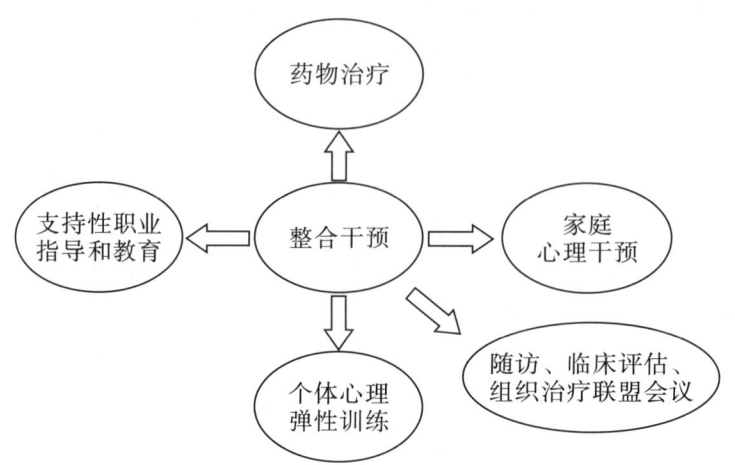

图 2-3 最初的首发精神病早期整合干预模式

对"首发精神病早期整合干预模式"的研习和实践给我们带来了不少启发和指导，根据实践中的经验，我们不断发展出了儿童和青少年心理综合评估与整合干预的新模式。在这个过程中，评估从最初的病房一人一机推广到门诊临床服务上，临床评估的内容在"首发精神病早期整合干预"项目中单一的精神病症状评估基础上，增加了情绪症状评估、发育障碍筛查、认知功能评估。2021年，随着门诊临床评估的需求日益增加，笔者团队进一步丰富了评估的综合性，从"单一套餐"逐步发展出了针对不同病种、可自由组合的"评估菜单"，增加了安全风险评估、家庭与环境因素评估、心理压力及应对方式评估、功能与行为评估、神经心理评估等评估内容，给患者的建议也从单一的药物方案，拓展成为涉及患者生活方方面面各个维度的综合干预建议。

笔者团队的综合心理评估通过以下创新点尝试改善以上问题：来访者自行填写自评量表后，评估人员结合量表结果，与来访者、家长进行半结构式访谈，从不同的角度全方位收集来访者信息，进行全面综合的心理评估，并依照评估结果提供个性化的干预建议及方案。

目前，我们运行的综合心理评估流程如图 2-4 所示。该流程有效实现了综合心理评估的创新模式：来访者及其家属自行填写的自评量表，可以帮助我们在投入人力前，快速收集到理想中最真实的来访者自我评价以及家长对来访者的各方面评定情况。自评量表综合关注了多维度的信息，是与综合心理评估模式理念一致的。

发育障碍筛查是基础性的、普适性的。无论带着何种主诉的来访者，我们都鼓励首先进行发育障碍筛查。在实践中，

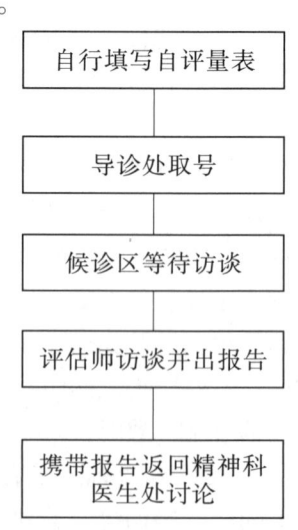

图 2-4 综合心理评估流程

我们发现发育障碍筛查极为关键，因为 ADHD、ASD（孤独症谱系障碍）等发育障碍非常容易在日常诊疗中被漏诊，导致来访者未得到正确的诊断和适合的干预。除此之外，自评量表还需要收集关于来访者情绪、行为、功能的评估信息。这些信息不仅可以来源于来访者本人的自我陈述，也可以通过第三方（如家人、朋友、老师、同学、医生）的观察来评估。此外，除了来访者本人的相关信息，了解来访者既往病史和其所处的环境同样重要。我们可以使用自评量表收集关于来访者既往病史、家庭病史、成长经历、家庭关系、父母养育方式、学校环境、人际关系等丰富的相关信息。这些信息一方面为我们提供了更加立体的"画像"，另一方面也会成为日后来访者干预的支持网络。

完成自评量表信息的收集后，为了弥补自评量表在收集信息过程中可能存在的问题，评估师与来访者及其家属进行进一步的他评访谈。结合自评量表的结果，在他评访谈中专业评估者进行进一步观察和面询、核实、确认、完善自评量表的结果。最后，结合自评量表和他评访谈的结果，撰写综合心理评估报告，如图 2-5、图 2-6 所示。

广州医科大学附属脑科医院
儿少心理评估报告

基本信息	姓　名：	部　门：儿少心理评估与治疗中心
	性　别：	登记号：
	年　龄：	评估日期：××××/××/××

评估结果
1. 情绪症状评估：
2. 安全风险评估：
3. 发育障碍筛查：
4. 家庭与环境因素评估：
5. 心理压力及应对方式评估：
6. 功能与行为评估：

干预建议：
1. 建议返回精神科医生处讨论此评估报告与后续治疗方案；建议每三个月随访评估一次，追踪患者的病情和治疗进展。
2. 建议坚持记录情绪日记 2～3 周，复诊时带给门诊医生。
3. 建议父母调整养育方式，可参加情绪障碍家长初阶课程，正确了解情绪障碍的症状、治疗、病因和沟通照顾。
4. 推荐家长参考养育类书籍，如《P. E. T. 父母效能训练》《非暴力沟通》。
5. 患者在情绪调节/痛苦耐受能力方面需提升，本次访谈已进行初步引导，建议进一步接受以辩证行为治疗为主的干预，如参加青少年情绪管理团体，学习情绪调节的技巧并加以练习。
6. 建议患者同时可预约个体心理治疗。
7. 建议患者自行阅读《青少年情绪障碍跨诊断治疗的统一方案——自助手册》。
8. 如遇危机时刻可拨打危机干预热线电话求助：020-81899120。
9. 以上需预约的治疗项目，请缴费后将治疗单于每天工作时间交至明泽楼 2 楼导诊台处进行转介。

图 2-5　情绪障碍综合心理评估报告格式

基本信息	广州医科大学附属脑科医院 儿少心理评估报告		
	姓　名：	部　门：儿少心理评估与治疗中心	
	性　别：	登记号：	
	年　龄：	评估日期：××××/××/××	

评估结果

1. ASD 核心症状：
2. 其他发育障碍筛查：
3. 情绪症状评估：
4. 安全风险评估：
5. 家庭与环境因素评估：
6. 功能与行为评估：

干预建议：

1. 建议返回精神科医生处讨论此评估报告与后续治疗方案，进一步完善 ASD 的临床评估，以明确诊断和后续干预的方向；建议每三个月随访评估一次，追踪来访者的病情和治疗进展。

2. 家长应创建有利于儿童成长的支持性环境，接纳孩子的困难，支持和帮助孩子拓展兴趣爱好，使用示范、辅助等形式帮助孩子发展同伴社交技能。建议家长参加 ASD 家长指导课程，该项目通过网络进行，分 2 次完成。

3. 患儿目前在社交方面落后于同龄儿童，建议参加 PEERS 社交技能训练，加入该团体前需先预约入组访谈。

4. 其他干预：①规律作息，坚持每天适量体育锻炼。②建立亲子之间的友好互动关系，接纳理解孩子的困难，欣赏孩子的优点，发展与同龄孩子相对一致的兴趣爱好，为孩子的成长提供相对宽松适宜的环境，了解孩子的困难并及时提供恰当的辅助。推荐家长参考养育类书籍，如《与你同行》《阿斯伯格综合征完全指南》《科学交友》《好好长大——小学生第一本校园社交手册》。③必要时预约个体干预。

5. 以上需预约的治疗项目，请缴费后将治疗单于每天工作时间交至明泽楼 2 楼评估处进行转介。

图 2-6　ASD 综合心理评估报告框架

综合心理评估报告是对来访者心理评估结果的全面呈现，包括"评估结果"和"干预建议"两大部分。评估结果中包含了自评量表结果和他评访谈结果两项，有时他评访谈结果是对自评量表结果的补充，有时也可能推翻了自评量表呈现的结果。在"评估结果"部分，需要尽可能简明而又全面地反映在自评与他评中收集到的来访者信息，做到最大化真实、客观地反映来访者的情况。"评估结果"是来访者的"画像"，越多维越立体，越细节越生动。这样的一份评估结果呈现在医生的面前，才更可能使来访者获得准确的诊断。"干预建议"部分则回应"评估结果"部分，给出初步的干预思路，尽量做到"事事有回应"，即每条干预建议对应"评估结果"中检查出的一项问题。当然，正如上文所讲，"干预建议"中的治疗建议只是一个初步的解决方案，这是由于评估在整个整合干预体系中所处的位置：评估只是第一步，来访者将评估报告带回精神科医生处，会进一步明确诊断及下一步治疗方案，在正式进入心理干预体系前，也会有更详尽的评估深入了解来访者的主诉及目标。我们希望通过综合心理评估报告中的"干预建议"，让来访者不仅能带着"问题"离开，还能带着"希望"进入整合干预。在笔者团队内部，每个月都会选择相应主题的综合心理评估报告，由团队内部人员轮流进行质控，向团队和个人反馈改进建议。

二、整合心理干预创新模式

基于综合心理评估的结果及医生的建议，患者会进入阶梯式整合心理干预体系（图2-7）。干预的整合可以从三线并行来看：病种、人群、阶段，分别对应着干预的专病性、整合性、层级性。

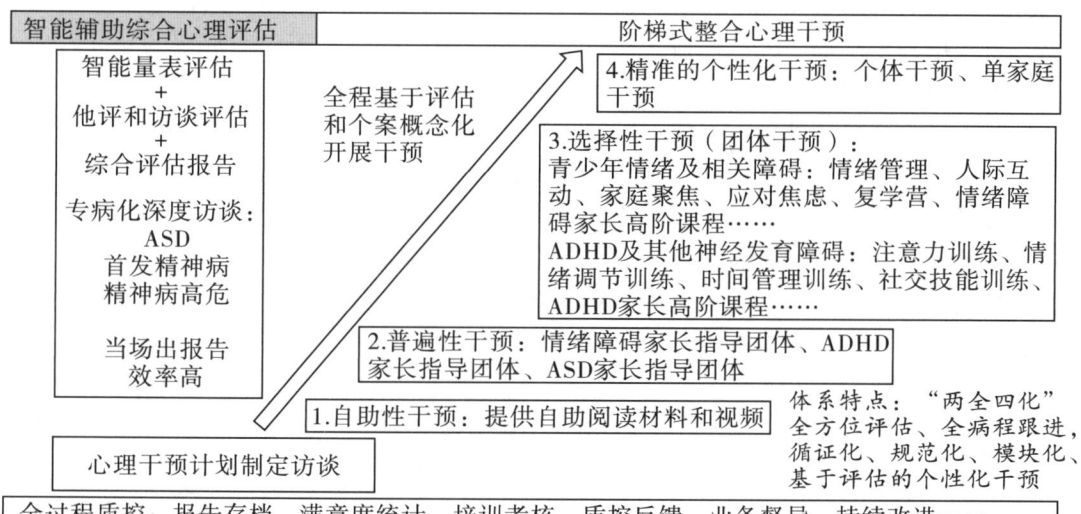

图2-7 儿童和青少年心理综合评估与整合干预体系

专病性 从病种来看，在完成了综合心理评估、精神科医生明确诊断后，根据不同的主诉，来访者会被分流进不同的、有针对性的治疗项目。目前笔者团队开展的治疗种类包括情绪障碍、注意缺陷/多动障碍、孤独症谱系障碍和精神分裂症谱系障碍。这些病种是笔者团队主要接诊的群体，但这些分类远不充分，读者需根据不同干预场景、面向的不同人群及干预目标进行调整。

整合性 在生态环境系统理论的指导下，我们认识到整合干预不能仅仅局限于展示出问题的个体，也要同步干预个体所在的各个功能不良的系统。从人群来看，目前笔者团队的整合干预主要针对两大人群：来访者及其家庭。针对不同病种，笔者团队都开发出了"来访者本人"干预项目和"来访者家庭"团体干预项目。除此之外，还开展所有病种和人群都基本适用的一对一个体治疗/家庭治疗形式，在个体干预中，家庭的干预也被放在重要的位置。

层级性 如何在繁多的治疗形式和种类中选择呢？这就涉及整合干预的层级性。第一层级是提供自助阅读的文字材料和视频。第二层级，在进入治疗体系之前，均推荐家长参与家长初阶课程，帮助家长学习疾病健康知识，以及强调在儿童和青少年心理干预中家长的角色和重要性。第三层级，从阶梯式医疗干预的治疗阶段来看，通常我们会建议来访者首先接受团体治疗，这是考虑到团体治疗轮转率快、结构强的特性，更适合尽早将来访者转介进入治疗流程中。团体治疗结束后，团体带领者通常会给每个参与团体治疗的组员一份反馈报告，其中不仅总结了组员参与团体治疗的情况，也会给出下一步心理干预的建议。第四层级，如有需要，来访者在接受团体治疗后，还可选择进入一对一的个体/家庭治疗，接受更加个性化的心理干预。每个层级阶段的干预结束后，来访者还会回到精神科医生处随访，重新评估病情发展，并根据评估结果重新制订下一步干预计划。在来访者接受干预的整个过程中，心理干预人员都会和精神科医生保持沟通合作，及时交流来访者的情况变化。至于部门层面对整合干预的管理措施，团体带领者需每个月报告开展团体治疗的情况及困难，接诊个体治疗的治疗师均需参与定期的督导、培训及每季度疑难案例讨论。

整合干预创新模式的发展，经过了笔者团队成员近10年的努力和探索。自2016年引进家庭聚焦治疗技术（Family-Focused Therapy，FFT）后，家庭参与和心理教育的重要性进一步凸显，但个体治疗的不足、患者回归生活后的适应性挑战以及多学科协作的断层问题仍亟待解决。基于此背景，整合干预体系应运而生，通过融合家庭干预、主题性团体治疗及跨专业协作，构建更全面的支持网络。图2-8体现了整合干预创新模式的发展历程与思考。

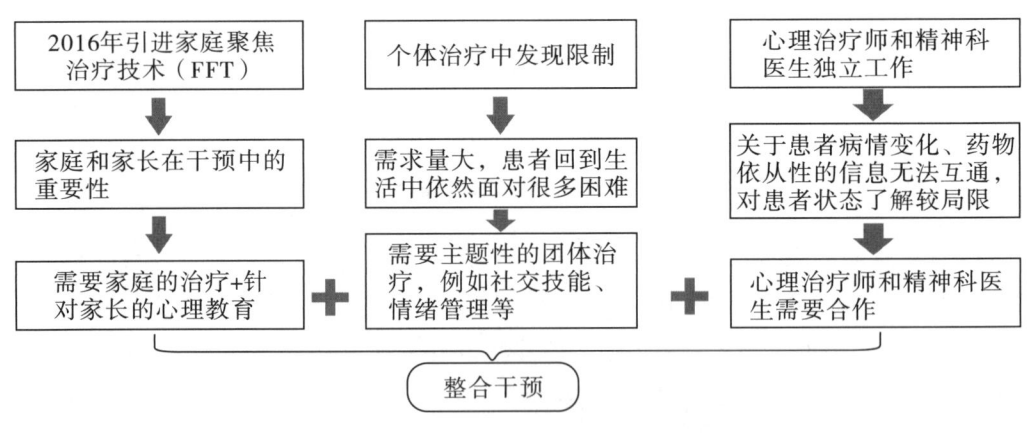

图2-8 整合干预创新模式的发展历程

三、综合心理评估和整合干预的对接

为了顺利衔接综合心理评估与整合干预，缩短干预等待时间，改善来访者就诊体验并提升来访者参与心理治疗的动机准备，我们引入了"心理干预计划访谈评估"这个"中介桥梁"。这一方法借鉴了国外的心理治疗模式，在正式开始干预之前，通常进行1～3小时的摄入性会谈（intake session）。摄入性会谈是一种特定形式的心理咨询和治疗方法，旨在通过面对面的交谈，与来访者建立良好的关系，全面了解来访者的心理状况及相关背景，收集其相关信息、主诉及治疗目标，探索个体的内在体验、情感和意义，促进个体的自我理解和心理成长。在摄入性会谈中，心理工作者采用开放性和非指导性的态度与个体进行对话，鼓励其自由表达内心感受和思维过程。笔者团队在综合心理评估及心理干预计划访谈评估阶段都在进行摄入性会谈的工作。来访者进行量表填写及综合评估约需1.5小时，随后，心理治疗师将根据评估结果，进一步进行45分钟到1小时的心理干预计划访谈评估。在心理干预计划访谈评估的过程中，心理治疗师不仅会全面收集来访者的家族史和病史，建立个案概念化，还会进行心理健康教育，并初步建立与来访者的信任关系，确保工作联盟的顺利推进，提高来访者的依从性。

而在整个整合干预的流程中，心理评估师、制定心理干预计划的心理治疗师、个体心理治疗师在接诊来访者时都承担着个案管理员的角色和功能。个案管理员是负责管理和协调个案工作的专业人员。个案管理工作包括以下几个方面。

①评估和规划：评估个案的需求和情况，并制订相应的干预计划。个案管理员会与相关人员包括精神科医生、团体带领者、社会工作者进行沟通和访谈，收集必要的信息，以便了解个案的背景、问题和目标。根据这些评估结果，个案管理员会制订个性化干预计划，明确目标和行动步骤。

②支持和辅导：个案管理员在个案干预过程中提供支持和辅导。他们与来访者建立良好的工作关系，提供情感支持和专业指导。个案管理员会倾听来访者的需求和问题，提供合适的建议和解决方案，并帮助来访者制定并实施个人目标。

③协调和联络：个案管理员在个案干预过程中协调各方资源和服务。他们与其他相关机构、专业人士和社会工作者进行有效的沟通和协作，确保来访者能够获得必要的支持和服务。个案管理员可能需要联系精神科医生、法律顾问、社区组织等，以满足个案的多元需求。

④监督和评估：个案管理员负责监督和评估整合干预的进展和效果。他们会跟踪来访者的发展，并定期评估整合干预计划的有效性。如有需要，个案管理员会进行调整和修改，以确保整合干预目标的实现和来访者的福祉。

⑤记录和报告：个案管理员会记录个案相关信息，并编写详细的报告。他们会记录来访者的背景、问题、行动计划和进展情况等内容。这些记录和报告对于跟踪整合干预进展、提供有效的沟通和交流、评估整合干预效果都至关重要。

总的来说，个案管理员的职责包括评估和规划整合干预方案、提供支持和辅导、协调和联络各方资源、监督和评估整合干预进展，并进行记录和报告。在整个整合干预流程中，心理工作者都秉持着个案管理的视角，为来访者及其家庭提供更专业化、更精细化的心理服务。

第三节 团队协作

一、科内合作——心理工作者与精神科医生的工作联盟

由于受训及专业背景不同,在我国专科医院的设置中,大多数来访者的精神科医生与心理治疗师为两位不同的专业人员。在我国,精神科医生受训于医学专业,需要获得执业医师资格证,有诊断权与处方权;而心理治疗师主要为心理学背景,在治疗中主要关注来访者的心理因素与社会文化因素,不可进行精神障碍诊断。在国外的一些研究中,这种提供服务的模式有效地降低了患者就诊的成本(Gitlin & Miklowitz, 2016)。而在此工作设置下,心理工作者与精神科医生的沟通及对接显得尤为重要。

对于儿童和青少年精神障碍的治疗方案,部分国家的行业及专业协会都推出了指南或规范,如英国国家卫生与临床优化研究所在2019年发布的《儿童及青少年抑郁障碍识别和管理指南》,对5~18岁的儿童和青少年抑郁障碍的识别和管理提出了相关建议,并基于阶梯式医疗干预,对疾病严重程度不同的患者推荐不同的治疗方案。以此指南为例,对于轻度抑郁障碍患儿,推荐观察性等待或以认知行为治疗、家庭治疗为主的治疗方案;对于中重度抑郁障碍患儿,推荐心理治疗与药物治疗联用。而在国内,并未形成广泛推广的指南,对于启用药物治疗的阶段无明确推荐建议,大多数指南提倡采用药物、心理、物理和中医综合干预。精神科医生基于对门诊患者症状严重程度的评估与诊断,确定是否启用药物,对于不同的患者情况,药物干预的推荐程度和角色也有所不同。

心理工作者虽然不具备诊断权与处方权,但是也需要了解精神障碍的诊断标准与精神科治疗方案,以基于来访者的福祉考虑做出最佳的转介指引。对于已经达到诊断标准或需要药物治疗的患者,需要转介至精神科医生处进行诊断及用药治疗。精神科医生也会向心理工作者进行转介,对来精神科就诊的儿童和青少年进行评估诊断后,若有需要进行心理治疗,也会对患者做出心理治疗或心理咨询的转介建议。

(一) 与精神科医生合作的重要性

1. 在心理治疗过程中,来访者有可能需要配合药物治疗

对于重度精神障碍患者而言,药物治疗可以有效控制症状。如果仅对其进行心理治疗,对于生理性症状的部分无法进行有效干预。且有可能当下来访者认知功能受损,心理治疗的效果其实十分有限。在精神科医生诊断及服药的配合下,则可以在多方面进行整合干预,以达较好的治疗效果。

2. 精神科医生的诊断、治疗对于心理治疗工作有一定指导性

在疾病的不同阶段,心理治疗可能承担着不同的功能。在疾病的初期,心理治疗在一定程度上需要激发来访者就医的动机及增强其依从性,鼓励其定期与精神科医生沟通用药情况。在稳定期,症状得到控制,心理治疗可以针对更多社会文化因素进行干预,

比如和来访者一起讨论如何应对生活中的压力或应激事件，抑或是与来访者进行个人成长的探索。在巩固期，心理工作者与来访者需要讨论预防复发的议题。除治疗阶段及用药方案的指导外，精神科医生还能从身心方面给来访者提供更全面的协助，并在症状出现变化时，及时调整治疗方案，与心理治疗师进行更多的沟通和配合。

（二）何时需要与精神科医生沟通

在临床协作中，心理治疗师与精神科医生的沟通本应是双向平等的。但调查数据显示，在精神科门诊的实际运作中，仅有约50%的案例实现了心理治疗师与精神科医生之间的沟通。同时，其中半数（即总案例的25%）仅进行过单次信息交流，难以形成持续全面的协作（Hansen-Grant & Riba，1995）。在精神科门诊之外，精神科医生与临床心理工作者的沟通少之又少。在精神专科医院，由于患者的数量较多，精神科医生与患者的会面时间可能仅有十几分钟到半小时，且通常复诊间隔为半个月到一个月。而临床心理工作者与来访者接触时间较长，频率约为每周一次、每次一小时。所以临床心理工作者在与来访者会面的过程中，需要对来访者进行持续的心理评估，当来访者需要药物治疗、病情或症状出现变化时，需要与精神科医生及时沟通。具体来说，对于临床心理工作者而言，哪些情况下需要与精神科医生沟通？笔者团队参考吉特林（Gitlin）和米克洛维茨（Miklowitz）在2016年发表的文章及自身的临床经验，总结出以下几类情况。

第一，基于对症状的评估以及当来访者需要启用药物治疗时。对于评估为中重度的精神障碍患者，需要转介给精神科医生面诊，以获得全面评估或治疗建议，必要时启用药物治疗。

第二，在来访者服药过程中，如果出现了药物的副作用，使得其对于药物的依从性降低，需要向来访者介绍记录药物副作用的方法，并与精神科医生及时沟通。

第三，当来访者的病情或症状出现变化时，比如被诊断为抑郁障碍的来访者，出现了轻躁狂症状，又或者是来访者出现了以往没有出现过的精神病性症状，这些都需要与精神科医生沟通，及时调整药物的方案，以更好地配合来访者的治疗。

第四，在与来访者接触的过程中，评估到来访者有发育障碍的线索，也需要及时向精神科医生反馈。在心理治疗过程中，常存在青少年漏诊的情况，例如，来访者反复提到存在注意力难以集中的情况，询问其幼年的经历，也出现了注意缺陷/多动障碍的线索，但由于初始评估时来访者与家长报告的线索不一致，家长会觉得幼年时期孩子的成绩都很好，并没有注意力不集中的情况，所以在当下忽视了发育障碍的评估筛查。但在治疗中仔细追问，来访者自诉从小上课都很难专心听讲，在家长的严格监督下自己才可以专注学习，课后花了很多时间去补上学习内容。与精神科医生反馈该情况后，精神科医生进行了进一步筛查，并启用了药物干预，不久之后，来访者就反馈注意力集中了许多，提升了学业效率。

第五，当来访者自杀、自伤风险升高时，也需要与精神科医生及时沟通情况，一方面可能是症状恶化，另一方面精神科医生可能需要与来访者讨论是否需要住院治疗，精神科医生可以提供更加细致的查房跟进，也可以在一定程度上保护来访者的生命安全。

(三) 如何与精神科医生合作

1. 临床心理工作者需要了解精神卫生知识

对于临床心理工作者来说，虽然不可以对来访者做出诊断，但是需要掌握相关的诊断病理学知识，知道在哪些情况下已经超出自己的工作边界，需要将来访者转介给精神科医生，否则会耽误来访者的治疗时机。而当来访者就诊后，也需要跟进来访者的诊断及症状的表现，给予后续康复的建议，进行家长指导等，阶段性地评估来访者的症状变化。由于来访者也常会和心理咨询师谈到药物的服用情况或药物的副作用，所以了解精神障碍的常见药物及其副作用，对来访者进行药物服用的健康教育，可以有效提高患者的服药依从性。例如，常有家长担心服药后孩子会不会"变笨"，精神科药物会不会使人"上瘾"，针对这些情况，需要向家长进行心理健康教育：目前的药物都已经经过临床的实验及验证，对于药物副作用需要及时跟踪，用记录表记录孩子服药后的情况，复诊时及时与精神科医生沟通，在医生指导下调整药物的用量及种类，可以有效稳定病情。

2. 与精神科医生的直接沟通或间接沟通

在医疗背景下工作，精神科医生与临床心理工作者的关系更加紧密，可以进行更加及时的沟通。通常，当出现上述提到的需要与精神科医生及时沟通的情况时，心理治疗师应在来访者知情同意的情况下，定期与精神科医生沟通来访者的用药情况、症状变化、治疗进展等。

而不在医疗背景下工作的临床心理工作者，与精神科医生直接接触可能存在困难。对于一些常见的症状学、药物使用的知识，可以多向精神科医生交流学习。而对于特定的患者，若评估出需要与精神科医生沟通的情况，可以与来访者及其家长讨论，并在获得同意后，通过文字的形式反馈，让来访者复诊时带给精神科医生，或者让家长及来访者向医生反馈有针对性的信息，同时对来访者及其家长进行健康教育，告知这些信息对于精神科医生诊断或随访的重要性。

3. 反馈后续治疗信息

在与精神科医生合作的过程中，或是将来访者转介给精神科医生后，需要跟进来访者后续的情况。可以询问来访者就诊后医生的诊断、医生对于症状的解释、医生对于康复的建议，并更好地做好多方之间的协作；也可以通过来访者就诊的病历、量表以及评估报告，了解精神科医生角度的信息，定期跟进。

二、科际合作——多学科治疗（multi-disciplinary treatment，MDT）

1. 健康生活方式对来访者康复的重要性

营养、运动、睡眠是构成健康生活方式的三个核心要素，它们之间相互关联，相互促进，共同维护个体的身心健康。例如，某些营养素如 Omega-3 脂肪酸等被认为对情绪调节有积极作用，有助于缓解抑郁及焦虑症状；而规律的运动可以有效提升来访者的动力，促进身体分泌内啡肽等神经递质，有效缓解负面情绪；充足的睡眠有助于来访者形成生物钟，提高生活质量，促进身心健康的全面康复。

2. 临床心理工作者与营养及运动团队的合作

临床心理工作者与营养及运动团队的合作对促进个体的全面健康及康复有重要意义，可以组建跨学科团队，共同制定个性化的康复方案，包括治疗计划、饮食计划、运动方案等，定期评估来访者的身体及心理状态，进行联合干预，促进来访者的全面恢复。

三、机构间合作——学校与社区

在家—校—医—社协同合作的心理健康服务模式基础上，学校与儿童和青少年临床心理工作者也有更多的合作和交流。笔者团队与政府部门、中小学都开展了广泛的协同合作，开通儿童和青少年心理服务的"绿色通道"，探索建立有效的心理服务模式及工作机制。而儿童和青少年临床心理工作者也需要尽可能地了解相关信息，协助来访者与家长及学校做沟通工作。

1. 与学校结盟，塑造更友好的康复环境

在学校层面，专业心理工作者可以面向学生、家长及老师开展有效的心理健康教育或生命教育讲座，提升对于儿童和青少年心理问题的早期识别与干预的意识，提升学生的心理健康水平。

对于已经确诊精神心理障碍的患儿，心理工作者需要向家长、学校提供专业的建议，包括如何更好地帮助患儿适应学校生活，如何积极发挥老师及同学的人际关系资源以帮助患儿适应及康复，并针对不同的症状、心理发展特点，提供适应性的建议及方案。

2. 家庭休学与复学的议题

做出休学的决定，对于很多家庭来说是极不容易的。有些儿童和青少年是出于学校要求，需要其先治疗，待病情稳定后继续学业，而有些家庭则是孩子希望休息一段时间后继续学业，主动提出休学申请。在与学校的沟通中，不同的角色可能会有不同的视角，作为临床心理工作者，给出明确的休学或复学建议是不合适的，需要在咨询中与来访者家庭讨论目前来访者的情况，做出全面的评估和考量，从心理专业相关的角度给予家庭参考的意见。在家庭与学校沟通的过程中，可能也存在困难和顾虑，需要和家庭充分讨论这一部分。

对于休学或复学证明的开具，不同学校可能会有不同的要求。在临床上，有来访者反馈学校只需要医院的评估报告，有些需要病历的内容即可，有些则需要开具司法鉴定报告。广州医科大学附属脑科医院目前也开展了休复学鉴定的业务（见图2-9），对精神心理疾病患者当前病情做出诊断，为用工单位或学校决定患者是否能病休、休学或复工、复学提供依据。

> 广州医科大学附属脑科医院司法鉴定流程：
> (1) 网上或现场预约挂号。
> (2) 持委托单位或学校的介绍信（需注明患者姓名、身份证号码、需要办理的事宜，加盖公章）。
> (3) 提供患者所有就诊精神疾病的住院病历复印件及/或门诊病历原件，若近期曾住院，要求出院后至少1个月且病情稳定才可前来办理。
> (4) 提供患者及监护人（未满18岁患者）身份证复印件。
> (5) 鉴定当日，患者（按照医生开具的相关检查）检查完毕后请立即向医生提交检查结果（若鉴定当日上午没有完成检查，请于当日下午检查完毕后前往负一楼司法鉴定所提交检查结果）。
> (6) 鉴定之日起7个工作日内出具鉴定意见书，鉴定书以邮寄（到付）或自取方式获得。

图 2-9　广州医科大学附属脑科医院司法鉴定科开具复工/复学证明流程

3. 社区对精神障碍患者的跟进

近年来，社区卫生服务中心引进了更多能提供精神障碍诊疗服务的专业人士，加强了社区心理卫生服务站的建设，为居民提供更专业的心理健康管理及精神疾病治疗的公共卫生服务。社区卫生服务中心也向本社区精神障碍患者提供就医指导、随访评估及应急医疗服务。政府部门也给予大力支持，不断推进精神心理的社区服务工作。例如，广州市民政局在2024年建立了广州市精神障碍社区康复服务综合指导中心，督导及推进区级精神障碍社区康复服务的发展。在心理工作者的角度，社区是一个强大的"资源库"，可以为来访者生活的方方面面提供可及性较强的资源，还可以结合社工的资源跟进来访者的康复过程，提供必要的支持。

四、社会系统的合作

面向社会，笔者所在的团队积极开展心理健康科普工作。目前在进行的科普课题有2项，多名团队成员曾获国家级、省级、市级科普奖项。笔者团队公众号目前有4个专栏，分别为"康复故事""70分好妈妈""ADHD家长汇""考试宝典"，向社会公众分享健康知识、家庭养育知识、心理健康科普等内容。在特定的节点，也会推出相应的科普专栏。图2-10即为笔者团队公众号"华南精神心理早期干预联盟"在高考前夕推出的相关宣传科普素材。通过报刊、公众号、直播、线上讲座等各个渠道，组织针对儿童和青少年及其家长的心理健康科普宣传，旨在提升社会公众对于精神心理障碍、疾病预防及早期识别的认识，减少就医的病耻感，为构建健康社会贡献力量。

图 2-10　在高考前夕推出心态调整相关文章

第四节 案例示例

本节将介绍小 A①在笔者团队的心理综合评估与整合干预模式下进行治疗的具体案例。这一模式涵盖了全面的心理综合评估与阶梯式的整合干预策略，旨在深入理解小 A 的心理状态，并为其提供有针对性的支持与帮助。通过这一案例，我们期望能够展示该模式在实际应用中的有效性与价值。

一、患者基本信息

小 A，13 岁，女性，初二（休学）初次就诊。3 年前开始间断出现心情差、兴趣下降、食欲减退等症状，伴呼吸困难，心跳加速。存在消极念头和自残行为，但既往不存在自杀尝试。

二、问题发生发展史

来访者小 A 诉从四五年级开始（与其母亲患癌时间吻合）出现情绪低落、动力下降的症状，渐渐地，常觉得"没有生趣"，对曾经喜欢的画画也不感兴趣了，不愿与人交往但仍有朋友。一开始，家人以为孩子是"进入青春期了"，变得少言寡语也是很正常的，而且也能顺利升入初中，没有太过关注到孩子身上出现的变化。家人这几年都在忙着给其母亲治疗，关注点放在照顾其母亲的日常生活饮食上。后来小 A 升入一所普通初中，进入重点班后，成绩却出现了下滑，也不太想融入新同学的群体。小 A 因为负责黑板报等班级文艺活动，结识了一些同样喜欢画画的朋友，主要是通过他人主动欣赏自己的画。

小 A 的状态在初中结交密友后有明显改善，周围人反映小 A 情绪改善，动力增强，性格变得外向开朗，学习动力更足，成绩有所提高，社交圈得以拓展。在初二时，小 A 的闺密小 E 交了男朋友，小 A 向另一个朋友小 C 表达了自己对闺密男友小 B 的不满，并嘱咐小 C 不要说出去。但小 C 告诉了小 B。小 B 由此对小 A 非常不满，并向小 E 告状，导致小 A 与小 E 的关系变得紧张。

于是，在此触发事件下，小 A 又出现了情绪低落的症状，同时还出现了自残行为，被家人带到医院就诊。小 A 提到，对自己说过的话感到很懊恼，无法接受自己最看重的一段友谊被自己破坏，产生自责自罪感；同时气愤另一个朋友泄密，对周围人产生不信任感。由于人际关系恶化，小 A 与曾经的好友们形同陌路。小 A 无法接受自己和小 E 的友情破裂，情绪低落加重，无法正常上学，不愿面对同学朋友，开始休学接受治疗。

---

① 该个案为混编个案，已做保密性处理，已与相关人员签署知情同意书。

三、心理综合评估与整合干预过程

1. 综合心理评估过程

图 2-11 展示了小 A 进入综合心理评估与整合干预体系的流程。第一阶段，评估师对小 A 进行综合心理评估，并将报告带至精神科医生处，由医生确认诊断。第二阶段，精神科医生开启药物干预，并转介小 A 至心理治疗师处。心理治疗师与小 A 共同制订心理干预计划，目标是解决人际关系问题。第三阶段，小 A 参与人际互动团体，同时小 A 家长参加情绪障碍家长初阶课程，学习相关知识和技能。第四阶段，团体治疗结束后，带组治疗师与小 A 进行了 16 次个体治疗，处理小 A 的人际创伤，并帮助小 A 建立新的支持网络。第五阶段，推荐小 A 家长参加情绪障碍家长高阶课程进行学习，进一步提升养育技能，同时治疗师对小 A 进行定期随访，确保治疗效果的持续性和稳定性。表 2-1 为第一阶段，小 A 进行综合心理评估的评估报告。

| 第一阶段：评估师进行综合心理评估，将报告带至精神科医生处，确认诊断。 | ⇨ | 第二阶段：精神科医生开启药物干预，转介心理治疗，制订心理干预计划，主诉为人际关系问题。 | ⇨ | 第三阶段：患者参与人际互动团体。家长参加情绪障碍家长初阶课程。 | ⇨ | 第四阶段：团体治疗结束后，带组治疗师与患者进行 16 次个体治疗，处理来访者人际创伤，建立新的支持网络。 | ⇨ | 第五阶段：推荐患者家长参加情绪障碍家长高阶课程进行学习，进一步提升养育技能。治疗师对患者进行定期随访。 |

图 2-11 综合心理评估与整合干预流程

表 2-1 小 A 综合心理评估报告

基本信息	姓　名：小 A	部　门：儿少心理评估与治疗中心
	性　别：女	登记号：×××
	年　龄：13	评估日期：××

评估结果

1. **情绪症状评估**

量表提示中度抑郁症状，患者诉从小学四五年级开始出现情绪明显低落，动力下降、兴趣减退，对曾经喜欢的画画也不感兴趣，社交退缩，食欲减退，感觉疲惫，伴有自罪自责观念及消极念头。量表提示中度焦虑症状，患者诉自己主要焦虑成绩和人际关系，目前在重点班，上初中后成绩下降，和好朋友决裂，存在呼吸困难、心跳加速的躯体感受。本次评估未见明显轻躁狂症状、强迫症状和精神病性症状。量表提示睡眠质量一般，患者诉入睡时间需 1 小时左右，中间醒 1~2 次，否认早醒。

2. **安全风险评估**

患者目前的安全风险为<u>相对低风险，需预防情境相关的冲动安全风险</u>。患者诉近一个月存在未造成明显组织损伤的自残行为，每月出现 1~2 次，自诉可以自控，存在不具体的消极念头，否认既往自杀尝试，否认目前存在具体的安全风险计划和准备。

3. **发育障碍筛查**

本次评估未见明显 ASD、ADHD 和学习障碍可能。

续上表

> 4. **家庭与环境因素评估**
>
> 量表提示患者的家庭环境未见明显异常；在养育方式上，父亲较多惩罚、严厉、偏爱，母亲较多惩罚、严厉、拒绝、否认，父母均较少给予情感温暖和理解；CTQ（童年期创伤问卷）提示患者可能存在情感忽视的童年创伤。患者自诉为独生女，从小由父母带大，和父亲关系比较好，觉得妈妈偏心其他同龄人，在自己童年受欺负的时候没有提供支持和保护；母亲在自己小学四五年级时查出患癌，家庭氛围明显改变，父亲要求自己凡事顺从母亲，情绪上感到压抑；患者小学成绩名列前茅，性格内向，不主动交友但有一些亲密的朋友。上初中后，虽然是普通初中，但患者在重点班，成绩下降，社交较少，不想融入，通过负责黑板报等班级文艺活动，结识了一些同样喜欢画画的朋友。近期因不能恰当处理和闺密、闺密男友的关系，患者的人际关系出现异常，无法回学校上学。
>
> 5. **心理压力及应对方式评估**
>
> 量表提示患者过去一年在人际关系及学习压力的生活刺激事件总量上高于正常范围，患者自述压力的主要来源是学业和人际关系，自己对学业有所期待，难以接受自己初中成绩下降；人际关系上，无法接受因自己说的话导致和最好的朋友关系决裂，同时对泄密的朋友感到气愤，对周围人产生不信任感，社交退缩，无法正常回校。患者最常用的应对方式是退避及自责，建议患者学习积极的应对方式，加强问题解决能力训练。
>
> 6. **功能与行为评估**
>
> CTQ 量表提示社会功能受损，SDSS 量表（社会功能缺陷筛选量表）未见日常生活功能受损。患者诉从初二开始休学，无法集中注意力听课，成绩下降，无法按时按量完成学业任务，未参加学校考试。休学在家期间的主要活动是画画、玩手机、睡觉，基本没有外出社交。
>
> **干预建议：**
>
> （1）建议返回精神科医生处讨论此评估报告与后续治疗方案，建议每三个月随访评估一次，追踪患者的病情和治疗进展。
>
> （2）建议其父母调整养育方式，可参加情绪障碍家长初阶课程，正确了解情绪障碍的症状、治疗手段、病因以及如何与孩子进行沟通。该项目线上进行。建议完成后参加情绪障碍家长高阶课程。
>
> （3）推荐家长参考养育类书籍，如《P. E. T. 父母效能训练》《非暴力沟通》。
>
> （4）建议患者预约个体心理治疗和参加人际互动团体。如参加团体治疗需先预约入组访谈。
>
> （5）建议患者自行阅读《青少年情绪障碍跨诊断治疗的统一方案——自助手册》。
>
> （6）如遇危机时刻可拨打危机干预热线电话求助：020-81899120。
>
> （7）以上需预约的治疗项目，请缴费后将治疗单于每天工作时间交至明泽楼 2 楼导诊台处进行转介。

小 A 将综合心理评估报告带回精神科医生处，精神科医生参考综合心理评估报告，与小 A 和家长再次核实相关症状，诊断为"不伴有精神病性症状的重度抑郁发作"。

2. **整合心理干预过程**

药物方面，精神科医生建议服用阿戈美拉汀，并转介患者进行心理治疗，到广州医科大学附属脑科医院儿少心理评估与治疗中心进行心理干预计划制定访谈评估。

在干预计划的制定过程中，治疗师了解到目前困扰来访者的主要是人际关系问题，来访者对治疗的期待是能不再恐惧见到同学,顺利复学,因此确定了来访者的意愿和动机后,首选转介来访者进入人际互动团体,并推荐来访者家长同步参加情绪障碍家长初阶课程,学习有关情绪障碍的相关心理健康知识。表 2-2 为小 A 的心理干预计划表。

表 2-2 儿少患者门诊心理干预计划表

姓名	小 A	性别	□男 ☑女	家庭主要成员: 父亲☑ 母亲☑
年龄	13	居住地	广州	爷爷□ 奶奶□ 外公□ 外婆□
年级	初二	目前休学	☑是 □否	弟弟□ 妹妹□ 哥哥□ 姐姐□ 其他:
家族病史	□是 ☑否	心理咨询史	□是 ☑否	隔代抚养:☑无 □有:_____
心理干预建议: ☑情绪障碍家长指导 (2 个半天完成,共 5 小时) □情绪障碍家长养育支持 (12 次,每次 1.5 小时) □家庭聚焦训练 (12 次,每次 1.5 小时)		☑人际互动训练 (12 次,每次 1.5 小时) □情绪管理技巧训练 (12 次,每次 1.5 小时)		□个体/家庭治疗 (每次约 1 小时)
心理干预目标: □缓解消极情绪 □改善睡眠		☑提升人际技能 □增进亲子关系		□改善问题行为 ☑其他:__复学__
近期压力来源: 学校:□师生关系 ☑同学关系 学习:□学习成绩 □学习能力 □学习目标 □学习行为 同伴关系:☑人际技能 □朋友少/无 心理创伤:□无 ☑有:_____ 家庭因素:☑亲子关系 ☑亲子沟通 □父母关系 □家庭暴力 压力缓解方式:__画画、自伤、打游戏__ 可信赖的人:__无__				
行为观察: 外貌:☑整洁 □欠佳 语言沟通:☑正常 □沉默 □话多 □话快 眼神交流:☑正常 □异常 情绪稳定性:□稳定 ☑波动 注意力集中:□良好 ☑欠佳 自知力:□良好 ☑欠佳 其他:_____				
学业情况: 寄宿:☑无 □有 特殊班级:☑无 □有 班级排名:☑前 □中 □后		社交情况: 好友:□无 ☑有 　　　□主动 ☑被动 校园欺凌与孤立:□无 ☑有		个人情况: 优势:__成绩优秀__ 劣势:__人际技能__ 兴趣爱好:__画画__

续上表

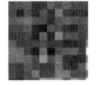 请扫码填写您对本次访谈的感受！	1. 建议返回精神科医生处讨论此评估报告与后续治疗方案，建议每三个月随访评估一次，追踪患者的病情和治疗进展。 2. 建议其父母调整养育方式，可参加情绪障碍家长初阶课程，正确了解情绪障碍的症状、治疗手段、病因以及如何与孩子进行沟通，该项目线上进行。 3. 推荐家长参考养育类书籍，如《P.E.T. 父母效能训练》《非暴力沟通》。 4. 建议患者参与人际互动团体，该团体课程共 12 次。患者有较强意愿参加，已进行知情同意并签署告知书，已登记至轮候名单，请医生开医嘱。 5. 建议患者自行阅读《青少年情绪障碍跨诊断治疗的统一方案——自助手册》。 6. 如遇危机时刻可拨打危机干预热线电话求助：020-81899120。 7. 以上需预约的治疗项目，请缴费后将治疗单于每天工作时间交至明泽楼 2 楼评估处进行转介。 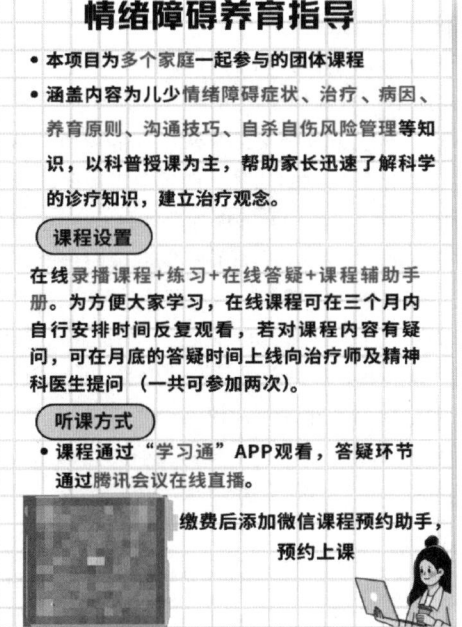

干预计划制定人员： 制定日期：

来访者完成了全部 12 次的人际互动团体课程，在团体中参与度相对较高，能够认真倾听和给予其他组员积极反馈。但在团体治疗过程中，带组医生发现来访者对自己过去的人际问题分享相对较浅显，在团体中的人际互动仍然多采用既往回避、幻想、顺应的方式应对，而这一点能够被团体中的成员接受，未激发出新的改变动力。在人际互动团体课程结束后，治疗师根据来访者的团体治疗参与表现及对来访者问题的个案概念化，撰写团体治疗总结反馈表（见表 2-3），向患者及其家长总结在团体治疗中所观察到的情况，强化小 A 的进展和变化，以及提出下一步的治疗建议。基于团体治疗的反馈及随访了解，治疗师建议其在带组医生处继续接受个体治疗。

表 2-3 小 A 人际互动团体反馈表

姓名：小 A　　　　　性别：女　　　　　出席时长：12/12

写给青少年的话	各位青少年，你们好。非常感谢你们的信任和配合，让我们这一期的青少年人际互动团体课程顺利结束了。希望你们都可以从团体课程中有所收获。
写给家长的话	各位家长，你们好。首先，非常感谢你们的信任与支持，感谢你们给孩子一个空间来自由交流和表达，让我们这一期的团体治疗顺利结束了。虽然我们这个团体并没有跟你们直接进行沟通，但是你们其实也为这个团体做出了很大的贡献。开展团体治疗的时间虽然是有限的，但是孩子从中获得的成长的潜力却是无限的。孩子们的收获离不开你们的支持。为了更好地帮助孩子把从团体里学到的一些内容迁移到生活中，我们将对孩子的观察及相应建议提供给你们。
来自团体中的观察和建议	在 12 次团体治疗开展过程当中，孩子在团体中更多担任倾听者的角色，有时也能根据自身的经验提出自己的看法和感悟，为其他团体成员提供宝贵的参考意见，对团体做出了重要的贡献。 孩子最初参加团体课程的目标是"从过去的事情中走出来，把破碎的自己拼起来"。在团体中，当其他组员分享时，她认真聆听，也会对感兴趣的事情提出自己的感受及看法，给了组员很多启示和不同的视角。孩子也愿意向组员分享自己过去受到伤害的经历和自己当时的感受，能勇敢地向团体成员展现自己的困难。 经过团体治疗，孩子能够更加自如且开放地谈论自己的真实感受，勇敢地分享过去发生的事情。同时，在人际关系发生冲突时愿意尝试当面反馈及澄清自己的感受、想法，并尝试理解他人的情绪。通过孩子的分享，了解到过去与同学的矛盾仍对她有所影响，孩子仍害怕与人社交，心理弹性有待提高，希望家长对孩子多加鼓励、认可以及欣赏，真正理解和真诚接纳孩子的情绪感受，成为其成长的倾听者、陪伴者以及支持者。 对于<u>家庭层面</u>的建议：建议父母考虑参加情绪障碍家长高阶课程，学习更加有助于孩子康复的亲子互动方式，改善当前的养育方式，给予孩子更好的养育支持。 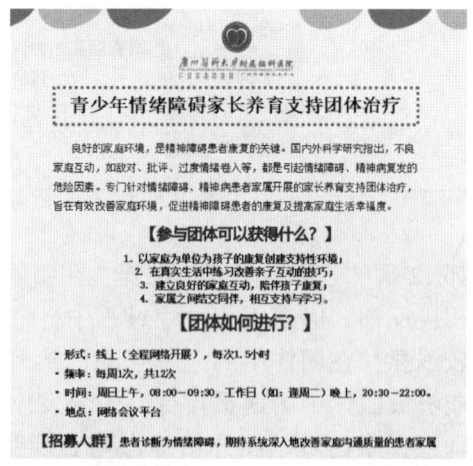 对于<u>个人层面</u>的建议：建议孩子加强锻炼，保持身体健康。同时继续接受个体心理干预，也可后续参加情绪管理团体，学会管理情绪的技巧，提高心理弹性。

注：该总结反馈信息来源有限，仅供参考！

在个体治疗的过程中,个体治疗师了解到,来访者是独生女,成长在一个三口之家,从小由父母亲自带大。母亲是商场经理,父亲是高级工程师。父亲工作时间不固定,有时昼夜颠倒,小时候对来访者关注较少。母亲在生活和学习中主要负责照顾来访者,对来访者要求较严格。家庭氛围中,父亲喜欢和来访者一起对抗母亲、打游戏、开玩笑等。母亲在来访者四五年级时查出癌症,后治愈,但停止了工作。母亲生病后,父亲要求来访者顺着母亲,不要再惹她生气。来访者小学成绩名列前茅,性格内向,不主动交友但有一些亲密的朋友。上初中后,虽然是普通初中,但在重点班,成绩下降,社交较少,不想融入。但由于负责黑板报等班级文艺活动,结识了一些同样喜欢画画的朋友,主要是通过他人主动欣赏自己的画。因不能恰当处理和闺密、闺密男友的关系,人际关系出现异常,无法回学校上学。通过16次每周一次的CBT治疗,来访者重新认识了过去的人际创伤,主动修复和旧友的关系,同时建立了更多新的良性的人际支持网络;安全风险降低,不再出现自杀自伤行为和自杀意念;对复学建立信心。

在讨论中间信念与核心信念的过程中,治疗师邀请其父母加入讨论,处理来访者最在意的一件童年创伤事件,同时建议在孩子个体治疗结束后,父母应该进一步参与情绪障碍家长课程,为孩子的愈后提供支持。

在结束治疗后,来访者和其父母都对我们团队的心理综合评估与整合干预模式给予了极大的认可。在综合心理评估环节,评估师与患者及家庭进行详细的信息收集和沟通,全方位了解患者的信息,同时也为家庭提供心理健康教育及对于治疗的问题解答,对患者本人、家庭给予了干预建议。在整合干预的过程中,为解决孩子的人际困扰,进入人际互动团体的真实团体环境中学习如何应对人际环境中的挑战,学习有效的人际交往模式。在后续进一步的个体治疗中,对患者的个性化问题及过往成长经历进行进一步治疗。在这个过程中,对患者的综合评估贯穿始终,在不同的阶段,治疗师都通过观察、访谈等形式,了解患者在不同阶段中的症状变化及进展。

参考文献

[1] BOWER P, GILBODY S. Stepped care in psychological therapies: access, effectiveness and efficiency. Narrative literature review [J]. British Journal of Psychiatry, 2005, 186: 11-17. DOI: 10.1192/bjp.186.1.11.

[2] CRAMER A O J, BORBOOM D. Problems attract problems: a network perspective on mental disorders [M] // FRIEDMAN H S. Encyclopedia of Mental Health. 2nd ed. Hoboken: John Wiley & Sons, Inc., 2015. DOI: 10.1002/9781118900772.etrds0264.

[3] EASDEN M H, KAZANTZIS N. Case conceptualization research in cognitive behavior therapy: a state of the science review [J]. Journal of Clinical Psychology, 2018, 74 (3): 356-384.

[4] GITLIN M J, MIKLOWITZ D J. Split treatment: recommendations for optimal use in the care of psychiatric patients [J]. Annals of Clinical Psychiatry, 2016, 28 (2): 132-137.

［5］HANSEN-GRANT S, RIBA M B. Contact between psychotherapists and psychiatric residents who provide medication backup［J］. Psychiatric Services, 1995, 46（8）: 774-777. DOI: 10.1176/ps.46.8.774.

［6］INGRAM R E, LUXTON DD. Vulnerability-stress models［M］//HANKIN B L, ABELA J R Z. Development of psychopathology: a vulnerability-stress perspective. Thousand Oaks: Sage Publications, 2005.

［7］BECK J S. 认知疗法: 基础与应用［M］. 张怡, 孙凌, 王辰怡, 等, 译. 北京: 中国轻工业出版社, 2013.

［8］EHRENREICH-MAY J, KENNEDY S M. 儿童和青少年情绪障碍跨诊断治疗的统一方案: 应用实例［M］. 王建平, 殷炜珍, 郝小玉, 等, 译. 北京: 中国轻工业出版社, 2024.

［9］KIRMAYER L J, GROLEAU D, GUZDER J, et al. Cultural consultation: a model of mental health service for multicultural societies［J］. The Canadian Journal of Psychiatry, 2003, 48（3）: 145-153.

［10］KIRMAYER L J, MINAS H. The future of cultural psychiatry: an international perspective［J］. Medical Anthropology, 2023: 135-143.

［11］KUYKEN W, PADESKY C A, DUDLEY R. The science and practice of case conceptualization［J］. Behavioural and Cognitive Psychotherapy, 2008, 36（6）: 757-768.

［12］LAKEY B, OREHEK E. Relational regulation theory: a new approach to explain the link between perceived social support and mental health［J］. Psychological Review, 2011, 118（3）: 482-495.

［13］Mental health after China's prolonged lockdowns［J］. The Lancet, 2022, 399（10342）: 2167. DOI: 10.1016/S0140-6736（22）01051-0.

［14］LINDSEY M L, CUÉLLAR I. Mental health assessment and treatment of African Americans: a multicultural perspective［M］//Handbook of multicultural mental health. Academic Press, 2000: 195-208.

［15］LIU J, MA H, HE Y L, et al. Mental health system in China: history, recent service reform and future challenges［J］. World Psychiatry, 2011, 10（3）: 210-216. DOI:10.1002/j.2051-5545.2011.tb00059.x.

［16］LUNANSKY G, VAN BORKULO C D, HASLBECK J M, et al. The mental health ecosystem: extending symptom networks with risk and protective factors［J］. Frontiers in Psychiatry, 2021, 12: 640-658.

［17］MONROE S M, SIMONS A D. Diathesis-stress theories in the context of life stress research: implications for the depressive disorders［J］. Psychological Bulletin, 1991, 110（3）: 406-425.

［18］National Institute for Health and Care Excellence. Depression in children and young people: identification andmanagement［EB/OL］.（2019-06-25）［2023-04-10］. https://

www.nice.org.uk/guidance/ng134.

[19] PEDERSEN P B, DRAGUNS J G, LONNER W J, et al. Counseling across cultures [M]. Thousand Oaks: Sage Publications, 2002.

[20] RICHARDSON G B, HANSON-COOK B S, FIGUEREDO A J. Bioecological counseling [J]. Evolutionary Psychological Science, 2019, 5: 472-486.

[21] SIKIRA H, MURGA SS, MUHIĆ M, et al. Common patient experiences across three resource-oriented interventions for severe mental illness: a qualitative study in low-resource settings [J]. BMC Psychiatry, 2022, 22 (1): 408. DOI:10.1186/s12888-022-04055-2.

[22] SUE D W, IVEY A E, PEDERSEN P B. A theory of multicultural counseling and therapy [M]. Pacific Grove: Brooks/Cole, 1996.

[23] VAN BORKULO C D, BORSBOOM D, EPSKAMP S, et al. A new method for constructing networks from binary data [J]. Scientific Reports, 2014, 4 (1): 5918.

[24] 郝伟, 陆林. 精神病学 [M]. 8版. 北京: 人民卫生出版社, 2018.

[25] MEEHL P E. Schizotaxia, schizotypy, schizophrenia [J]. American Psychologist, 1962 (17): 827-838.

[26] MONROE S M, SIMONS A D. Diathesis-stress theories in the context of life-stress research: implications for the depressive disorders [J]. Psychological Bulletin, 1991 (110): 406-425.

[27] BRONFENBRENNER U. The ecology of human development: experiments by nature and design [M]. Cambridge: Harvard University Press, 1979.

第三章
综合心理评估实践

第一节 概述

一、目标与适用对象

正如第二章第二节所介绍的，笔者团队基于理论和临床经验，在精神专科医院的儿童青少年精神科创新性地构建了符合我国本土化实践的心理综合评估与整合干预模式，至今已服务数以万计的儿童和青少年，获得了患者、患者家属及同行的高度认可，并吸引了来自全国各地的数百名进修人员和实习学生前来学习。

本章将会详细介绍该模式中的综合心理评估部分。综合心理评估的目标是多维度、系统地评定患者的症状、社会心理因素及筛查发育障碍，为后续更精准的干预提供依据和方向，适用对象为4～18岁患者。

二、评估内容

综合心理评估的评估内容包括以下6个维度。

①情绪症状评估：指对患者常见的情绪相关症状进行评估，包括抑郁症状、焦虑症状、轻躁狂症状、强迫症状、精神病性症状和睡眠情况。评估师会从当下阶段出发，先了解患者的情绪症状，结合量表及访谈了解患者的抑郁、焦虑、轻躁狂、强迫、精神病性的症状，了解各症状严重程度及对功能的影响。情绪症状综合评估的具体内容详见本章第二节，精神病性症状综合评估的具体内容详见本章第二节及第四节。

②安全风险评估：指对患者进行自伤、自杀及伤人风险的评估。评估师会了解患者既往是否存在自杀、伤人等尝试，近一个月是否存在自杀、伤人等念头，是否存在具体的自杀、伤人计划和准备。同时，还需要评估其保护性因素及给予家长安全风险管理建议。具体内容详见本章第二节。

③发育障碍筛查：指筛查情绪障碍的儿童和青少年是否存在智力障碍、孤独症谱系

障碍、注意缺陷/多动障碍和学习障碍等神经发育障碍可能。评估师可以结合量表、行为观察、行为测验和访谈等形式，与患者及其家长进行交流，了解患者的成长史，核查患者是否存在相关症状线索。同时，可以结合患者的在校表现、老师反馈的情况等进行综合判定。具体内容详见本章第三节。

④家庭与环境因素评估：指结合量表结果和访谈，对患者的成长环境和社会文化因素进行评估，包括家庭关系及环境、同伴关系、校园生活和文化背景等信息。具体内容详见本章第二节。

⑤心理压力及应对方式评估：指结合量表结果和访谈，对患者目前的压力事件及其应对方式的评估。具体内容详见本章第二节。

⑥功能与行为评估：指结合量表结果和访谈，对患者社会功能的评估，包括在学校或家庭中的表现如出勤、成绩等，生活主动性如家庭活动参与度和家务承担情况等，以及社交情况等，并判定疾病或症状对患者各方面社会功能的影响程度。具体内容详见本章第二节。

笔者团队根据儿童和青少年常见的心理障碍设计了三类障碍的综合心理评估方案：第一类是情绪障碍综合心理评估，通常包括①至④。另有⑤和⑥为可选项，由精神科医生根据患者的情况按需开具检查单。第二类是 ASD 综合心理评估，包括 ASD 核心症状评估、其他发育障碍筛查、①、②、④和⑥。第三类为 ADHD 综合心理评估，包括 ADHD 核心症状评估、其他发育障碍筛查、①、②、④和⑥。在临床实践中，精神科医生可根据患者的具体情况和特点从①至⑥的评估项目中选择一项或几项形成综合心理评估方案。

三、流程与角色职责

综合心理评估模式的总体工作流程如下：

患者及家长拿着精神科医生开具的检查单来到笔者团队后，导诊员登记患者信息，并根据检查单项目指引患者和家长分别填写智能化量表；患者及家长完成量表填写后等待评估师接待访谈；评估师结合量表结果并参考他评工具，分别与患者、家长进行临床访谈，根据患者的特点进行综合心理评估，明确症状的特点、严重程度及其病程发展，分析症状对患者造成的功能受损及可能的前因后果，进而综合各方信息出具综合心理评估报告，为患者及其家长解释评估结果和提供后续干预建议。在综合心理评估的过程中，需要多个角色的紧密合作，各个角色的具体职责见图 3-1。

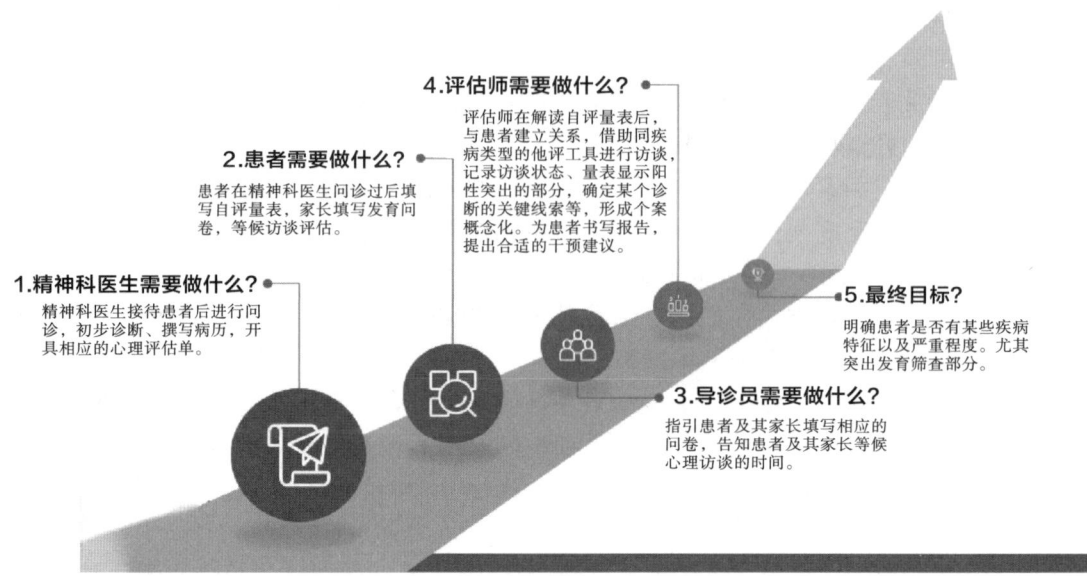

图 3-1 综合心理评估模式不同角色的职责

四、评估工具

1. 自评工具

自我评定量表种类繁多。在量表选择上,笔者团队综合考虑量表的信效度、儿童和青少年的认知水平、量表填写时长及效率、临床评估意义,为不同评估项目选择了高针对性、高灵敏度,且对症状特点及症状的前因后果有参考意义的评估量表。笔者团队具体选用的量表组合将在每类评估项目中具体介绍。但是,需要注意的是,量表的选择需因时因势而变,也需要综合患者及所在工作设置的情况进行调整,笔者团队的量表组合仍在不断优化和完善中,各位读者可根据具体情况灵活选用。

2. 他评工具

笔者团队所运行的综合心理评估模式涵盖的他评工具包括诊断性访谈工具,如学龄儿童情感障碍和精神分裂症问卷终生版(Schedule for Affective Disorders and Schizophrenia for School-Aged Children-Present and Lifetime Version,K-SADS-PL)和简明儿童少年国际神经精神访谈(Mini-International Neuropsychiatric Interview for Children and Adolescents,MINI-Kid)(父母版和儿童版)等;也包括各类精神障碍常用的症状评定工具,如汉密尔顿抑郁量表(Hamilton Depression Scale,HAMD)、汉密尔顿焦虑量表(Hamilton Anxiety Scale,HAMA)以及阳性和阴性症状量表(Positive and Negative Syndrome Scale,PANSS)等。笔者团队在实际工作中,会根据患者的具体情况选用和参考相关他评工具,灵活、深入地评定患者的相关症状表现、严重程度及功能受损情况。笔者团队具体选用和参考的他评工具将在每类评估项目中具体介绍。

3. 认知功能评估

学界已有许多评估各类认知功能的工具。笔者团队开展的认知功能评估包括全面神经心理功能的临床评估，如精神分裂症认知功能成套测验（Matrics Consensus Cognitive Battery，MCCB）；也包括智力功能评估，如韦氏儿童智力量表-第四版（Wechsler Intelligence Scale for Children-Fourth Edition，WISC-Ⅳ）；以及特定领域的认知功能评估，如评估患者注意力的持续性操作测验（Continuous Performance Test，CPT）。

五、临床访谈

临床访谈（clinical interview）是一种目标明确的专业性互动，是临床工作者基于诊疗的需要有计划、有目的和有技巧地实施的与患者的互动，旨在灵活、深入地了解患者的情况；是临床工作者所使用的最基本和最有效的评估方法，但因临床工作者和患者都可能会影响访谈的真实性和有效性，其信效度受到质疑（李占江等，2021）。笔者团队所开展的儿童和青少年综合心理评估会视具体情况结合自评量表结果、他评工具分别与患者及其家长进行临床访谈，以期系统、全面地了解患者的情况，进而分析、汇总多方信息，出具个性化的综合心理评估报告，并基于评估结果提供有针对性的干预建议，为后续诊疗奠定良好的基础。

1. 访谈准备

在患者完成智能化的自评量表后，评估师通常会根据患者所需完成的评估项目，分别对患者及其家长进行临床访谈。笔者团队开展临床访谈前需要做以下准备工作。

（1）环境准备：访谈室一般是10～15平方米的私密空间，配备成套办公桌椅、电脑、打印机等办公设备。临床工作者一般与患者面对面坐，双方所坐的椅子高度相同。

（2）评估师准备：通过儿童和青少年综合心理评估胜任力评定的考核（详见第一章第四节）；着装得当，仪态自然大方；始终抱着关爱患者的态度；对临床访谈和他评秉持着科学的态度。

（3）确定访谈顺序：通常情况下，笔者团队的工作模式是先与患者进行临床访谈，再视具体情况邀请家长加入访谈或单独与家长访谈。

（4）患者量表准备：确认患者已经完成智能化的自评量表评估，查阅和打印量表结果。

2. 开始访谈

从评估师到候诊区叫患者进入访谈室的那一刻，临床访谈就开始了。评估师首先需要观察患者是否年貌相符，患者及其家长在被喊到名字的时候在做什么、反应如何等，这些可以提供不少信息。在开始访谈阶段，尤为重要的是与患者建立良好的信任关系，让患者觉得可以放心地在访谈中倾吐心声。简单寒暄对建立良好的访谈关系很有帮助。例如，评估师可以询问患者等了多久，然后感谢其耐心等待，从而自然而然地向患者介绍自己的身份和访谈评估的流程，使患者进入访谈状态。

在笔者团队运行的综合心理评估模式中，评估师会在访谈的同时使用电脑记录信息和整理文字报告,故在正式访谈前,也需要向患者说明并征得其同意,如:"我在跟你谈话的过程中会同时使用电脑记录一些关键信息,谈话结束后会给你出一份综合报告,你觉得可以吗?"通常情况下,患者是能理解和同意的。如患者不同意评估师在与其谈话的同时使用电脑记录,评估师需要尊重患者的意愿。

正式访谈可以先从确认患者的基本信息开始。例如,"你叫××,对吗?""你读几年级了?""你今天是自愿来做这个评估的吗?"等。然后,了解患者的就诊原因和动机。评估患者的就诊意愿非常重要。如果患者是自愿来的,评估师可以对患者的主动求助予以称赞并邀请其展开谈谈自己的情况,这样往往可以很快打开患者的话匣子。例如:"非常棒,你是自愿来的,你可以多讲讲你来看医生的具体原因吗?"如果患者不是自愿来的,评估师可以对其不自愿的情绪予以共情,并视情况询问是哪些人因为什么让其来就诊。例如:"你并不情愿来但不得不来,不过我很高兴认识你,你愿意告诉我,是谁出于什么原因要求你必须来看医生吗?"

3. 访谈策略

在笔者团队开展的综合心理评估中,评估师要和患者进行交谈,获取信息,同时撰写报告。在此过程中会用到较多心理访谈的技术,可参考心理治疗的访谈技术,但又区别于心理治疗的开放性,综合心理评估要获取更多确定的信息,且交谈范围应有一定的框架和限制,不宜在初次评估时讨论得太深入,而忽视了广泛性,应围绕疾病特点、社会心理因素、社会功能影响等方面来谈,初步构建个案概念化,做好进入整合心理干预的准备。

以下列举常用的临床评估访谈策略。

(1) 开放式和封闭式提问:评估师如何提问非常关键。评估师通过提问,可以邀请患者把想讲的内容限定在一个范围或主题内,从而高效率地收集到评估所需的重要信息。常用的提问方式包括开放式提问(例如:那是什么困难?你最近感觉心情怎么样?他们说的话让你产生了什么想法呢?他们是那样说的,那你怎么想呢?)和封闭式提问(例如:你最近在上学吗?你晚上大约几点能入睡?)。

在临床评估实践中,多用开放式提问能获取有效信息,但封闭式提问对于确认一些具体信息也非常有用。当患者的陈述犹豫不决、模棱两可时,我们若能识别出话语中的歧义,发起开放式提问,也会让患者对自己产生思考。例如,患者说"我本来不想去这所学校的,但是家长已经给我报名了",评估师可以这么提问:"你本来是怎么考虑的呢?"或者"那是他们的决定,但实施这项活动的人是你,你是怎么做的呢?你当时有什么感觉呢?"每一次提问应该在把握会谈主动权的基础上,贴近患者的内心感受,使得患者感受到评估所谈论的内容是自己关心的和在意的,促使其更积极、更主动地投入评估会谈,在谈话中表达和澄清自己的真实感受和想法。

(2) 积极倾听言语和非言语信息:倾听是心理评估中最重要的部分,当我们倾听时,要时刻觉察及避免以下两种情况。

一是只听到自己想听的内容。由于评估的提问方式和结构性,会将患者的话语限定在某个主题或范围内,若评估师在收集到对应的信息时就匆忙下结论,很有可能导致偏差。例如当患者提到自己近期非常暴躁，很想发脾气，会摔东西、大喊大叫、话多到停不下来，此时，评估师还不能直接记录这些看起来是"轻躁狂"的症状，并把它判断为"符合轻躁狂特点"。实际上，患者有这些表现，有多种可能性，例如有可能是在应激事件发生时爆发的情绪，也有可能是在某些特定的场景发作，并且发作的频率是很少的。所以，评估师如果只听那些看起来是"阳性"的症状，就会忽略很多关键性的细节。评估师需要在评估过程中，同时记录患者提到的症状如何发生、发生频率、发生背景等，收集更多信息后再综合判断。

二是只听到患者说了什么，而忽略了患者没说什么。言说的意义在于说出内心真实的想法，这些想法常常会受到现实的限制而无法被言说，例如因为患者的羞耻感、对倾听者的不信任、禁忌的话题、违背伦理甚至法律法规等，故患者所述既不能全信，也不能完全不信。评估师听见了之后要给出回应，回应的目的是鼓励患者继续说，使患者对认识自身感兴趣，能够从言说中获得对自己新的认识。我们应该注重患者的独特性，去理解患者所述对其的意义，因为患者为什么说、选择什么时候说以及为什么不说，可能都有其背后的含义。

很多时候，患者没说出来的内容会通过非言语的方式向评估师传达。因此，评估师要集中注意力听患者的言语表达，并在需要时注意患者所说的内容要点及患者的语气、说话速度、音量、感情等，在什么地方停顿，停顿的节点是不是隐藏着真实的感受或不能诉说的内容；要留意故事逻辑不通顺的地方，这些地方有可能隐藏着患者的真实想法，患者不想让评估师知道的内容或许也是评估或治疗的关键点。

当我们获取的信息量不够完善、整体时，做出的判断有可能是片面的，没有理解到患者的独特性，尤其是儿童和青少年。他们在释放攻击性时也可能隐藏着伤害父母的愧疚感；他们愿意去承受某些痛苦而不去求助，可能也有难言之隐。这需要慢下来倾听，不急于下判断，等待患者把事情说完整，鼓励其继续说下去，当患者能信任倾听者继续往下说时，往往已经起到了效果。总之，我们在倾听时要保持开放的双耳、清晰的逻辑，不断练习快速梗概的思维，运用好言语和非言语线索。

（3）言语和非言语回应：评估时患者要对自己的经历、感受进行描述，当患者讲到一些经历引发强烈的情绪时，要有所停顿，等待其情绪冷却，例如患者讲到童年往事，止不住地流泪、抽泣，评估师要允许其哭泣，可以及时给出回应："看来那段经历对你很特别，还没有走出来，现在提起来都还会流泪……"慢慢地引导其回到评估的主题上来，例如可以问其内心感受："最近你会一想到这些就有情绪吗？那是怎样的心情，带来了哪些影响？"

此外，评估师通过非言语交流的方式对患者进行回应是必不可少的。例如，用眼神注视着患者，使患者感受到被关注、被聆听、对其讲述的内容感兴趣，当患者讲到一些困难或重点时，例如"就是前段时间在学校跟舍友相处得不太好"，评估师轻轻地发出"嗯"、抬眉毛、歪头、睁大眼睛等反应都可以表达出好奇、感兴趣，暗示患者可以继续讲下去，有时也可以结合言语回应进行追问，如询问"发生了什么呢"或"是怎样的不好呢"。

4. 结束访谈

综合心理评估的访谈特点在于"综合"，我们要尽可能高效利用时间，围绕着疾病的特点、严重程度、功能影响、家庭与环境等主题，尽可能构建整体印象，形成初步的个案概念化。因此，访谈的话题应该在合适的地方停止，我们可以这么说："你谈到的是比较具体的情况了，可以在后续的治疗中去解决""我们今天就先停在这里吧"。

六、出具报告及讲解

在访谈结束后，笔者团队运行的综合心理评估模式可当场出具综合心理评估报告。评估师根据访谈过程中的记录和整理，进行语言的组织和优化后即可打印出来，向患者及其家长解读评估结果和提供后续的干预建议。

如果家长在我们解读完评估报告和交代了具体的建议之后仍然有较多具体的疑问（例如家长提出"那我们应该怎么做才能让孩子从房间里出来""孩子因为害怕某些东西就不想去上学，我们应该怎么办呢""孩子的情况很严重吗"），评估师可以强调本次访谈的主要作用是评估，指出家长养育中的焦虑和犹豫不决、缺乏对症状的认识等状态，指引家长进入下一步的治疗，例如家长养育支持团体治疗、孩子的个体或团体治疗等方案，温和地安置家长们说到一半的话，留待后续的治疗再处理。此外，对于综合心理评估中的疑难案例，笔者团队还设计了 ASD 深度访谈评估和双相情感障碍深度访谈评估，以提供更进一步的详细评估，具体内容详见本章第五节。

在心理评估临床工作上，每位评估师之间可能会存在差异，故要尽可能保持评估人员之间的一致性。对此，笔者团队设置了综合心理评估报告质控的环节，每月开展一次，质控人员由团队中临床评估经验丰富的人员轮流担任，并在团队会议中对质控情况进行汇报和讨论，以提升不同评估人员在临床实践中的一致性。

第二节 情绪障碍综合心理评估

一、情绪症状评估

情绪症状评估指对患者常见的情绪相关症状进行评估，包括抑郁症状、轻躁狂症状、焦虑症状、强迫症状、精神病性症状和睡眠情况。

（一）评估工具

1. 自评工具

笔者团队评估抑郁症状选择的自评量表是患者健康问卷（Patient Health Questionnaire-9，PHQ-9）；评估轻躁狂症状选择的自评量表是轻躁狂症状自评量表（The Multi-Lingual Hypomania Checklist，HCL-32）；评估焦虑症状选择的自评量表是广泛性焦虑量表

（Generalized Anxiety Disorder 7-item，GAD-7）；评估强迫症状选择的自评量表是莱顿儿童强迫量表（Leyton Obsessional Inventory-Child Version，LOI-CV）；评估精神病性症状选择的自评量表是症状自评量表（Symptom Checklist-90，SCL-90）的精神病性症状测验；评估睡眠情况选择的自评量表是匹兹堡睡眠质量指数量表（Pittsburgh Sleep Quality Index，PSQI）。

知识窗

患者健康问卷（PHQ-9）由罗伯特·斯皮策（Robert L. Spitzer）教授等人编制，是抑郁障碍的自我筛查工具，被广泛应用于一般人群的调查研究和临床实践中。该量表包含9个条目，每个条目进行四级评分：0（根本没有）、1（几天）、2（超过一半的天数）、3（几乎每天），总得分范围为0~27分。其评定标准为0~4分为无抑郁，5~9分为轻度抑郁，10~14分为中度抑郁，15~19分为中重度抑郁，20~27分为重度抑郁。该量表设定的分界点为10分；如果得分高于10分，则需要进一步评估。PHQ-9作为抑郁初筛工具，通俗易懂，操作方便、花费时间短，准确度较高，筛查能力较强，可评定抑郁症状的严重程度。

轻躁狂症状自评量表（HCL-32）由昂斯特（Angst）（2005，2010）发表。量表由32项轻躁狂症状组成，常用于筛查门诊患者是否存在轻躁狂症状。划界分14分可以区分单相抑郁和双相抑郁，在识别轻躁狂方面具有较好的敏感性，既可精确检测轻躁狂症状，也可用于流行病学研究以及筛查非临床环境下的普通人群。

广泛性焦虑量表（GAD-7）（Spitzer，2006）主要评定患者近两周的焦虑情绪，共包含7个条目，每个条目分数为0~3分，总得分范围为0~21分；根据分值评估焦虑程度，0~4分为无焦虑症状，5~9分为有焦虑症状，10~14分为有明显焦虑症状，15~21分为有重度焦虑症状。划界分为5分，若得分大于或等于5分，则需要进行进一步的评估与干预。

莱顿儿童强迫量表（LOI-CV）包括幸运数字、整齐和清洁、检查和重复、一般强迫思维四个因子，共20题。患者根据近一个月的情况对强迫状态的存在与否和干扰程度进行自评，回答"否"计0分，回答"是"计1分。若回答"是"，患者需就该题目对其学习、生活的干扰程度进行自我评分。干扰评分为无干扰（0分）、有点儿干扰（1分）、部分干扰（2分）和许多干扰（3分）四级。李占江等人（2001）对其进行了汉化及信效度检验，并将是/否分≥15或干扰分≥20作为强迫状态的划界分。

症状自评量表（SCL-90）由德罗格迪斯（L. R. Derogatis）（1975）编制。SCL-90的精神病性症状测验主要用于评估个体是否存在与精神病性症状相关的心理症状，主要涉及与精神病性症状相关的条目，这些条目通常包括幻觉、妄想、思维障碍等内容。具体条目为7、16、35、62、77、84、85、87、88、90，共10项。项目采用从1（无症状）到5（症状严重）的五级评分。当个体在精神病性症状因子的得分大于2时（因子总分/因子项目数），即超出正常均分，可能表明个体存在精神病性症状，需进一步筛查。

匹兹堡睡眠质量指数量表（PSQI）（Buysse et al., 1989）主要用于患者自评近一个月的总体睡眠质量，是最常使用的睡眠质量调查量表之一。该量表包含19个自评条目和5个他评条目，但只计第1～18项自评条目的得分，组成7个因子，包括主观睡眠质量、入睡时长、睡眠持续性、习惯性睡眠效率、睡眠紊乱、睡眠药物使用以及日间功能紊乱。各因子得分相加得总分，总分越高，表示睡眠质量越差。

2. 他评工具

笔者团队评估患者的情绪症状时参考了学龄儿童情感障碍和精神分裂症问卷终生版和简明儿童少年国际神经精神访谈这两个评估工具。除此之外，抑郁症状的评估参考了汉密尔顿抑郁量表（HAMD），焦虑症状的评估参考了汉密尔顿焦虑量表（HAMA），强迫症状的评估参考了儿童版耶鲁–布朗强迫量表（Children's Yale-Brown Obsessive Compulsive Scale，CY-BOCS）。

知识窗

学龄儿童情感障碍和精神分裂症问卷终生版（K-SADS-PL）是在成人情绪障碍和精神分裂症访谈手册（Schedule for Affective Disorders and Schizophrenia，SADS）的版本上发展而来的，适用于6～18岁的儿童和青少年，包括对情绪障碍、焦虑障碍和神经发育障碍等35种障碍的评估，具备良好的信效度，目前被广泛用于临床和科研中（Kaufman et al., 1997; Dun et al., 2022）。

简明儿童少年国际神经精神访谈（MINI-Kid）是由希恩（Sheehan）（1998）等学者设计的针对《精神障碍诊断与统计手册（第五版）》（Diagnostic and Statistical Manual of Mental Disorders–Fifth Edition，DSM-5）和国际疾病分类第十次修订本（International Classification of Diseases-Tenth Revision，ICD-10）中16种轴I精神疾病的快速、简便和可靠的结构化访谈工具，其具有较好的信效度以及较高的研究者之间一致性。MINI-Kid由父母版和儿童版组成，评估师可对父母和孩子分别访谈，也可同时访谈；其中文版的信效度较好（刘豫鑫等，2010，2011），适用于6～16岁的儿童和青少年，满足临床、科研和筛查等使用需求。

汉密尔顿抑郁量表（HAMD）是最常用于评定抑郁症状的他评工具，可评定抑郁症状的严重程度。HAMD初版由汉密尔顿（Hamilton）于1960年编制，有分别包括17个、21个、24个条目的3个不同版本，得分越高说明抑郁症状越重。

汉密尔顿焦虑量表（HAMA）由汉密尔顿于1959年编制，是在临床专业医师与患者进行交谈时填写的他评量表，被认为是使用最广泛的评定量表之一，可用于衡量患者焦虑症状的严重程度。该量表包括14个条目，每个条目的评分等级从0分（无症状）到4分（极重），每个条目相加为总分，总分的大小与焦虑程度呈正相关，总分小于7分表示没有焦虑倾向。

耶鲁–布朗强迫量表（Y-BOCS）由古德曼（Goodman）等人（1989）编制，并由

> 斯卡希尔等人（Scahill et al., 1997）改编发展出儿童版,是目前国际上最常用的强迫症状评定工具,主要用于评定强迫症状的严重程度。该量表评定方法简便,标准明确,便于掌握,对强迫症的评定有较好的信度和效度,实用性强。该量表总共包括 10 个项目（5 个项目评估强迫思维,5 个项目评估强迫行为）,每个项目采用从 0 分（表示没有症状）到 4 分（表示症状非常严重）的五级评分。临床实践中常根据 Y-BOCS 评分对强迫症严重程度进行分级:总分<16,为轻度或亚临床状态;16≤总分≤22,为中度;23≤总分≤31,为重度;总分>31,为极重度。

（二）访谈评估要点

1. 抑郁症状的访谈评估要点

笔者梳理了 DSM-5 中重性抑郁障碍的诊断标准,参考常用量表 HAMD 的维度及内容,结合儿童和青少年患者常见的临床表现以及访谈中的注意事项,整理了对抑郁症状的访谈评估要点,详见表 3-1。

表 3-1 抑郁症状的访谈评估要点

抑郁症状特点	临床表现	访谈注意事项
1. 抑郁体验和兴趣动力: ①几乎每天大部分时间都心境抑郁,既可以是主观的报告（例如感到悲伤、空虚、无望）,也可以是他人的观察（如表现为流泪）（注：儿童和青少年可能表现为心境易激惹）; ②几乎每天或每天的大部分时间,对于所有或几乎所有的活动兴趣或乐趣都明显减少（既可以是主观体验,也可以是观察所见）	●情绪低落、沮丧、闷闷不乐、经常不开心; ●对过去喜欢的事情提不起兴趣; ●容易烦躁、发脾气 ＊除了询问患者本人,也可以询问照料者	●有时患者难以描述或总结情绪的种类,我们可以采用封闭式问法："具体是开心的、伤心难过的、生气的、紧张的还是烦躁的?"让患者选择自己常出现的情绪,并同时描述出各类情绪占据的时间; ●易激惹并非抑郁障碍的特异性症状,需结合其他临床表现做出评估; ●需了解这些症状是否已持续至少 2 周
2. 反复出现死亡的想法（而不仅仅是恐惧死亡）;反复出现没有特定计划的自杀观念,或有某种自杀企图,或有某种实施自杀的特定计划	●常出现自杀或自伤的念头（详见本节的安全风险评估）	●对于自杀风险的评估,可以顺着情绪低落的症状询问："在你情绪最糟糕的时候,有没有想过伤害自己?"也可以在评估自我评价后,顺着其自罪自责观念问："你经常感到绝望,有没有想得很极端,有时甚至想过睡着之后再也醒不过来?"

续上表

抑郁症状特点	临床表现	访谈注意事项
3. 食欲和体重变化：在未节食的情况下体重明显下降或体重增加（例如，一个月内体重变化超过原体重的5%），或几乎每天食欲都减退或增加（注：儿童则可表现为未达到应增体重）	• 食欲减退或增加； • 体重下降或增加	• 有部分患者会表现为一段时间内食欲下降，但是一段时间内又会食欲大增，甚至会形容自己"暴饮暴食"，可以通过询问其进食的食物了解其食欲变化； • 可在此处询问患者生活中的饮食和睡眠状况，过渡到对睡眠的访谈
4. 睡眠情况和精力： ① 几乎每天都失眠或睡眠过多； ② 几乎每天都疲劳或精力不足	• 经常感觉疲劳，甚至什么都不想做，只想躺着； • 常觉得想睡觉，想打盹； • 不想出门，想待在家里； • 睡眠情况评估详见本节睡眠情况的访谈评估要点	• 访谈抑郁症状时可侧重于患者的精力情况和活动水平，睡眠可结合量表结果再具体访谈
5. 迟滞或激越：几乎每天都精神运动性激越或迟滞（由他人观察所见，而不仅仅是主观体验到的坐立不安或迟钝）	• 不能静坐，坐立不安； • 反复来回走动、反复搓手； • 说话变得缓慢、话变少； • 行动缓慢； • 思维迟缓，"脑子转得很慢"	• 询问患者对自己精力的主观评价（疲惫或正常），引出对于行为的观察； • 对合并ADHD患者，精神运动性激越表现也有可能由ADHD症状引起，可进一步评估激越的加重是否与情绪出现困扰的时间阶段相关
6. 认知功能：几乎每天都存在思考或注意力集中的能力减退或犹豫不决（既可以是主观的体验，也可以是他人的观察）	• 注意力下降，难以集中； • 集中看完一页书需要花费更多的精力、更长的时间；难以记住知识点和内容； • 难以做决定	• 对ADHD患者来说，注意力不足是持续出现的症状，而对于仅有情绪障碍的患者来说，注意力下降症状出现在情绪症状后，需进一步鉴别
7. 自我评价低：几乎每天都感到自己毫无价值，或过分地、不适当地感到内疚，甚至可以达到妄想的程度（并不仅仅是因为患病而自责或内疚）	• 常感到内疚，觉得自己导致了一些坏事的发生，就算并不是自己的过错； • 出现能力减退感、自卑感、绝望感，觉得自己没用、是家中的拖累；觉得情况不会好起来	• 询问患者对于自己的评价，同时可了解患者的社会心理相关因素

2. 轻躁狂症状的访谈评估要点

笔者梳理了 DSM-5 中躁狂/轻躁狂发作的诊断标准，结合儿童和青少年患者常见的临床表现以及访谈中的注意事项，整理了对轻躁狂症状评估的访谈评估要点（详见表 3-2）。但是双相情感障碍的表现往往较为复杂，鉴于此，笔者团队开发了双相情感障碍的深度访谈评估，以更加精细化地评定双相情感障碍及其高危情况，详见本章第五节。

表 3-2 躁狂/轻躁狂症状的访谈评估要点

躁狂/轻躁狂症状特点	临床表现	访谈注意事项
A. 在持续至少一周的一段时间内（轻躁狂发作的标准是至少连续 4 天的一段时间内），在几乎每一天的大部分时间里（如果有必要住院治疗，则可以是任何时长），有明显异常且持续的心境高涨、膨胀或易激惹，或异常且持续的有目标的活动增多或精力旺盛	• 心境高涨，异常兴奋，感觉很好，心境高涨的程度超出了环境和同龄同水平孩子的状态； • 对未来感觉到很乐观； • 遇到平时不觉得有趣的事物也会发笑，笑得停不下来； • 身边人观察其"太高兴"，过分兴奋，或手舞足蹈、笑个不停； • 很容易生气，突然爆发； • 对平时不会生气的小事发了很大的脾气； • 比平时精力旺盛； • 做事比平时变多，动力变强	• 在一些特殊节点（如放假）或特殊节日、活动等，患者有可能报告出现超过日常水平的兴奋，需要区分； • 几乎每天的大部分时间（超过 4 小时）都出现； • 需排除某些药物或医疗状况引起的心境高涨； • 需区分明显异常的高涨、亢奋或易激惹与慢性易激惹； • （轻）躁狂期间，心境高涨及易激惹可能同时出现
B. 在心境紊乱、精力旺盛或活动增加的时期内，存在 3 项（或更多）以下 1～7 所述症状（如果心境仅仅是易激惹，则为 4 项），并达到显著的程度，且与平常行为相比有明显的改变	—	• 可以先邀请患者自我报告在情绪高涨期间，自己与平时不同的状态，再按照诊断标准逐条筛查； • 需注意与患者的基线情况进行对比
1. 自尊心膨胀或夸大	• 比平常更自信； • 会夸大自己的特殊能力或才能； • 觉得自己很厉害，比别人更强或更聪明	• 需了解患者过往的生活经历，是否有特殊的才能，也需了解其过往对自我的评价或自我概念； • 如患者对自我的夸大达到妄想的程度，需与精神病性症状进行鉴别

续上表

躁狂/轻躁狂症状特点	临床表现	访谈注意事项
2. 睡眠的需求减少（例如仅睡3小时就精神饱满）	• 睡眠时间比平时减少但仍感觉精力充沛，不感觉累； • 特别兴奋而睡不着	• 对于共病ADHD患者，需与日常基线对比出现明显变化，且与心境高涨的出现相关； • 可追问患者的成长史，了解其出现情绪症状前这些症状是否已出现
3. 比平时更健谈或控制不住地讲话	• 说话很快； • 说话太多，不能打断	
4. 意念飘忽或主观感受到思维奔逸	• 思考的速度加快； • 脑子里有很多想法； • 别人很难理解或跟上其说的话； • 很快地从一个主题跳到另一个主题	
5. 自我报告或被观察到的随境转移（即注意力太容易被不重要或无关的外界刺激所吸引）	• 注意力难以集中	
6. 目标导向的活动增多（社交、工作、学习或性活动）或精神运动性激越	• 比平时更多参与活动； • 比平时更喜欢社交； • 性相关的想法和冲动较前增加； • 运动或活动增加； • 不能静坐，动个不停	
7. 过度地参与可能产生痛苦后果的高风险活动（例如无节制的购物、轻率的性行为、愚蠢的商业投资）	• 参与高风险活动，做一些平时不会做的事情； • 做鲁莽、轻率的事情； • 过度参与寻求刺激的活动	

3. 焦虑症状的访谈评估要点

适度的焦虑是正常的，可以保持动力及提升自己的表现，但是当焦虑情绪的程度过度且持续时间超过一定范围，会对患者的日常功能造成损害或影响，进行早期识别与干预则十分重要。临床上来就诊的儿童和青少年，有一大部分是带着躯体化症状主诉（如常肚子痛、头痛）或行为紊乱的主诉来到医院的。在DSM-5中，焦虑障碍包括多种障碍，如选择性缄默症、广场恐怖症、社交焦虑障碍、广泛性焦虑障碍等，它们共同的特征是表现为过度的害怕和焦虑，以及存在相关行为紊乱。可根据诱发害怕、焦虑或回避行为的物体或情境类型，以及其所伴随的认知观念的不同，区分开不同类型的焦虑障碍。

因此，对焦虑症状的评估较为复杂，需从不同维度了解患者是否存在焦虑症状及其严重程度，可参照 HAMA 他评量表和认知行为疗法对焦虑障碍进行评估，并结合 DSM-5 评估焦虑的类型，例如社交焦虑障碍、广泛性焦虑障碍、特定恐怖症、惊恐障碍、选择性缄默症等。下面以广泛性焦虑障碍为例，梳理了 DSM-5 中的诊断标准、HAMA 他评量表的维度和内容，结合认知行为疗法视角下焦虑儿童和青少年患者常见的临床表现以及访谈中的注意事项，阐述对于焦虑障碍的临床表现及访谈评估要点（详见表 3-3），其他类型的焦虑障碍可以对照 DSM-5 的对应条目进行访谈。

表 3-3 焦虑症状的访谈评估要点

焦虑症状特点	临床表现	访谈要点
1. 焦虑心境：在至少 6 个月的多数日子里，对于诸多事件或活动（例如工作或学校表现），表现出过分的焦虑和担心（焦虑性期待），且个体难以控制这种担心	● 容易担心、焦虑、紧张、忧心忡忡； ● 对任何事情以及在事情发生之前就觉得很担心； ● 反复想已经发生的事情； ● 对于他人的看法过分关注； ● 无法控制担心	● 对焦虑症状、严重程度及对功能的影响情况进行访谈，需要同时结合其他情绪症状的综合评估； ● 有些患者会提到担心别人评价，需要区分是对于他人评价的焦虑情绪，抑或是精神病性症状的幻听，具体了解其担心的场景、频率、影响程度等，且需鉴别是否与发展因素相关（青少年阶段对于周围人的看法更加在意）
2. 躯体不适（肌肉系统、感觉系统、心血管系统、呼吸系统、胃肠道症状、生殖泌尿系统、植物神经症状等）	● 坐立不安； ● 容易疲倦； ● 注意力难以集中或头脑一片空白； ● 易激惹； ● 肌肉紧张； ● 睡眠障碍	● 部分焦虑的儿童和青少年主要表现为躯体不适，如总是头痛、肚子痛、胸闷、呼吸加快，因此访谈中要尽可能将躯体症状问齐全； ● 访谈中可能可见患者身体紧绷、紧紧握拳、坐立不安、发抖、易出汗等
3. 行为特点	● 回避和/或逃离（焦虑的显著症状）； ● 咬指甲、吸手指； ● 强迫行为； ● 过分警觉	● 可询问患者的日常生活、社交和学习具体受到了焦虑什么影响，从而了解患者为了避免体验到焦虑而采取了哪些行为（如回避、逃离、重复等）
4. 认知特点	● 高估威胁发生的可能性； ● 高估威胁的结果； ● 忽视应对策略； ● 忽视保护因素	● 可询问患者具体担心什么以及为什么担心，了解其焦虑背后的认知特点，为后续干预奠定基础

4. 强迫症状的访谈评估要点

笔者梳理了DSM-5中强迫症的诊断标准与耶鲁-布朗强迫量表的维度和内容（Goodman，1989），结合儿童和青少年患者常见的临床表现以及访谈中的注意事项，整理了对强迫症状评估的访谈评估要点（详见表3-4）。

表3-4 强迫症状的访谈评估要点

强迫症状特点	临床表现	访谈要点
1. 强迫思维： ①出现反复的、持续性的、侵入性的和不想要的想法、冲动或表象，大多数个体会感到显著的焦虑或痛苦； ②试图忽略或压抑此类想法、冲动或表象，或用其他想法或行为来中和它们	• 反复出现一些无法摆脱的想法、表象或冲动，对此感到困扰； • 试图去阻止或压制，但是又比较困难； • 总担心东西脏，自己会被污染（与清洗相关的主题）； • 总是希望东西可以对称出现（与对称性相关的主题）； • 害怕自己会伤害自己或他人（与伤害相关的主题）； • 脑海中反复出现无意义的词语、图像	• 需对患者提到的"担心"进行现实或非现实的区分。对于广泛性焦虑障碍的个体，通常出现的担心是关于现实生活的，而强迫思维通常不涉及现实生活的担心，包括古怪的或非理性的内容； • 强迫行为中的重复行为，需要与孤独症谱系患者的重复刻板行为作区分，详见本章第四节发育障碍评估中孤独症谱系障碍评估的内容； • 仔细询问患者近期的重复行为或习惯，询问方式可以尽可能保持开放； • 除强迫症外，儿童和青少年躯体的重复性行为障碍也值得关注，如拔毛癖、瘙痒症等，可以询问患者："你有没有经常觉得身上很痒，会忍不住去挠痒？你会忍不住去拔头发吗？"
2. 强迫行为： ①重复的行为（如洗手、排序、核对）或精神活动（如祈祷、计数、反复默诵字词）。个体感到重复的行为或精神活动是作为应对强迫思维而被迫执行的； ②强迫行为的目的是减轻不适或避免担心的事情发生。然而，这些重复行为或精神活动与拟中和或预防的事件、情况缺乏现实的连接，或者明显是过度的、对功能造成损害的	• 反复清洁（洗手、洗澡）； • 反复检查（作业、门窗）； • 物品按照某个秩序摆整齐； • 反复开关车门到特定次数等	

5. 精神病性症状的访谈评估要点

针对精神病性症状的评估，笔者梳理了DSM-5中精神分裂者的诊断标准和常用量表PANSS（S. R. Kay，1987）的内容与维度，结合儿童和青少年患者常见的临床表现以及访谈中的注意事项，可以从以下维度进行访谈评估（详见表3-5）。

表 3-5 精神病性症状的访谈评估要点

精神病性症状特点		临床表现	访谈要点
阳性症状群	① 妄想、猜疑、被害、夸大、兴奋	• 无事实根据、与现实不符的特异信念，例如觉得被害或被监视或被跟踪、思维插入感、思维被夺、内心被洞悉感、关系妄想、夸大妄想、罪恶妄想、躯体妄想等	• 仔细询问患者如何解释此现象； • 询问症状出现的频率、患者对妄想的相信程度及对自己生活的影响； • 儿童和青少年常提到的妄想内容包括现实中不存在的"朋友"、宗教、魔鬼，或某些特殊的规则、学说、哲学，或自身常过分警惕、猜疑、害怕的某些事物
	② 幻觉行为，知觉异常	• 幻听：凭空闻声，听见别人听不到的声音，可能是语言信息（觉得自己被他人议论，被人下指令、暗示或命令其做一些事情）或非语言信息（机器的轰鸣声、铃声等）； • 幻视：看到别人看不见的东西； • 幻触：好像被什么东西触碰，但实际上没有东西； • 幻嗅：闻到别人闻不到的气味	• 需区分错觉与幻觉； • 耳鸣是部分患者常出现的躯体症状，需要区分耳鸣与幻听； • 需询问症状出现的频率、患者对幻觉的相信程度及对自己生活的影响
	③ 言语紊乱（例如频繁地思维脱轨或联想松弛）	• 思维破裂或不连贯，出现难以理解的言语、联想松弛、频繁离题等	• 在访谈中观察患者的语言表达
一般病理性症状群：明显紊乱的或紧张症的行为；不合作；注意障碍；判断力和自知力缺乏等		• 木僵、僵住、蜡样屈曲、缄默、违拗、作态等； • 敌对、不合作、先占观念、冲动控制障碍； • 注意力不集中、自知力缺乏等	• 访谈中观察患者行为； • 交流时注意把握分寸，避免直接否认或质疑患者的症状； • 可以由家属或知情者提供相关信息
阴性症状群：情感淡漠或意志减退		• 情感淡漠、意志缺乏、言语贫乏、思维贫乏、行动退缩、快感缺失等	• 需与心境障碍症状进行区分； • 访谈中观察患者行为； • 可由知情者或家属提供相关信息

6. 睡眠情况的访谈评估要点

笔者梳理了 DSM-5 中失眠障碍的诊断标准和 PSQI 的内容与维度（Buysse et al., 1989），结合儿童和青少年患者常见的临床表现以及访谈中的注意事项，可以从以下维度评估患者的睡眠质量（详见表3-6）。

表3-6 睡眠情况的访谈评估要点

睡眠问题的特点	临床表现	访谈要点
主诉对睡眠时长或质量的不满，伴有下列1个（或更多）相关症状：		
1. 入睡困难（儿童可以表现为在没有照料者的干预下入睡困难）	• 入睡时间长（大于30分钟）； • 想睡但是睡不着	• 需询问患者难以入睡是否由于有事情要做，或者是使用电子产品、自己想熬夜等原因，如有其他因素，需如实记录； • 也有部分患者报告整夜无法入眠，睡眠时间日夜颠倒，睡眠节律不规律，评估中也需记录以上信息，并对患者进行适当的睡眠卫生心理教育
2. 睡眠持续性及唤醒时间：维持睡眠困难，其特征表现为频繁地觉醒或醒后再入睡困难（儿童可以表现为在没有照料者的干预下再入睡困难）	• 多醒； • 醒后难复睡； • 形容自己睡得"很浅"，容易醒； • 半夜常被惊醒	—
3. 早醒	• 早醒，醒后难复睡； • 闹钟还没响就早已醒来； • 比自己预期起床的时间更早醒来，想睡但是难以再次入睡	—
4. 日间功能障碍：引起有临床意义的痛苦，或导致社交、职业、教育、学业、行为或其他重要功能的损害	• 对此感到困扰，白天常觉困倦； • 睡眠不足导致日间功能受损，比如没办法专心听课等	• 睡眠不足可能导致患者的认知功能下降； • 睡眠不足的患者也常报告感到情绪烦躁
5. 睡眠困难出现的时间和频率：①每周至少出现3晚睡眠困难；②至少3个月存在睡眠困难	• 长时间的睡眠困难；频繁出现睡眠问题； • 需服用助眠药物	• 部分患者在近期服药后报告睡眠质量好转，可询问患者服药前后的睡眠情况并如实记录，评估治疗效果

（三）访谈示例及撰写报告

情绪症状综合评估的报告需记录患者目前存在的情绪症状及症状对其造成的困扰、功能损害等，也需记录其否认存在的情绪症状及相关情况，并基于评估结果提供个性化的干预建议。接下来，笔者展示一个情绪症状综合评估的案例，包括访谈过程示例、综合量表结果及访谈情况的报告示例。需注意的是，访谈的过程和顺序是需要根据患者的具体情况加以调整的，笔者所提供的访谈过程和顺序仅供参考。

1. 患者基本信息①

患者 Z，女，14 岁，初二，持续半年觉得心情差。在学校上课无法集中注意力、坐立不安、打瞌睡，下课不跟同学交流，常常躲进厕所或者假装去打水，自称很烦躁，跟同学讲话就会想哭、想骂人；晚上睡不着觉，在房间贴贴纸，早上很困，每天不想去上学，经常出现头痛、腹泻、胸闷等身体不舒服的症状而要求请假，成绩下滑。

2. 情绪症状综合评估访谈稿示例

评估师：你好，我是××心理评估师，我们今天要进行的是综合心理评估，我在跟你谈话的过程中会同时使用电脑记录一些关键信息，谈话结束后会给你出一份综合报告，请你如实跟我聊聊你的情况，好吗？

【评估师先自我介绍，然后可以了解患者的基本信息，比如年龄、年级等，以下省去】

【以下进行抑郁症状的评估】

评估师：现在我会重点询问你的情绪状态。你最近的情绪怎样？

孩子：很差，经常都觉得不开心。

评估师：大概持续多长时间了呀？

孩子：半年吧。

评估师：半年之前发生过一些特殊的事情吗？

孩子：没有。

评估师：所以是无来由开始出现情绪低落的情况？

孩子：是的，这几个月一直都是这样。

【从询问患者近期的情绪感受开始，可以先让患者进行自我报告，询问情绪低落的症状、持续时间，是否有触发事件】

评估师：你会觉得好像以前感兴趣的事情，现在都不感兴趣了吗？

孩子：是的。

【兴趣减退】

评估师：最近你的食欲还有睡眠方面怎么样？

【体重及食欲的变化，可以和睡眠一起询问】

孩子：吃不下饭。

评估师：你会有一段时间消瘦很多吗？

孩子：其实最近好像是瘦了一些，但是我没有称过具体体重，因为我老是吃不下饭，在家里吃饭也不规律。

---

① 此案例为混编案例。

评估师：吃饭不规律，这个情况也是从你心情不好之后开始的吗？

孩子：嗯……记不太起来了，但是好像我记忆中就是最近一直都吃不下饭。

【有时候患者对生活的细节记忆不清，也可以通过与家长的访谈了解】

【以下进行睡眠的评估】

评估师：睡眠呢？

孩子：晚上经常睡不着。

评估师：现在你每天晚上可以睡多长时间？

孩子：5个小时左右。

评估师：那你一般几点睡觉？几点起床？

孩子：可能是凌晨2点左右睡着，早上可能7点左右就醒了。

评估师：你是因为学校的要求，要7点起床，所以才这么早起床，是吗？

孩子：是的，因为要回学校上课。

评估师：那你上床之后一般要多久才能睡着？

孩子：我通常11点就躺在床上了，但是睡着可能得要凌晨一两点。

评估师：所以你有的时候需要两三个小时才能睡着，是这样吗？

孩子：嗯，是的，躺在床上睡不着。

评估师：是每天都会这样吗？还是说只是偶尔？

孩子：基本上吧，这一周都是这个样子。

评估师：会经常多醒、早醒吗？比如睡着后经常醒来，抑或是早上闹钟还没响就醒了。

孩子：我觉得自己睡不稳，睡着了之后有时会醒来。早醒的话，可能是最近放假了之后，我不知道是不是生物钟的原因，我还是会6点或者7点起床。

评估师：醒了之后还能睡回去吗？

孩子：中间醒来基本能睡回去，但是早上醒了就睡不回去了。

评估师：早醒的情况发生的频率大概是什么样子的呀？

孩子：一周3～4次吧。

评估师：好的，你每天睡醒之后是觉得神清气爽，还是说依然很困、白天一直想睡觉呢？

孩子：还是很累，上课也忍不住打瞌睡。

【睡眠方面，询问入睡时长、睡眠时间、睡眠节律、是否会多醒、早醒及其影响】

【以下继续进行对抑郁症状的评估】

评估师：会不会经常觉得很累，提不起精神？

孩子：嗯。

评估师：跟睡眠有关系吗？睡够的时候会不会稍微好一些？

孩子：最近放假了，就想一直睡觉，就算睡很多，还是会觉得很累，而且什么事都不想做。

【疲劳或精力不足，评估时需要考虑睡眠不足的影响，并结合对生活中其他事物动力

的下降】

评估师：好的。你会感觉自己整个人都变慢了吗？

孩子：怎么叫变慢了呢？

评估师：比如说动作变慢了，或者说思维变慢了这种。

孩子：会有的，好像脑子转得没有以前那么快了。

评估师：这个变化别人能观察到吗？还是只是你自己的感觉？

孩子：我同学也会说，我现在好像讲话变得很慢了，话也比以前变少了。

评估师：嗯，好像同学也察觉到了你的变化。

【精神运动迟滞，由他人观察所见】

评估师：你觉得自己的注意力和记忆力发生了什么变化吗？

孩子：变差了。

评估师：具体是怎样的呢？

孩子：好像上课也没有办法专心听，老是记不住东西，看书也看不下去。

评估师：那现在上40分钟的课可以认真听多久呀？

孩子：可能10分钟左右，坐不住，而且很烦躁。

【思考或注意力集中的能力减退或犹豫不决】

评估师：有些时候，你会觉得自己非常糟糕，自我评价很低吗？

孩子：我会老是想到自己什么都做不好，学习没能力学好，也没办法和别人好好聊天，我经常觉得好像我是家里的拖累。有些时候，我会不知道为什么就很想哭。难过的时候会回想一些不好的事情。

【感到自己毫无价值，或过分地、不适当地感到内疚】

评估师：谢谢你坦诚地告诉我这些，听起来你会有一些难过，关于学业、社交的问题，我们后面也还会再谈到。

【评估中，需共情患者、做简单的反馈，但仍掌握评估访谈主动权，并在后续给予患者干预的建议】

【以下进行焦虑症状的评估】

评估师：你的心情听起来这么糟糕，有没有影响到身体不舒服呢？

【询问抑郁症状后，可以衔接到焦虑症状的评估，可以从躯体症状开始；若患者无法具体描述身体感受，或没有觉察到身体上的变化，我们也可以采用封闭式问法，例如："会不会有头痛头晕、出汗多、便频繁、肠胃不适、胃口差、三餐不规律、胸口闷、心跳快、浑身无力、腰酸背痛、发抖、发麻、坐立不安等现象？"】

孩子：有的。

评估师：你可以讲讲吗？

孩子：我会经常觉得头痛，也会拉肚子，有些时候还觉得胸闷或者是喘不过气来。

评估师：这些症状出现的频率是怎么样的呢？

孩子：每天都会出现，经常头痛。

评估师：这会让你觉得很困扰。

【在评估过程中可以对患者进行共情】

孩子：是的，很烦。

评估师：你会经常觉得自己担心很多事情，或很紧张吗？

孩子：会的，我经常会觉得很紧绷，然后也会觉得很焦虑、很烦躁。

评估师：你一般具体是因为什么事情而感到焦虑？

【可以询问其焦虑的事情，可在此处了解患者的压力事件，为后续的心理压力评估做准备】

孩子：比如说考试之前就特别烦躁，就是焦虑到什么事情都做不了，我也没有办法复习。

评估师：除了考试还有别的事情会让你感觉到很焦虑吗？

孩子：很难一件件说出来，我好像经常会因为很多事情而觉得很担忧，什么事情都想到最坏的结果。

【若存在广泛性焦虑障碍，患者会对生活中诸多事件或活动表现出过分的焦虑和担心，并伴随其他症状，需询问患者除应激压力事件外，焦虑情绪出现的情况】

评估师：除了焦虑之外，生活中你会经常感觉到很烦躁吗，想发脾气之类的？

孩子：最近很暴躁，和同学讲话会想哭、想骂人之类的，情绪很波动。

【儿童和青少年的抑郁症状也常表现为易激惹，但需与躁狂症状鉴别】

【以下为躁狂症状综合评估部分（核实10条躁狂症状）】

评估师：听起来最近的情绪波动比较大，那你是否曾感到超级开心，有点过于开心了，似乎飞到云端？

【心境高涨】

孩子：是的，从2个月前开始，有时候会特别开心和兴奋，好像之前的烦恼一扫而空。

评估师：那周围其他人可以感受到你的兴奋吗？

【对功能的影响判断，可以了解他人的观察】

孩子：应该可以，我同学说我有时候笑得傻里傻气的，有点奇怪。

评估师：那这种兴奋的感觉最长会持续多长时间？多久会出现一次？

【询问频率、时间非常重要，若一天累计持续时间超过4小时，算作一天的大部分时间都存在轻躁狂症状】

孩子：不是很固定，有时候多，有时候少，最长持续2～3天，上个月只有1～2次，这个月这种兴奋感觉有点多，可能每周都会有一次。每次持续2～3个小时。

评估师：好的，你兴奋的时间会连续超过4天吗？

【再次核实是否达到轻躁狂发作的4天以上的持续时间】

孩子：没有，最多2～3天。

评估师：那你或其他人是否注意到你最近脾气变得特别暴躁、喜欢抱怨？或者你是否因为小事而生气或烦躁？

【易激惹】

孩子：确实会，几乎每天都觉得烦躁，烦躁会突然出现，如果这时候有人打扰我，我就会发很大的脾气，甚至会摔东西发泄，我爸妈也说我最近脾气很大，不好沟通。

评估师：那应该挺不好受的。你是否曾觉得自己有他人无法比拟的特殊才能或天赋？或者是否曾觉得自己比其他人更聪明、更有魅力、更富有或更有权力？

【自尊心膨胀/夸大】

孩子：这个倒没有。

评估师：那你是否有时只需很少睡眠而且也不会觉得累？

【睡眠需求减少】

孩子：这个有，有时候完全不想睡，觉得好像不用休息也可以。

评估师：那具体是什么情况？

孩子：也是这2个月，有时感觉好像很兴奋，不想睡觉，晚上只睡3～4个小时，也试过通宵1～2天都不睡，但第3天就会睡很久，最近会多些，可能每周都会有一次。

评估师：好的，那其他人是否察觉到你话很多？

【过度健谈】

孩子：这个会，有时候话变得很多，说话速度也变快，有时在公众场合讲得很大声，要别人提醒才意识到，甚至别人都插不上嘴。

评估师：那你话多从何时开始？持续时间多长？多久出现一次？

孩子：和兴奋的时间差不多，也是这2个月，每次多数也是2～3天，现在每周都有一次。

评估师：好的，你是否曾觉得你的想法产生和消失都异常容易且快速？或者，你是否曾觉得自己的思维好像在奔跑或你在快速地转换话题？

【思维奔逸/意念飘忽】

孩子：有，有时候和朋友聊天思维太发散，会从一个话题跳到另一个完全不相干的话题，自己也觉得奇怪，次数不多；写作文的时候其实已经选好选题了，但是写着写着又写到完全没有关系的选题上，导致作文现在很低分。

评估师：那你这种情况从何时开始？持续时间多长？多久出现一次？

孩子：也是这2个月，现在每周都有一次，每次多数也是2～3天。

评估师：好的，我了解了。那你是否曾觉得自己容易因周围事物分心？或者你是否曾因为分心而花过长的时间才能完成任务？

【注意力分散】

孩子：是的，比之前的注意力差很多，现在我在家里或者在外面的时候，听到一点点响动，都要去看一下响动的那个地方，上课听讲也静不下心，影响到自己当时做事情的效率，学习成绩下降很多。

【需注意与ADHD相鉴别，若是ADHD引起的注意力不集中，此处不考虑轻躁狂症状】

评估师：那你这种情况从何时开始？持续时间多长？多久出现一次？

孩子：也是这2个月，现在每周都有一次，每次多数也是2～3天。

评估师：好的，那你是否曾觉得做事的精力或动力十足？

【精力/目标导向活动增加】

孩子：有啊，有时睡不着就去打扫卫生，除了自己的房间，甚至把家里所有人的卫生都搞定，都不会觉得累。

评估师：好的，那你是否曾发觉自己难以平静地坐着？

【精神运动性兴奋】

孩子：这个倒没有。

评估师：你是否曾有强烈的冲动去做有潜在危险的事情？或者说，你或其他人是否曾注意到，你会参与可能会带来麻烦的危险活动？比如过度消费？

【行为鲁莽或危险】

孩子：会，最近花了很多钱，会看到什么就想买，买了"周边"，其实很贵的，当时毫不犹豫就买了，其实自己也不知道余额还有多少，反正就这么花了，之前的压岁钱花得差不多了。

评估师：这种情况从何时开始？持续时间多长？多久出现一次？

孩子：也是这2个月，有点不定时，最多也是2～3天。

【以下进行强迫症状的评估，先询问强迫行为】

评估师：你回答得很认真，我再多了解一些其他情况。你会不会经常反复地做某一件事情，比如反复清洁、反复检查？

孩子：会的。

评估师：具体是什么样的呢？

孩子：就是老是觉得手洗不干净，然后一直洗手。

评估师：你一天可以洗多少次呀？

孩子：可能有一点点脏的我就受不了，就要去洗手，然后每一次可能我要洗差不多5次左右，但洗完我还是觉得不干净，不过我觉得浪费太多时间了，要自己停下来了。

评估师：好像这件事情对你有比较大的困扰？

孩子：嗯，是的。

评估师：你会经常觉得这样洗手很没有必要而想停下来吗？

孩子：会的，这让我觉得很浪费时间。

评估师：你觉得脏了就要洗手，这个脏了是你主观上觉得脏，还是说你生活中真的经常碰到一些比较脏的东西呢？

孩子：我觉得脏，就算洗了5次，我还是会觉得不干净。

【若患者报告出现强迫行为，需要询问其强迫行为占用的时间、患者是否存在主观痛苦等】

评估师：哦，好像这个只是你认为的不太干净。那你会不会要求东西一定要按照某一个秩序摆放？不这样摆放就不行？

孩子：没有的。但是我还是会像刚刚你讲到的，在做作业的时候，会一直去反复地看，有一些字如果写得不好，我会把它擦掉，然后重新写。

评估师：就是在写作业的时候，你会反复检查作业，然后如果不满意，你就会擦掉重写？

孩子：是的，我觉得这个部分写得不好，就会把它全部涂掉。

评估师：这个情况出现的频率高吗？

孩子：每次做作业都会这个样子。

评估师：好的，那你觉得反复检查作业会给你带来一些困扰吗？

孩子：嗯，经常会花很多的时间，然后我妈也会说我，让我不要再这个样子了，但我还是会做，然后就会用很长的时间做作业，会做到很晚。

评估师：它非常大地影响了你写作业的效率。

孩子：是的。

评估师：好的，那除了刚才提到的洗手，还有把作业写不好的地方擦掉，你还有什么类似的一些让你觉得困扰但停不下来的要去反复做的事情吗？

孩子：没有了。

评估师：想法上，你会不会经常觉得脑子里有很多不想要的想法？想停，但是停不下来？

孩子：我不知道，刚刚的洗手算吗？老是觉得自己洗手洗不干净。

评估师：就是你老是觉得很脏，洗不干净。除了这个之外还有吗？

孩子：好像没有了。

【以下进行精神病性症状的评估】

评估师：好的，跟你确认一下，你有没有过一些感到很离奇的体验，如听到别人听不到的声音或看到别人看不到的东西？

孩子：这个没有。

评估师：那走在路上会觉得别人在议论你、跟踪你或要害你吗？

孩子：没有。

评估师：好的，你会觉得自己脑子里的东西没说出来就被人知道了或有其他一些类似的感觉吗？

孩子：没有这些。

评估师：好的，谢谢你告诉我这么多你情绪相关的情况，我再多了解一些你其他方面的情况。

【根据评估方案，后续进行其他维度的评估】

3. 情绪症状评估报告示例

情绪症状评估：量表提示重度抑郁症状，患者诉情绪低落半年余，无具体触发事件，动力下降、兴趣减退、食欲下降、感觉疲惫、注意力及记忆力下降，讲话、思维变得迟缓，伴有自罪自责观念及消极念头；量表提示中度焦虑症状，患者诉自己经常觉得紧绷、焦虑、烦躁，可能与期末考试相关，但诉自己也常对各种事情感到担忧，伴随头痛、拉肚子、胸闷、喘不上气的躯体感受；量表提示存在轻躁狂症状，患者诉一周中有2～3天有时会莫名开心、兴奋，每次持续 3 小时左右，易激惹，睡眠需求减少，过分健谈，和朋友聊天或写作时思维发散，最近会花很多钱；量表提示可能存在强迫症状，访谈中患者自诉存在反复洗手、反复检查的行为，自觉浪费时间，想停止但存在困难，对此感到困扰，可能存在强迫思维；量表提示睡眠质量一般，患者诉入睡困难，入睡时间需 3 小时左右，从凌晨一两点睡到 7 点，睡眠中途易醒，有时早醒，白天觉困倦。本次评估未见明显精神病性症状。

二、安全风险评估

安全风险评估指对患者的自伤、自杀及伤人风险进行评估。在我们接诊的儿童和青少年群体中，具有安全风险的人群一般包括具有攻击伤人风险的人群及自杀、自伤行为风险的人群。近年来，儿童和青少年的非自杀性自伤现象引起社会高度关注。非自杀性自伤（non-suicidal self-injury，NSSI）行为是指个体在无自杀意念的情况下采取一系列反复、故意、直接伤害自己身体，且不被社会所接纳和认可的行为（Nock & Favazza，2009）。NSSI 行为评估可参照渥太华自我伤害调查表（Ottawa Self-injury Inventory，OSI），判别自伤行为的方式、目的及造成了哪些损伤。

儿童和青少年的安全风险通常随情境的变化而变化，可能具有明显的冲动性。因此，评估师应在评估安全风险想法与行为的出现频率等内容的同时，仔细询问安全风险想法与行为相关的情境或诱发因素、保护因素等。这就要求评估师以谨慎的态度进行工作，采用成熟的访谈策略，同时应给出相应的安全风险管理建议。

（一）评估工具

1. 自评工具

对安全风险的评估已有不少自评量表，如贝克绝望量表中文版（Beck Hopelessness Scale，BHS）、自杀意念自评量表（Self-rating Idea of Suicide Scale，SIOSS），评定非自杀性自伤行为的 OSI 和评定伤人风险的 12-条目攻击问卷（12-item Aggression Questionnaire，12-AQ）等。

2. 他评工具

笔者团队参考了哥伦比亚自杀严重程度评定量表（The Columbia-Suicide Severity Rating Scale，C-SSRS）和佩蒂特（Pettit）等人提出的急性自杀风险评定流程，制定了符合儿童和青少年特点的自杀风险等级评定流程来评定自杀风险；参考护士用自杀风险评估量表（The Nurses' Global Assessment of Suicide Risk，NGASR）评定自杀风险；参考 OSI 和诺克（Nock）等人提出的 NSSI 行为的功能评定自伤风险；参考修订版外显攻击行为量表（Modified Overt Aggression Scale，MOAS）来评定伤人风险。

考虑到儿童和青少年群体的认知特点、量表填写所需时长及临床评估意义，笔者团队在安全风险评估上使用 SIOSS 和 NGASR。对于 NSSI 和伤人风险的评定则主要借鉴上述提及的自评工具和他评工具通过访谈评估完成。

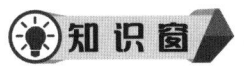

> 自杀意念自评量表（SIOSS）由夏朝云和王东波于2002年编制，主要用于测查一个人的自杀意念，为自杀行为的干预及预防给出进一步提示。SIOSS由26个自陈式条目组成，包括绝望因子、乐观因子、睡眠因子、掩饰因子等四个因子，以绝望因子、乐观因子和睡眠因子三者的总分≥12分作为划界分，提示患者可能存在自杀意念，如果掩饰因子得分≥4分，说明掩饰程度高，测量结果不可靠、不可信。
>
> 渥太华自我伤害调查表（OSI）是NSSI行为的评估工具，共28个条目，由克卢捷（Cloutier）和尼克松（Nixon）修订，张芳等人于2015年将其翻译成中文版并验证其具有良好的信效度，可用于评估NSSI行为的特征和原因等内容。在评估实施自伤原因即功能学评估方面，OSI具有一定的优势，评定范围较广，包含情绪管理、人际影响、抵抗自杀、抵抗解离、自我惩罚、寻求刺激和成瘾特征等多个方面。
>
> 哥伦比亚自杀严重程度评定量表（C-SSRS）用于评估青年和成人样本中自杀意念和自杀行为（例如准备行为、自杀企图）的严重程度和强度（Posner et al., 2011）。其结构化的评估方式给心理工作者提供了自杀风险的评估框架，C-SSRS也被翻译成中文版并广泛应用。对于自杀意念、自杀行为的评估，其都提供了分类及提问方式的参考。比如关于自杀意念的评估，分为希望死去（"你曾希望自己死去或者希望自己睡着后不再醒来吗？"）、不具体的主动自杀想法（"你确实有过任何结束自己生命的想法吗？"）、有方法（非计划）但无行动意图的主动自杀意念（"你有没有想过你会怎么做来结束自己的生命？"）、有行动意图但无具体计划的主动自杀意念（"你是否有过自杀想法并打算采取行动？"）、有具体计划和意图的主动自杀意念（"你开始制订或者已经制订了详细的自杀计划吗？"）五类，严重预警程度由低到高。
>
> 护士用自杀风险评估量表（NGASR），是由英国学者卡特克利夫（Cutcliffe）在精神科的临床实践环节中开发出来的，由我国学者陈月新等人（2011）引入并翻译使用，旨在通过简洁、明了的条目全面评估个体的自杀风险。在精神科实践中，会在不同阶段使用该量表进行多次评估，根据风险程度确定后续的评估频次及干预措施。本量表根据题目赋分进行总分加总，≤5分为低风险、6～8分为中风险、9～11分为高风险、≥12分为极高风险。通常，量表自评总分≥9分的患者需要高度关注其安全风险。
>
> 修订版外显攻击行为量表（MOAS）是他评量表，由谢斌等人于1991年引入中文版使用。该量表共4个项目，每题代表一类攻击行为，包括言语攻击、对财产的攻击、自身攻击和体力攻击。量表按照不同严重程度分为0～4分，共五级评分，总分为全部加权分之和。各类攻击行为得分越高表明该类攻击性越强，总分越高表明总体攻击性越强（谢斌，2001）。

（二）访谈评估要点

1. 自杀风险的访谈评估要点

如前所述，笔者团队根据所接诊的儿童和青少年的临床特点，借鉴已有的他评工具及流程或理论，设计了自杀风险评估的具体流程和等级划分流程，如图3-2所示。

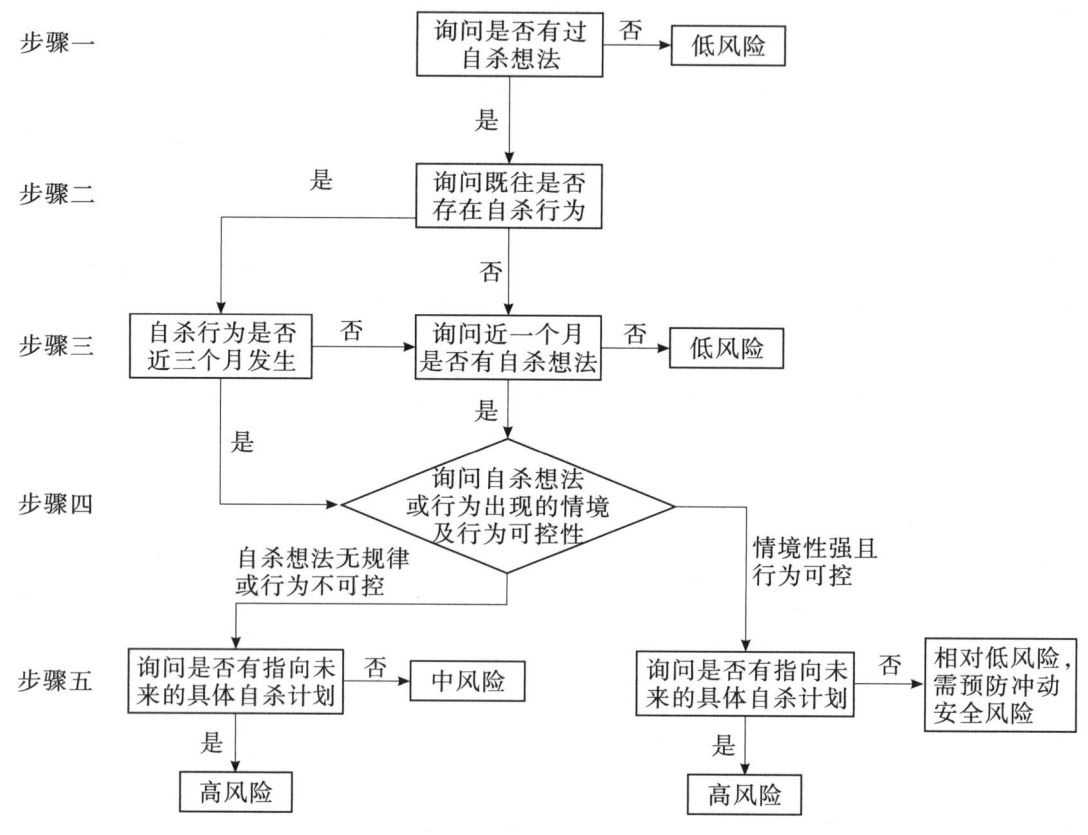

图 3-2 自杀风险评估流程

自杀风险评估流程可分为五个步骤。

步骤一：询问患者是否有过自杀想法。可衔接到患者的情绪症状提问，如："你刚才提到有时会心情很不好，有没有过一些极端的想法，类似不想活了或不如死掉的想法？"若答案为否，如"从未想过"，则患者的自杀风险等级为低风险，无特殊情况的话对该患者的自杀风险及其等级评定结束。若答案为是，则进行第二步。

步骤二：询问患者既往是否存在自杀行为。可衔接到第一步的回答。如："谢谢你告诉我这一点，我确认一下，你有没有做过任何危及你生命安全的行为？"若答案为是，则进入第三步询问患者出现自杀行为的时间点，随后再询问自杀想法相关的细节。若答案为否，则进入第三步询问患者近一个月是否存在自杀想法。

步骤三：询问患者自杀行为是否为近三个月发生的和/或近一个月是否存在自杀想法。此步需分4种情况讨论：

①步骤二既往出现自杀行为，且步骤三提示自杀行为在近三个月出现，则继续进行步骤四评估。

②步骤二既往出现自杀行为，步骤三提示自杀行为并非在近三个月内发生，且近一个月内未出现自杀想法，评定为低风险，评估结束。

③步骤二否认出现自杀行为，步骤三提示近一个月未出现自杀想法，评定为低风险，评估结束。

④步骤二否认出现自杀行为，但步骤三提示近一个月出现自杀想法，则继续进行步骤四评估。

步骤四：仔细询问患者的自杀想法或行为出现的情境及行为可控性。如自杀想法无规律或行为不可控，则按照左边分支进入第五步评估定级；如自杀想法情境性强且行为可控，则按照右边分支进入第五步评估定级。

步骤五：询问患者是否有指向未来的具体自杀计划和准备。若自杀想法无规律或行为不可控，第五步患者否认存在指向未来的具体自杀计划和准备，则风险等级评定为中风险，且做相应风险告知；若第五步提示存在具体的自杀计划和准备，则风险等级评定为高风险，且做相应风险告知。若自杀想法或行为情境性强且行为可控，第五步患者否认存在指向未来的具体自杀计划和准备，则风险等级评定为相对低风险，需预防情境相关的冲动安全风险，自杀风险评估结束；若第五步提示存在具体的自杀计划和准备，则风险等级评定为高风险，且做相应风险告知。

在评估中，如评估患者的安全风险等级为中风险和高风险，笔者团队会向患者及其法定监护人进行风险告知，提供安全风险管理技巧，并签署安全风险告知书。笔者团队目前整理的安全风险告知书如图3-3所示，可供各位读者参考。

2. NSSI行为的访谈评估要点

对于NSSI行为，重点需询问患者实施自伤行为的情境、频率及其功能。儿童和青少年进行NSSI的目的大致可归为4个类别：①回避痛苦的内部情绪体验，即发泄情绪，如"太压抑了，我受不了了"；②获取愉悦的内部情绪体验，即寻求快感，如"看着血流出来感到开心"；③回避痛苦的外部事件，如通过自伤避免家长打骂或回避上学；④获取想要的外部资源，即寻求帮助或关注，如一部分青少年可能通过自伤获取同伴的关注和关心。

3. 伤人风险的访谈评估要点

对伤人风险的访谈评估步骤及等级评定可直接参考对自杀风险的评估，评估既往是否存在伤人行为、近一个月内是否存在伤人意念、伤人意念是否规律、行为是否可控以及是否存在伤人计划或准备。

> 广州医科大学附属脑科医院　　　　　　　儿少门诊心理评估与治疗中心
>
> ### 安全风险告知书
>
> 　　心理师在门诊心理评估或治疗中发现，患者存在自杀风险，且该风险可能对患者的精神心理健康与生命安全造成不良后果，包括但不限于：
>
> ① 患者既往存在自杀（自伤）意念或尝试，可能对自己与他人的生命安全造成威胁；
> ② 患者回家后可能会反复进行自伤自杀尝试，或升级尝试的危险程度，使以后的治疗和康复变得更加困难；
> ③ 其他自伤自杀风险可能造成的不良情况。
>
> 　　心理师特向患者（监护人）对该风险的存在和可能造成的不良后果做出告知。为了防止对患者的精神心理健康和生命安全造成风险，心理师建议患者与监护人采取以下措施：
>
> ① 患者和监护人应咨询并遵从专业的医学建议，积极配合为降低自伤自杀风险必要的治疗；
> ② 监护人应避免对自杀自伤行为污名化或表现出过度焦虑，请在医生指导下理性与患者探讨和引导其自杀自伤行为；
> ③ 监护人应密切陪护，创造安全的家庭环境，警惕患者接触可实施自杀的工具和环境，如刀具、过量药物、高层建筑等，加强关注患者的安全状态；
> ④ 当患者出现难以自我控制的自杀冲动时，可联系危机干预热线020-81899120或广州共青团心理热线12355转2，必要时请立即到精神科急诊就诊。
>
> 我已知悉并收到安全风险告知书　　签收人：＿＿＿＿　　评估人员：＿＿＿＿
> 　　　　　　　　　　　　　　　　　　　　　　　　　　　年　　月　　日
>
> （本页可虚线切开，虚线以下为医生留存）
> ---
> 我已知悉并收到安全风险告知书　　签收人：＿＿＿＿　　评估人员：＿＿＿＿
> 　　　　　　　　　　　　　　　　　　　　　　　　　　　年　　月　　日
>
> 注：签名人须年满18周岁且具有完全民事行为能力，否则请监护人一同签字，患者或监护人拒绝签字时，可由见证人签字。

图3-3　安全风险告知书

【临床启示】当评估中出现有安全风险的孩子，该怎么办？

在评估患者时，常会遇到有安全风险的患者，尤其在情绪障碍评估中多见。我们要保持理性、严谨的态度，根据安全风险评估的流程和规范，仔细询问每一个情况，判断安全风险的程度。患者谈及这些想法或行为时可能会有情绪波动，如流泪或沉默，有些则会比较激动，如攥紧拳头、用手反复抠伤口、向评估师展示既往自伤的伤疤等，评估师切勿有过多的情绪带入，可以给出共情式反馈，例如"你会想到这么做，一定有你的原因，能说说是什么原因吗"，帮助患者总结自杀自伤这个行动化的原因、目的以及看到身边的资源，例如想到保护因素（家人、朋友、未竟的学业和事业等），最后给出安全风险管理的方案，例如管理危险物品、使用代替的方法、去到有人群的地方等，并签署安全风险告知书。

（三）访谈示例及撰写报告

安全风险评估的报告需记录患者目前的安全风险等级及其相关依据，并基于评估结果提供风险管理的初步干预建议。安全风险评估的内容顺序、访谈问题顺序可视情况调整，上述访谈流程和要点并非唯一的有效方式。接下来，将呈现上述案例关于安全风险的访谈过程示例、综合量表结果及访谈情况的报告示例。

1. 安全风险评估稿示例

评估师：听到你提到经常会不开心、焦虑、烦躁，在难过的时候你会有一些消极的念头吗？

【询问抑郁、焦虑情绪后，可以从共情开始，衔接至安全风险评估，以开放式的方式询问，再逐步澄清细节，以完成自杀风险评估的第一步】

孩子：会想过这个事情。

评估师：具体会想些什么呢？

孩子：会想要不然死了算了。

评估师：这么想的时候你应该感到很绝望，你做过真的危及你生命安全的事情吗？

【给予共情并进行自杀风险评估的第二步】

孩子：没有，我不敢做。

评估师：还好你没有这么做，不然我今天没机会见到你了。那你最近一个月出现过这样的想法吗？

【予以正强化，并进行自杀风险评估的第三步】

孩子：我最近经常会出现这个想法。

评估师：这个想法出现的频率具体是什么样子的？

孩子：可能每个星期都有三四次。

评估师：这个想法是没有原因地突然出现的吗？还是说发生了某件事情会让你有这种想法？

孩子：主要是感到很难过的时候吧。

评估师：噢，你只在难过的时候会出现轻生念头，其他时候并不会出现，对吗？

孩子：对。

评估师：那你产生消极念头，是什么原因呢？因为想结束痛苦？引起他人关注？报复别人？还是没有来由的？

孩子：可能主要是为了结束痛苦吧。

评估师：当它出现的时候，你可以控制住自己的行为，不要按想法去做危及生命的行动吗？

孩子：可以，我不会去做的。

评估师：那很好，很高兴听到你不会按想法去采取行动。你有试过什么方法可以停下来不再想吗？

孩子：是，我觉得伤害自己是不应该做的事情，有些时候如果我去玩一下手机，或者是找一些搞笑视频看一下，有可能慢慢就不会想起来了。

评估师：所以好像有的时候你可以成功转移自己的注意力。

孩子：嗯，是的。

【第四步：仔细询问患者近一个月出现的自杀想法频率、强烈程度、出现的情境及行为可控性】

评估师：你有结束生命的具体计划和准备吗？

【第五步：询问患者是否有指向未来的具体自杀计划和准备】

孩子：没有想过。

评估师：你觉得是什么原因使你还想活在这个世界上？让你对生活还有希望？

孩子：可能是我的家人。还有告诉我自己，我只是生病了，积极配合治疗就会好的。

评估师：谢谢你告诉了我这些，确实现在的状态是不好受的。但是我听到你还是希望积极配合治疗，还有家人的理解和支持，他们也是可以给你提供帮助的。再跟你确认一个情况，你有没有做过不是想死但又故意伤害自己身体的一些行为？

【总结自杀风险评估，并转向自伤风险评估】

孩子：没有。

评估师：最后我还想了解一下，你有过一些想伤害别人的想法或行动吗？

【进行伤人风险的评估】

孩子：从来没有过。

【在安全风险评估时，也需要在过程中给予患者足够的共情，以及强化来访者的保护因素】

2. 安全风险评估报告示例

安全风险评估：患者目前安全风险为相对低风险，但需特别预防情境相关的冲动安全风险。量表提示存在自杀风险，访谈中患者否认既往安全风险行为，诉近一个月主要在感到情绪难过时出现轻生念头，频率为每周3～4次，主要是为了结束痛苦，但诉行为可控，自己不会按消极想法行动，保护因素为家人及治疗的希望，否认存在指向未来的安全风险计划及准备。患者否认 NSSI。

三、发育障碍筛查

发育障碍筛查指初步筛查儿童和青少年是否存在智力发育障碍、孤独症谱系障碍、注意缺陷/多动障碍及学习障碍等神经发育障碍。笔者团队对于神经发育障碍的评估分为三个层级，发育障碍筛查是第一层级，面向所有患者进行普筛，费时短但深度有限，所得出的信息通常不足以直接做出诊断,还需进行第二层级和/或第三层级的评估。第二层级的神经发育障碍评估是特定发育障碍评估,主要针对特定的神经发育障碍进行综合心理评估,笔者团队囿于人力,目前仅提供儿童和青少年常见的孤独症谱系障碍和注意缺陷/多动障碍的特定发育障碍评估。第三层级的神经发育障碍评估是深度访谈评估,主要针对临床表现较为模棱两可,评估结果难以明确,需要更系统、细致的评估以辅助明确诊断的患者,目前笔者团队在日常开展的神经发育障碍深度访谈评估主要是孤独症谱系障碍的深度访谈评估,也会在需要时开展 ADHD 的深度访谈评估,但 ADHD 的深度访谈评估尚在不断完善中。

笔者团队完成发育障碍筛查的主要方式为在访谈中对患者的观察、与患者及其家长进行临床访谈。同时,对于常见的神经发育障碍,包括孤独症谱系障碍、ADHD 和学习障碍,也会结合家长和教师根据实际情况所填写的评定儿童和青少年情况的量表结果,以及参考他评工具进行综合判断。

(一) 评估工具

1. 他评量表工具

已有许多用于评定各类神经发育障碍的他评量表,主要由熟知患者情况的家长或教师填写。笔者团队考虑到量表信度、效度及填写时长等因素,目前筛查孤独症谱系障碍选用的是孤独症行为评定量表(Autism Behavior Checklist,ABC);筛查注意缺陷/多动障碍选用的是 SNAP-Ⅳ 评定量表(Swanson,Nolan and Pelham-Ⅳ Rating Scales)-父母版(26 项)和康奈氏儿童行为量表(Conners Child Behavior Scale);筛查学习障碍选用的是学习障碍儿童筛查量表(Pupil Rating Scale Revised Screening for Learning Disabilities,PRS)。

> **知识窗**
>
> 孤独症行为评定量表(ABC)由克鲁格(Krug)等人在 1978 年编制,经过多次修订已成为孤独症筛查和辅助诊断的重要工具,适用于 18 个月~35 岁的患者(也有研究提到适用于 8 个月~28 岁的患者,可能与研究及应用背景相关),一般由家长或长期与患者共同生活的人填写,帮助医生全面了解儿童整体发育状况和心理特征。ABC 共 57 个项目,包括感觉、语言、躯体运动、交往、生活自理 5 个因子。量表有筛查分和诊断分,当总分≥53 分时提示孤独症行为筛查阳性,需进一步评估;当总分≥67 分时,提示可辅助诊断为孤独症。
>
> SNAP-Ⅳ 评定量表-父母版(26 项)由《精神障碍诊断与统计手册(第四版)》(Diagnostic and Statistical Manual of Mental Disorders-Fourth Edition,DSM-Ⅳ)诊断标准编制而来(周晋波,2013),由 26 个条目组成,每条目按 0~3 分进行四级评分:0,完全没有;1,有一点;2,还算不少;3,非常多。量表包括 3 个因子:注意缺陷(条目 1~9)、多动/冲动(条目 10~18)、对立性(条目 19~26),每个因子条目得

分之和除以相应条目数为因子评分,评分越高提示相应症状越重。对于注意缺陷、多动/冲动两个因子而言,任一因子得分为 13 分及以下为"正常",13～17 分为"轻度异常",18～22 分为"中度异常",23～27 分为"重度异常";或任一因子平均分低于 1 分为"正常",大于 2 分及以上为"异常";或任一因子的得分为 2 或 3 的条目数量大于等于 6 项为"异常"。对于对立性因子,得分为 2 或 3 的条目数量大于等于 4 项为"异常"。

康奈氏儿童行为量表(Goyette et al., 1978)适用于 3～17 岁儿童,由 48 个条目组成,每条目均按 0～3 分评定品行问题、学习问题、心身障碍、焦虑、冲动/多动、多动指数 6 个因子,评分越高表明行为出现的频率越高。通过父母或教师的他评方式收集信息,多方面了解儿童的行为表现,减少儿童自我报告的主观性。该量表由唐慧琴等人(1993)引进并修正,在我国儿童群体中进行验证,作为有效筛查儿童行为问题的量表,广泛应用于对 ADHD 患儿的筛查和评估。

学习障碍儿童筛查量表(PRS)是由迈克尔巴斯特(Myklebust H. R.)等人于 1981 年编制推出,并由静进等人(1998)引入并翻译,用于筛查学习障碍可疑儿童,通过教师、医生或家长填写量表评定。PRS 由言语和非言语两个类型评定表及五个行为区组成,包括听觉理解和记忆、语言、时间和方位判断、运动、社会行为,包含 24 个条目。量表总分<65 分即考虑学习障碍可疑儿童,其中 A、B 两个行为区总分<20 分考虑为言语型学习障碍,C、D、E 三个行为区总分<40 分考虑为非言语型学习障碍。

2. 他评访谈工具

笔者团队筛查神经发育障碍时参考了学龄儿童情感障碍和精神分裂症问卷终生版(K-SADS-PL)及简明儿童少年国际神经精神访谈(MINI-Kid)父母版和儿童版。

(二)访谈评估要点

对于神经发育障碍筛查,不仅需要对患者进行观察和访谈,还需要与患者的家长进行访谈,回溯患者 12 岁及更早之前的情况,以便汇总信息进行综合判断和做出诊断。如发现可疑线索,评估师需如实记录,并给予进一步评估的建议。

孤独症谱系障碍和注意缺陷/多动障碍的访谈评估要点参考本章第三节发育障碍综合心理评估的 ASD 核心症状评估及 ADHD 核心症状评估部分。在情绪障碍综合心理评估中,筛查患者发育障碍线索并收集记录相关信息。如有需要,会推荐患者进行特定发育障碍评估,或是进行深度访谈评估,并推荐精神科医生进一步核实和鉴别。

学习障碍的访谈评估要点包括:询问患者及其家长书写和读的困难具体是怎么体现的,邀请患者在现场书写一段文字、读一段课文,进行行为观察。可以邀请家长和患者带上记作业的本子或者过往的作业,了解其日常生活中的行为表现及功能;也需询问组织技能等方面,比如如何安排作业时间等。

（三）访谈示例及撰写报告

对发育障碍筛查的访谈示例参见本章第三节，通常在该评估项目中是粗略筛查，如发现发育障碍的可疑线索，将建议患者进行第二层级和/或第三层级的评估，即特定发育障碍评估和/或深度访谈评估。

四、家庭与环境因素评估

家庭与环境因素评估指结合量表结果和访谈，对患者的成长环境和社会文化因素进行评估，包括家庭关系及环境、同伴关系、校园生活和文化背景等信息。

（一）评估工具

1. 自评工具

笔者团队选用了家庭环境量表中文版（Family Environment Scale-Chinese Version，FES-CV）、父母养育方式量表（Egna Minnen av Barndoms Uppfostran，EMBU）和童年期创伤问卷（Children Trauma Questionnaire，CTQ）评估患者的家庭与环境因素。

> **知识窗**
>
> 家庭环境量表（FES）由莫斯（Moos）等学者编制，共设90道是非题，需要大约30分钟完成，分别评价10个不同的家庭环境特征。该量表由家庭成员自评填写，可以由孩子或父母自评家庭环境。在很多西方国家，FES已广泛应用于描述不同类型正常家庭的特征和危机状态下的家庭状况，评价家庭干预下的家庭环境变化，以及对家庭环境与家庭生活的其他方面进行比较。1991年中国学者费立鹏等人修订了中国版本，在文化和语言上做了适应性的修订。FES所评价的家庭特征包括：①亲密度；②情感表达；③矛盾性；④独立性；⑤成功性；⑥知识性；⑦娱乐性；⑧道德宗教观；⑨组织性；⑩控制性。将每个维度的总分与常模分数作比较，得分高于常模则表示该维度得分高于普通家庭。
>
> 父母养育方式量表（EMBU）是1980年由瑞典于默奥大学精神学系的卡洛·佩里斯（C. Perris）等人共同编制的用以评价父母教养态度和行为的问卷，1993年由岳冬梅等人翻译修订。患者通过回忆来评价父母的教养方式，目前已有中文版问卷，并且具有良好的信效度。量表中包含6个与父亲教养方式相关的因子（情感温暖、理解，惩罚、严厉，过分干涉，偏爱被试，拒绝、否认，过度保护），5个与母亲教养方式相关的因子（情感温暖、理解，过分干涉、过分保护，拒绝、否认，惩罚、严厉，偏爱被试），共包括66题。EMBU采用1~4级评分制，每个题目都有4个选项，分别代表"从不""偶尔""经常""总是"等不同程度的频率或程度。患者根据实际情况作答，

> 将每个维度下所有题目的得分相加，得到该维度的总分，反映父母在该维度上的教养方式特点，并可与常模作对比。
>
> 童年期创伤问卷（CTQ）由伯恩斯坦（Bernstein）等学者于1994年编制并发表，赵幸福（2005）等人将其翻译并在我国儿童和青少年样本中进行信效度检测。该问卷包含5个维度，分别是情感虐待、躯体虐待、性虐待、情感忽视、躯体忽视，个体自我报告自身0～16岁中创伤经历发生的频率。各条目采用五级计分（1分="从不"，2分="偶尔"，3分="有时"，4分="经常"，5分="总是"），分数为条目得分相加，各分量表总分为5～25分，得分越高表示童年期受虐待经历越多，心理创伤越严重。效度条目组成了问题否认倾向分量表，采用二分法计分（5分="是"，计1分；非5分="否"，计0分），用于排除被试作答时否认创伤性经历倾向的影响。

2. 他评工具

笔者团队进行家庭与环境因素评估时未参考具体的他评工具，主要基于家庭治疗相关理论及生态系统理论，结合对儿童和青少年家庭及环境的特点了解，通过访谈评估完成。

（二）访谈评估要点

家庭与环境因素的评估需要对患者及其家属进行访谈，以下内容可作为访谈的基本提纲。

①基本家庭信息：家庭成员、同住人、排行、从小到大的主要抚养人，是否有隔代抚养经历，是否转变环境。

②家庭关系：父母关系、同胞关系、夫妻关系、亲子关系、姻亲关系、其他家庭关系。

③家庭氛围：评估家庭氛围是和谐、紧张，或是疏离清冷等类型。可以让患者描述其家庭氛围，也可以询问患者家庭生活的细节，比如家人平时是否一起吃饭、家庭的共同活动等。

④家庭父母养育方式：是否存在严厉、拒绝、忽视的养育方式，可以从父母关爱及控制两个维度评估。

⑤家庭对患者的病情了解及康复支持：询问家长如何了解、理解患者的状况；询问患者的情绪变化是否和家庭有关，家庭关系对其症状或病情的影响，家庭对其康复提供的帮助。

⑥创伤事件及重大转折性事件。

⑦社会支持系统：同学关系、朋友关系、与老师的关系、其他支持资源，学校或社会中发生的重大事件。

⑧特殊文化因素：生活的地域，家庭中的特殊习惯或习俗。

在对患者家庭进行访谈时，需时刻以系统的视角去看待家庭、学校、社会环境对于患者的影响。有些时候，在系统中的实践并不是简单的因果关系，而是互为循环因果。作为评估师，需要和患者家庭一起梳理家庭中发生的事件，了解父母和患者之间是如何互相影响的。在评估的过程中，也可以对患者家庭进行疾病的心理健康教育及给出养育方式的建议，以资源取向、多元共情的方式对患者的家庭进行反馈。

（三）访谈示例及撰写报告

结合量表评估的结果提示及对家庭的访谈出具报告，提示重要的家庭及环境因素，与患者病情有关的重大生活事件等。评估的内容顺序、访谈问题顺序可视情况调整，上述访谈提纲并非唯一的有效方式。接下来，将呈现上述案例关于家庭与环境因素的访谈过程示例、综合量表结果及访谈情况的报告示例。

1. 家庭与环境因素评估稿示例

评估师：那接下来，我也想问一些关于家庭的情况。现在你家里有几口人一起居住呢？

孩子：四口人。爸爸、妈妈、我，还有我的弟弟。

评估师：你觉得你和家人的关系怎样？

孩子：我觉得一般般，普通家庭吧。

评估师：可以具体讲讲吗？比如分别和爸爸、妈妈、弟弟的关系。

孩子：我觉得跟妈妈的关系好一些，跟爸爸的关系没有那么好。

评估师：跟爸爸的关系没有这么好。是只会经常吵架、有冲突，还是说比较疏离、不太交流？

孩子：比较疏离。有一些事情会跟妈妈说，但是我不太会跟爸爸说自己的事情。

评估师：那你觉得你跟妈妈说了之后，妈妈可以帮助到你吗？她可以理解你吗？

孩子：有些时候可以吧，但是也会跟我讲很多大道理，让我尽力去做就好之类的。

评估师：听起来妈妈讲大道理的时候，好像你会觉得她没能够理解你的感受。那你跟弟弟关系怎么样？

孩子：我觉得一般，因为他跟我差 6 岁，不会玩到一起。

评估师：爸爸妈妈对待你和对待弟弟的方式一样吗？

孩子：有些时候觉得他们会偏心，总是让我让着弟弟，说我是姐姐。

评估师：所以你还是希望爸爸妈妈可以平等地对待你和弟弟。你会如何形容你的家庭氛围或者养育方式呢？

孩子：我觉得是比较传统的中国家庭，他们就是对我比较严格，希望我学习好之类的。

评估师：他们在学习上会对你要求很高吗？

孩子：嗯，他们会让我好好学习，然后要获得好的成绩，从小和我说"万般皆下品，唯有读书高"。但是最近就没有太多要求了。

评估师：他们在你生病了以后，对待你会有一些变化吗？

孩子：嗯，是的，而且我现在学习已经不好了。

评估师：所以好像在你学习成绩不太好之后，他们调整了一下他们的期待？

孩子：他们可能也不敢跟我说了吧。

评估师：生活中的其他方面呢，他们也同样比较严格吗？还是说仅是学习？

孩子：主要在学习方面，有些时候也会管我交朋友，让我不要跟那些不好的同学玩。

评估师：谢谢你告诉我这些。关于家庭的情况，你还有需要补充的吗？比如家庭中发生的重大事情，从小有没有更换抚养人之类的经历？

孩子：没有了，从小到大都是和他们一起住。

评估师：好的。那现在你和朋友的关系怎么样呀？

孩子：现在没有特别好的朋友。

评估师：你现在还在正常上学吗？

孩子：我请了蛮长一段时间的假，我经常不是很想去上学。

评估师：那你在学校时，有一些关系比较好的朋友吗？

孩子：可能只有一个。

评估师：那你请假之后还会和她有联系吗？

孩子：有时候会聊两句，聊聊学校发生的事情。

评估师：你觉得她能支持、理解你吗？

孩子：有些时候她会蛮热心帮助我，有些时候也想要安慰我。

评估师：其他的同学呢，和你的关系怎样？出现过校园欺凌或者是被孤立的情况吗？

孩子：没有的。

评估师：和老师的关系呢？

孩子：普普通通，也没有发生什么。不懂的题我也会去问老师。

评估师：好的。关于你的学校、家庭，或者其他的重要关系人，有其他需要对我补充的信息，或者是成长过程中发生的重要转折点、创伤之类的吗？

孩子：没有了。

2. 家庭与环境因素评估报告示例

家庭与环境评估：量表提示患者家庭亲密度、情感表达、娱乐性低于正常，矛盾性与成功性高于正常；父亲可能过度使用了惩罚、严厉、拒绝、否认的教养方式，在情感温暖、理解方面存在缺失；CTQ 提示可能存在情感虐待和情感忽视方面的童年创伤。患者自述和妈妈关系较好，和爸爸比较疏离，但是妈妈有些时候难以理解自己、爱讲大道理；弟弟比自己小 6 岁，有时觉得父母偏心弟弟；从小父母对自己要求较严格，尤其是在学业、交友方面，在生病后要求降低；无隔代抚养或更换抚养人的经历；在学校只有一个比较好的朋友，和老师关系普通，否认存在校园欺凌或孤立的情况。建议父母调整养育方式，增进对患者的理解与尊重，增强社会支持。

五、心理压力及应对方式评估

心理压力及应对方式评估指结合量表结果和访谈，对患者目前的压力事件及其应对方式的评估。

（一）评估工具

1. 自评工具

笔者团队选用了青少年生活事件量表（Adolescent Self-rating Life Events Checklist，ASLEC）和应付方式问卷（Coping Style Questionnaire，CSQ）评估患者的心理压力及应对方式。

> **知识窗**
>
> 青少年生活事件量表（ASLEC）由刘贤臣等人于1997年编制，并由辛秀红和姚树桥于2015年更新中国常模。该量表为自评量表，适用于青少年尤其是中学生和大学生生活事件发生频度和应激强度的评定，由27项可能给青少年带来心理反应的负性生活事件构成。评定期限可为最近3个月、6个月、9个月和12个月。对每个事件的回答方式应先确定该事件在限定时间内发生与否，若未发生过即勾选该栏，若发生过则根据事件发生时的心理感受分五级评定，即无影响（1）、轻度（2）、中度（3）、重度（4）或极重度（5）。完成该量表约需要5分钟。量表结果包括事件发生的频度和应激量两部分，事件未发生按无影响统计，累积各事件评分为总应激量。
>
> 应付方式问卷（CSQ）由肖计划和许秀峰（1996）编制，共有62题，由解决问题、自责、求助、幻想、退避和合理化6个分量表组成。每个条目有"是""否"两个选项，作答后将各个分量表项目得分相加，总分为该分量表的量表分，平均分为分量表的平均得分，测量每个人的应付行为的倾向性。一些研究将解决问题、求助称为成熟型，退避、自责和幻想称为不成熟型，合理化称为混合型。

2. 他评工具

笔者团队进行心理压力及应对方式评估时未参考具体的他评工具，主要通过访谈评估完成。

（二）访谈评估要点

心理压力及应对方式的评估主要对患者进行单独访谈，结合量表结果，了解其长期和目前面临的压力来源、通常使用什么方式疏解情绪。

在访谈的过程中，需要评估师对儿童和青少年常见的心理困扰有一定了解（通常以学业压力、人际关系、家庭关系为主，同时也有不少在医院就诊的儿童和青少年提到疾病或症状对其产生的影响，如担忧自己的疾病好不了等），并在此过程中提供共情式的反馈。基于患者提到的压力事件及应对方式，形成个案概念化，并给予下一步针对性的心理干预建议。

(三) 访谈示例及撰写报告

结合量表及访谈情况出具报告，提示患者主要的压力来源和对其的影响程度，以及其应对方式等。接下来，将呈现上述案例关于心理压力及应对方式的访谈过程示例、综合量表结果及访谈情况的报告示例。

1. 心理压力及应对方式访谈示例

评估师：接下来我希望了解一些你最近的困扰或者是压力事件。最近一年内，你觉得给你带来困扰或者是压力的事情有哪些？

孩子：我觉得是学习和人际关系吧。

评估师：可以具体说说吗，比如关于学业方面，你担心的是什么？

孩子：我觉得学业对我来说确实压力很大。我也很努力学了，但是我现在学不好。

评估师：好像有些时候会感觉达不到自己的要求？

孩子：我会希望尽可能把这个事情做好，我希望成绩可以更好一点，爸爸妈妈也会对我有这样的要求或者是期待。

评估师：所以这是你和你的家长的共同期待，希望成绩更好一些。

孩子：是的。

评估师：除了学习，人际方面给你带来压力的是什么？

孩子：我觉得就是没有很好的朋友，而且我的同学好像经常都会议论我。

评估师：当你知道你的同学都在议论你时，当时有怎样的感受或者是想法？

孩子：我会有点尴尬和难过，觉得好像我不受别人欢迎，然后好像没有什么人愿意主动跟我玩。我的朋友不多，好像能站在我这边、和我分担压力的人也没有。比如我学习压力特别大的时候，我也不知道和谁说，我担心会给别人带来负能量。

评估师：谢谢你告诉我这些，我在想，当你情绪低落时，找不到可以倾诉的人，好像也只能憋在心里，自己处理，这种感觉确实不舒服。那除了人际和学业，家庭方面，你会有感觉到压力的事情吗？

【在心理压力事件的评估中，要及时地给予患者共情的反馈。但由于评估时间有限，可能没有办法对患者做更多干预，可以向患者表示这个议题是一个很重要的议题，鼓励其在后续的治疗中和治疗师讨论这个议题。另外，在心理压力事件的评估方面，儿童和青少年的心理压力事件以来自学业、家庭、人际方面为主，若患者合作较被动，可以尝试从这几个方面询问患者】

孩子：以前他们会给我蛮多学业上的要求，但是现在感觉比之前好了一些。

评估师：最近家庭方面的压力变小了，好像爸爸妈妈的改变，对于你来说会起到积极的作用。那刚才提到的你的学习压力比较大，还有人际关系上的困扰，你有过什么应对的方法吗？

孩子：我就是躲起来，就（因为）感觉很不自在，所以我很少出门，或者很少跟同学一起玩。

评估师：所以你会选择一个人待着，有情绪也是自己一个人处理。

孩子：是的。

2. 心理压力及应对方式报告示例

心理压力及应对方式评估：量表提示患者一年内在人际关系方面的生活事件刺激量高于正常，自述学业压力大，但无法达到自己及父母的期待；人际关系上觉得没有很好的朋友，常觉得同学议论自己，觉得自己不受欢迎；最常采用的应对方式为回避，建议学习成熟的应对方式。

六、功能与行为评估

功能与行为评估指结合量表结果和访谈，对患者社会功能的评估，包括学习和家庭的表现，如出勤、成绩等；生活主动性，如家庭活动参与度和家务承担情况等；社交情况等；并评估疾病或症状对其各方面社会功能的影响程度。

（一）评估工具

1. 自评工具

笔者团队选用了社会功能缺陷筛选量表（Social Disability Screening Schedule，SDSS）和儿童困难量表（Questionnaire Children with Difficulties，QCD）评估患者的社会功能受损情况及日常生活行为功能情况。

> **知识窗**
>
> 社会功能缺陷筛选量表（SDSS）由我国十二地区精神疾病流行学协作调查组对世界卫生组织（WHO）制定的社会缺陷评定量表的主要部分翻译并修订完成，用于评定患者的社会功能缺陷程度，共包括10个项目，每项的评分为0~2分，0分为无异常或仅有不引起抱怨或问题的极轻微缺陷，1分为确有功能缺陷，2分为严重功能缺陷。评定时参照每个项目的具体评分标准对患者做三级评定，评定范围为最近一个月的行为表现。
>
> 儿童困难量表（QCD）由20个条目组成，关注孩子在一天中不同时间段的行为表现（包括晨起、学校期间、放学后、傍晚、夜间及一天内总体的情况），具体地反映出儿童的功能损害。本量表邀请父母采用0~3分进行评分，0分为完全不同意，1分为有一点同意，2分为大部分同意，3分为完全同意。QCD主要评估孩子在特定时间段社会功能上的困难，分数越高代表日常生活功能和学习过程中遇到的困难越少。总分<35分代表达到社会功能损伤阈值即可疑异常，总分<30分代表社会功能损伤。

2. 他评工具

笔者团队评估患者的社会功能时参考了大体功能评定量表（Global Assessment Function，GAF）。

> 大体功能评定量表（GAF）（Endicott, et al., 1976）假定精神疾病与健康属一连续过程，评估心理症状、社会功能和学习功能三个维度，同时兼顾评定精神病性症状和社会功能，但不包括去提问题（或环境所限）所致的该功能损伤。该量表只有一个项目，分为10级，10分为一个级别，总分为0~100分，评分越高功能越好。

（二）访谈评估要点

功能与行为评估需要对患者及其家属进行访谈，以下内容可作为访谈的参考提纲。

①学业情况：是否休学/请假，休学/请假的原因，是否能坚持上学，是否能完成作业及学业要求，是否能集中上课；

②社交情况：在校和同学、老师相处的情况；

③家庭内活动：与家长的互动、交流，自理能力，承担家庭事务等；

④家庭外活动：出门社交、社会活动等；

⑤其他社会活动：对于已经休学的儿童和青少年，可以补充询问其休学后的主要活动。

在访谈的过程中，也可以询问家长对于患者的观察，或者询问老师对孩子表现的反馈。家长通常观察到孩子外显的行为，并能关注到孩子突出的功能影响。而老师对孩子表现的反馈，也可以帮助评估师了解与同龄儿童和青少年的对比、患者受影响的功能有哪些。有些时候，家长的观察和患者的自我报告并不一致，可以通过提问的方式进一步核实，或者也可从中了解家庭中冲突、不一致的主要议题。同时，有些孩子在访谈中会出于各种原因隐瞒自己的实际情况，通过家长的反馈可以进一步澄清。但需注意的是，也不能只听信其中一方，需要通过询问家长及孩子细节、客观的现象，比如具体到上学上多少天、请假多少天，"从早到晚玩手机"指的是每天孩子使用多少小时的电子产品，以获得客观的反馈。

（三）访谈示例及撰写报告

功能与行为评估的报告需记录患者目前各方面的社会功能是否受损及其受损情况，包括但不限于学习、工作表现，有无逃课、迟到、辍学，成绩如何；生活主动性，做家务、出门社交等；疾病或症状对其日常生活的具体影响，为干预的重点及先后顺序提供参考依据。接下来，将呈现上述案例关于功能与行为的访谈过程示例、综合量表结果及访谈情况的报告示例（笔者所提供的访谈过程和顺序仅供参考）。

1. 功能与行为评估稿示例

评估师：可以告诉我，你请假之后一般在家里干什么吗？

孩子：可能睡觉或者玩手机，有些时候也会画画。

评估师：你是从什么时候开始经常请假的？

【如患者是休学/长期请假状态，应从当时的状态开始询问，了解患者休学前在学校的社会功能，以及休学后的社会功能、自身状态】

孩子：今年10月左右。

评估师：当时是怎么考虑的？

孩子：觉得在学校也学不进去了，很难受，和家里人说我想去看心理医生。我觉得自己可能也需要休息一段时间。

评估师：当时上课、做作业等已经没办法坚持完成了？

孩子：是的，当时坐在课堂上，但是已经没有办法集中听课了，我觉得这样更难受。作业能完成一些，但是经常都觉得好难、好累，想放弃。

评估师：当时成绩怎样呢？

孩子：上个学期，成绩比以前差了一些。这个学期就下降很多了。

评估师：好的，谢谢你告诉我这些。确实，你主动提出来看医生，积极治疗，这会对你的状态恢复有帮助。你刚才提到在家里你可能比较多的就是画画、睡觉、玩手机，你还会做一些家务或者和同学出门玩吗？

孩子：不太会做家务。出门之后也觉得不自在，所以我就很少出门了。

评估师：好的，谢谢你告诉我这些。今天我的访谈到这里就差不多结束了，你觉得关于你的症状、家人和朋友的情况以及自己的状态，还有没有需要对我补充的信息？

孩子：没有了。

2. 功能与行为评估报告示例

功能与行为评估：量表提示患者的社会功能和日常生活行为功能未明显受损，但患者诉从10月左右开始常请假，在校难集中注意力学习，难完成作业，精力欠佳，本学期成绩下降；在家画画、休息、娱乐较多，较少出门社交。

第三节 发育障碍综合心理评估

发育障碍综合心理评估是笔者团队所定义的发育障碍第二层级的评估，即特定发育障碍评估，适用于可疑特定发育障碍的患者。笔者团队目前开展的特定发育障碍评估包括孤独症谱系障碍综合心理评估和注意缺陷/多动障碍综合心理评估，其他发育障碍的特定评估尚在不断摸索和完善中。

一、孤独症谱系障碍综合心理评估

孤独症谱系障碍（autism spectrum disorder，ASD）是一种以社会交往障碍、交流障碍和狭窄刻板与重复的兴趣行为障碍三大核心症状为主的神经发育障碍，DSM-5 指出孤独症谱系障碍的特征是交互性社交交流和社交互动的持续损害（诊断标准 A）和受限的、重复的行为、兴趣或活动模式（诊断标准 B）（美国精神医学学会，2015；陆林等，2018）。孤独症谱系障碍包括早期婴儿孤独症、儿童孤独症、卡纳氏孤独症、高功能孤独症、非典型孤独症、未特定的广泛发育障碍、儿童期瓦解障碍和阿斯伯格综合征（美国精神医学学会，2015）。ASD 通常起病于婴幼儿时期，症状会持续至青少年和成人期，涵盖了多种症状及复杂的表现，患者在不同维度上的能力发展会根据其严重程度、发育水平和生理年龄存在较大差别。

（一）ASD 核心症状评估

由于不同患者在症状特点、严重程度以及共患病情况等可能存在较大差异，ASD 个案的情况往往错综复杂，在评估中常需要使用多种评估工具，需了解横向（患者本人、家长、老师、朋友等多方信息）和纵向（成长发育史）的综合信息，进行对 ASD 症状及功能影响的评定。

1. 评估工具

笔者团队进行 ASD 综合心理评估时，评定 ASD 核心症状选用的他评工具与发育障碍筛查中的孤独症谱系障碍他评工具一样，也是孤独症行为评定量表（ABC），不同之处在于评估师会参考儿童孤独症评定量表（Childhood Autism Rating Scale，CARS）等专病化的他评工具进行更加深入和仔细的访谈，综合评定患者是否存在明显的 ASD 核心症状。

知识窗

> 儿童孤独症评定量表（CARS）由斯考普勒（E. Schopler）等学者于1980年所编制，经过 2 次修订，是孤独症的重要评定量表之一，可结合 ABC 量表一起使用。CARS 适用于 2 岁以上儿童，共 15 个项目，由专业人员对患者和家属进行信息收集及评分，包括情感反应、视觉反应、听觉反应、近处感觉反应、焦虑反应、智力功能、模仿、躯体应用能力、与非生命物体的关系、语言交流、非语言交流、活动水平、人际关系、对环境变化的适应和总的印象等维度。根据评分可将患者初步判断为无孤独症（总分<30分）、有孤独症（总分30分）、轻到中度孤独症（30～36分）、重度孤独症（总分≥36，且 5 项以上≥3分）。

2. 访谈评估要点

笔者团队梳理了 DSM-5 中孤独症谱系障碍的诊断标准，结合儿童和青少年患者常见的临床表现以及访谈中的注意事项，整理了对孤独症谱系障碍患者评估的访谈评估要点，详见表 3-7。

表 3-7 孤独症谱系障碍的访谈评估要点

孤独症谱系障碍的症状特点		临床表现	访谈注意事项
A. 在多种场所下，社交交流和社交互动方面存在持续性的缺陷，表现为目前或历史上的下列情况（为示范性举例，而非全部情况）	1. 社交情感互动中的缺陷。例如，从异常的社交接触和不能正常地来回对话到分享兴趣、情绪或情感的减少，到不能启动或对社交互动做出回应	• 与家长的情感互动少； • 少与家长主动分享自己在学校、生活中发生的事情； • 对他人的互动不敏感，比如当别人不想和其交流，但其仍会黏着对方	（1）症状表现需要出现在发育早期，可询问症状持续时间以及是否在学龄前或更早已经存在；随着成长发育，部分患者可能会学习社交策略，或通过模仿他人的社交方式掩盖当前的症状； （2）需汇总在访谈中对患者的观察以及与患者的交流情况再综合判断； （3）需要考虑与其他障碍的鉴别（主要是强迫症、社交焦虑障碍、精神病谱系障碍、智力发育障碍等）； （4）需考虑成长过程中家长的养育方式、家庭氛围、隔代抚养经历、童年创伤及更广泛的文化背景对患者的影响
	2. 在社交互动中使用非语言交流行为的缺陷。例如，从语言和非语言交流的整合困难到异常的眼神接触和身体语言，或在理解和使用手势方面的缺陷到面部表情和非语言交流的完全缺乏	• 眼神接触及对视不佳； • 较少表现出与情绪相适应的面部表情； • 较少表现出使用姿势如手势辅助的表达	
	3. 发展、维持和理解人际关系的缺陷。例如，从难以调整自己的行为以适应各种社交情境的困难到难以分享想象的游戏或交友的困难，再到对同伴缺乏兴趣	• 交友意愿不强； • 比较难在同龄人中交朋友； • 喜欢独处多于喜欢集体活动； • 缺乏维持关系的技能； • 难理解社交中的"惯例"或"常识"； • 过分较真，容易将玩笑话当真，可能被他人利用； • 察言观色能力欠佳或对话里有话的场景较难理解； • 单方面喋喋不休	

续上表

孤独症谱系障碍的症状特点		临床表现	访谈注意事项
B. 受限的、重复的行为模式、兴趣或活动，表现为目前的或既往的下列2项情况（以下为示范性举例，而非全部情况）	1. 刻板或重复的躯体运动，使用物体或言语。例如，简单的躯体刻板运动、摆放玩具或翻转物体、模仿言语、特殊短语	● 不寻常的习惯动作，比如来回摆动手、摆动身体、身体转圈、开关灯、玩物品； ● 重复他人说的话，像是"鹦鹉学舌"	同A
	2. 坚持相同性，缺乏弹性地坚持常规或仪式化的语言或非语言的行为模式。例如，对微小的改变极端痛苦、难以转变、固化的思维模式、仪式化的问候、需要走相同的路线或每天吃同样的食物	● 无法忍耐计划、习惯或常规的微小改变，对此感到心烦； ● 喜欢同样的位置、同样的衣服、同样的食物等	
	3. 高度受限的、固定的兴趣，其强度和专注度方面是异常的。例如，对不寻常物体的强烈依恋或先占观念、过度的局限或持续的兴趣	● 有一些异于普通同龄孩子的兴趣（通常在临床中发现ASD孩子的特殊爱好包括地铁、公车、列车时刻表、飞机、数学、物理等）； ● 对某一局限的主题或兴趣特别专注、钻研，或家长感觉"过于着迷"（通常不包括对电子产品或游戏的专注）	
	4. 对感觉输入的过度反应或反应不足，或在对环境的感受方面有不同寻常的兴趣。例如，对疼痛/温度的感觉麻木，对特定的声音或质地的不良反应，对物体过度地嗅或触摸，对光线或运动的凝视	● 对感觉的输入特别敏感，对声、光或布料材质敏感； ● 对周围环境的改变毫无知觉，比如温度、疼痛的知觉； ● 喜欢触摸、闻某些物品	

3. ASD 核心症状访谈示例及撰写报告

(1) ASD 核心症状访谈稿示例

评估师：你好，我是××心理评估师，我们今天要进行的是综合心理评估，我在跟你们谈话的过程中会同时使用电脑记录一些关键信息，谈话结束后会根据你们提供的信息结合量表结果出一份综合报告，请你们如实跟我聊聊情况，好吗？

【评估师先自我介绍，然后可以了解患者的基本信息，比如年龄、年级等，以下省去】

【以下进行 ASD 核心症状的评估，可以从目前的社交状况开始询问】

评估师：你现在在读高一，那你在学校里跟同学和老师相处得怎么样？

孩子：我喜欢找老师聊天，但那些同学素质太低下，学习态度也不端正，我一点都不喜欢，我很讨厌他们。

评估师：听起来你跟老师比较聊得来，但跟同学合不来，那你有好朋友吗？

孩子：没有。

家长：×××不是你的好朋友吗？

孩子：(音量变大) 他昨天都不交作业，还和别人来骂我，我跟他绝交了！

评估师：我听到你很气愤，可以先消消气。我可以继续问你一些问题吗？

【患者对于家长问的问题有明显情绪，在评估中可尝试明确邀请患者冷静下来，因为此时如果继续问，ASD 明显的患者可能会情绪愈演愈烈，导致评估不能进行下去】

孩子：好的。

评估师：你感觉很难跟别人去建立关系、维持关系吗？

孩子：是。

评估师：好的，那一直以来你在社交上都比较需要家长操心吗？

孩子：从幼儿园开始就需要（家长操心），可能是不会交朋友。

评估师：你可以展开说说吗？

孩子：我当时可能认为我不需要有朋友，也不知道什么是朋友。小时候可能会比较呆之类的。

评估师：从小在社交能力上，你们觉得孩子有一些困难吗？

【询问孩子后，可以转向询问家长的观察】

孩子：可能在四年级以前？我那时候出去外面很喜欢穿长袖，我也不知道为什么，就是怕别人看到我之类的。

家长：他的语言表达能力不太好，3 岁之前还不明显，3 岁多到 8 岁这段时间他是口吃的，而且他的口吃是断断续续的。能明显感觉他不是学的，像是"脑子没发育好"的感觉，过一段时间他就好了，再过一段时间又开始口吃，然后又好了，后来好的时间越来越长，但是现在偶尔情绪激动的时候也会有一点点。他经常会对我说"我不知道应该跟人说什么"。妹妹和他不太一样，他妹妹的表达是非常好的。

【询问患者社交能力时，家长回答的是与语言发展相关的内容。但语言发展或语言应用也是 ASD 评估中需要关注的维度，所以没有刻意打断。同时，询问成长发育史时，家长主动提出的话题，有可能是在当时较为突出的特点，或者是与同龄人相比不太一样的特点，也需要进一步询问及评估】

孩子：我玩"狼人杀"① 的时候也是，明显有点猜到别人是狼人，但是我就是说不出来，然后别人怀疑我。

评估师：怀疑你什么？

家长：玩那个游戏，他是觉得他没有表达出他想表达的，或者他不知道应该怎么去表达。

评估师：你觉得妈妈说的和你的实际情况一致吗？

孩子：是的，不知道该怎么说，好像我不知道怎么表达出我想要的意思。

评估师：他年纪多大时会说话的？

家长：将近2岁吧，比普通孩子稍微晚一点，不知道是不是发育迟缓，但是我又觉得他不算很迟缓那种。

评估师：他多大会走路呢？

家长：一岁多一点。

评估师：他从小走路走得好吗？还是说经常不太"稳"？或者可能有一些奇怪的走路姿势，比如踮起脚之类的？

家长：小的时候会踮着脚走路，而且一定要走直线。我们因为这个还骂过他，但他也改不了，还会跟我们闹情绪。

评估师：那他小时候在跟别人的交流上，比如说跟人一来一回的这种交往怎么样？

家长：我觉得不算太好，小学之前我一直都觉得他的社交能力不好，和班上同龄人相比比较明显。因为他当时上的那个幼儿园很好，老师非常注意引导他们的社交能力，但是即使这样，我都觉得他的社交能力应该是班里倒数的。

孩子：我都不记得幼儿园发生的事情了，我记忆中就是别人要我的玩具车，然后我没给。

家长：对，他确实记忆力也不是特别好，但是比如说让他背课文，我觉得也不算差。

孩子：很容易忘，我今天背下来，然后过两天就忘了。

评估师：谢谢你们告诉我这些，我再确认一下，是你（家长）自己觉得他在幼儿园的时候社交能力在班里倒数，还是老师这么跟你讲？

【当患者和家长聊到了其他的话题，可以适当拉回评估会谈的主题】

家长：老师也会跟我讲，老师一直跟我说他"晚熟"，幼儿园老师也跟我说他"晚熟"，然后初中老师也跟我说他"晚熟"。

评估师：好的，明白。他小时候，喜欢和你分享他在学校发生的事情吗？

家长：很少，他表达不太清楚。

---

① 一种多人社交逻辑推理游戏，分为"平民阵营"和"狼人阵营"，各位玩家间不知道对方的身份，需要通过角色扮演游戏及语言社交的过程达成游戏的目标。

评估师：和人讲话时，眼神会对视吗？

家长：一直很少眼神对视，经常就像现在这样低着头。

评估师：他和你们的情感互动方面怎样？比如表达自己的情绪情感，理解和关心家人之类的。

家长：不太好，很多时候"傻傻的"，也很少主动关注和关心我们。

评估师：他会有一些比较特别的社交模式吗？比如有些时候别人对他不耐烦了，但是他还是很坚持要去黏着对方。

家长：对，初三的时候他老去找一个同学，这位同学都表示不想跟他玩了，他还是一直去找对方，非要教对方数学，后面搞得很不愉快，双方家长要一起出面解决这件事情。后来他还是觉得忿忿不平。

孩子：我还用我的方式报复他了。

家长：对，当时他拉了一个陌生人的群专门骂他，初中毕业了才停止，最后也解散这个群了。

【以下询问受限的、重复的行为模式、兴趣或活动】

评估师：好的，那他有没有一些重重复复要做的事情，或者他一定要按什么规定做一些什么事情呢？

家长：有，他一定要买齐各种笔和地铁、高铁模型，而且包装盒、快递箱都不让扔，一定要堆放在一起，也不准我们收拾，导致家里那个地方乱七八糟的。而且，就像他刚才说的，他认为作为学生一定要认真做作业，不能抄答案，上晚自习一定要安静，也因为这些他会跟同学发生矛盾，他有点喜欢多管闲事。

评估师：他吃东西有没有要求必须吃什么？

家长：比较挑剔，早餐他一定要吃2个水煮鸡蛋，不管什么情况都不能更改。

评估师：好的，明白。兴趣爱好方面，他有没有只喜欢某一个事物？

家长：他很喜欢地铁和高铁，也很关注时事，他对其他国家核废水的排放感到非常生气和害怕，并且从那开始就不准我们家吃海鲜。

评估师：他对地铁、高铁和时事的痴迷会比别的孩子更过度吗？

家长：我觉得会。

评估师：好的。他体育方面怎么样？

孩子：不好。

评估师：从小运动协调能力好吗？

孩子：我现在跳绳是一年级的水平，我一年级跳绳跳150个，现在也是跳150个。

家长：其实我觉得他的协调能力没有那么差，比如说现在的体育成绩也不是全班倒数。

孩子：跳绳确实是倒数。

评估师：比如系鞋带这些呢？

家长：做不好。系鞋带这种就是需要一点技能，他做不好。

评估师：好的，明白了。会不会有些时候，你跟他说什么他感兴趣的东西，他会持续不断地说?

家长：会，他会重复说话，小学和幼儿园的时候会有点明显，你会觉得他就像复读机一样，不停地跟你说，而且还要你认真听。

评估师：你们之前带他去看过（医生）吗？

【对于发育障碍的评估，也需要了解过往是否曾因发育问题就诊，是否曾进行相关干预】

家长：口吃的时候去看过。因为我们有一个同事，他的孩子是自闭症（即 ASD），其实我怀疑过，带他去看了。然后当时的医生也没有说什么，让我们去进行过一段时间的训练，那时医生只是说他的节奏不好，就是让他练节奏。

评估师：所以之前也筛查过。你觉得他察言观色的能力好吗？

家长：很不好，就是"读不懂空气"。

评估师：（转向孩子）你会不会容易把别人的玩笑当真？

（孩子点头）

家长：会，他很容易把别人的玩笑当真，过后他又会对开玩笑的人发脾气，要去报复别人。

评估师：听你们提到，目前孩子好像也有一些社交困难，另外，似乎不太会察言观色、很难去解读别人的一些非言语的信息，也不知道怎么表达自己和做出恰当的反应，而且对规则会"过分"遵守，很少弹性，要求别人也遵守，导致容易跟人发生冲突；特别沉迷地铁、高铁和时事，很少关注和关心他人，有些重复行为，运动协调能力不好。你们同意吗？或者还有什么补充吗？

家长：对，有什么药物可以治疗吗？

评估师：听到你很希望能帮到孩子，不过目前还没有专门用于改善 ASD 核心症状的药物，我们这里有一些社交技能培训，适合他参加，晚点我会具体向你们介绍。

（2）ASD 核心症状评估报告示例

ASD 核心症状评估：量表提示存在 ASD 可能，访谈中了解到患者大概 2 岁会说话，有过"口吃"但现在好转很多，和妹妹相比，语言发展的速度稍慢一些；小学之前社交不佳（家长诉和同龄人相比可能在班里倒数），社交的情感需求不高，对话时眼神对视欠佳，和家人情感沟通和表达较少，察言观色能力欠佳，会读不懂别人开的玩笑，目前也没有很好的朋友；僵化地执行规则和要求他人遵守规则，为此与同学多次发生冲突；有时像复读机一样重复说话，每天早上都要吃 2 个鸡蛋，曾踮着脚走路，一定要走直线；痴迷地铁、高铁和时事，很少关注和关心他人；运动协调能力尚可，系鞋带等精细运动能力欠佳。访谈中可见患者几乎没有眼神对视，说话语调平淡，反复用手搓嘴角。综上，本次评估提示患者存在较多 ASD 核心症状。

（二）其他发育障碍筛查

其他发育障碍筛查指初步筛查儿童和青少年是否存在 ASD 之外的神经发育障碍，笔者团队目前主要筛查的是智力发育障碍、ADHD 和学习障碍。对于 ADHD 和学习障碍的筛查详见本节第二部分及第二节。对于智力发育障碍的初筛，笔者团队主要使用韦氏儿童智力量表-第四版（WISC-Ⅳ）。

知识窗

韦氏智力测验是由大卫·韦克斯勒（David Wechsler）编制而成，是目前国际上使用最广、被公认为最权威的个人智力测验之一。为了更好地适应不同年龄段孩子的认知水平、生活经验，韦氏智力测验根据年龄段划分为幼儿智力测验（Wechsler Preschool and Primary Scale of Intelligence，WPPSI，适用于 4~6 岁），儿童智力测验（Wechsler Intelligence Scale for Children，WISC，适用于 6~16 岁），成人智力测验（Wechsler Adult Intelligence Scale，WAIS，适用于 16 岁以上）。智力测验包含言语智力与操作智力两个部分，以张厚粲（2008）修订的中国版韦氏儿童智力量表-第四版（WISC-Ⅳ）为例，包括 10 个核心测验和 4 个补充测验，合成四个分数，分别为言语理解指数（VCI）、知觉推理指数（PRI）、工作记忆指数（WMI）和加工速度指数（PSI）。四个合成分数进行再组合，构成一般能力指数（GAI）和认知效率指数（CPI），最终合成总智商（FSIQ）。全部测验均由经培训并获得主试资格的人实施。测验结果输入 WISC-Ⅳ 专用软件完成分析。总智商分为七级：非常优秀（>130）；优秀（120~129）；中上（110~119）；中等（90~109）；中下（80~90）；临界（70~79）；非常落后（≤69）。

（三）其他维度评估

孤独症谱系障碍综合心理评估除了评估 ASD 的核心症状和筛查其他发育障碍之外，还需对患者的情绪症状、安全风险、家庭与环境因素以及功能与行为进行评估。评估及访谈要点参考本章第二节，此处不再赘述。

二、注意缺陷/多动障碍综合心理评估

ADHD 是一种常见的慢性神经发育障碍，核心症状为注意缺陷、多动/冲动，常起病于儿童期，但核心症状会持续到成人期，不同程度地损害患者的学业、社交等功能（美国精神医学学会，2015）。不少 ADHD 患者还有可能共病对立违抗、孤独症谱系障碍、学习障碍、情绪障碍等精神障碍。因此，多维度、系统的综合评估对于 ADHD 患者的理解和干预是非常必要的。

（一）ADHD 核心症状评估

1. 评估工具

笔者团队进行 ADHD 综合心理评估时，评定 ADHD 核心症状选用的他评工具与发育

障碍筛查中的 ADHD 他评工具一样，也是 SNAP-Ⅳ 评定量表 - 父母版（26 项）和康奈氏儿童行为量表，不同之处在于评估师会参考持续性操作测验（Continuous Performance Test，CPT）结果，再结合访谈和观察结果，综合评定患者是否存在明显的 ADHD 核心症状。

> 持续性操作测验（CPT）由里索尔德（Resolvd）于 1956 年首创。在测试过程中不断地对受试者进行声音或视觉刺激，并记录受试者的反应情况，包括用对反应的漏报数和错报数来表示。CPT 近几十年内发展出了不同变式，如 IVA-CPT（Integrated Visual and Auditory Continuous Performance Test）测试软件、日本太田克（2000）研发的 CPT 测试软件等。目前笔者团队应用的 CPT 除了传统的电脑按键行为测试外，也使用了虚拟现实设备进行 CPT，使得患者可以在身临其境的教室场景进行测试。但不同的变式中设计的基本原理都是一样的，主要评估 ADHD 儿童和青少年患者的注意力水平。

2. 访谈评估要点

对于 ADHD 儿童和青少年，结合父母或主要抚养人的访谈信息及观察，了解其 12 岁之前的表现是十分有必要的。对于表述能力尚可的儿童和青少年，可以先进行本人的访谈。在对孩子访谈的部分结束后，再邀请家长进入会谈，补充家长对孩子的成长发育史中相关症状的观察和证实孩子在访谈中提到的现象，形成相对客观、准确的报告。同时，可以结合患儿在校表现、老师反馈情况等访谈信息，以及量表、行为观察、行为测验等评估形式，形成全面综合的评估报告。

评估师需结合 DSM-5 的诊断标准，识别注意缺陷症状及多动/冲动症状条目在患儿日常生活各场景中的体现，具体包括行为出现在哪些场合、在什么情况下出现，也可以让父母举例，结合患儿自己的解释，了解这些症状发生的先后顺序、是否有更好的原因解释等，以及这些症状的严重程度、与患儿主诉的相关性、对患儿社会功能的影响程度。笔者梳理了 DSM-5 中 ADHD 的诊断标准和 SNAP-Ⅳ 的维度解析，结合儿童和青少年患者常见的临床表现以及访谈中的注意事项，整理了对 ADHD 症状评估的访谈评估要点，详见表 3-8 和表 3-9。

表 3-8 ADHD 的注意缺陷症状的访谈评估要点

ADHD 的注意缺陷症状特点	临床表现	访谈注意事项（与孩子及家长）
①经常不能密切关注细节，在作业、工作或其他活动中犯粗心大意的错误	• 写作业、考试时经常漏题、字迹潦草； • 总是显得马马虎虎、囫囵吞枣、应付了事； • 难以关注细节	• 询问做各种事情时是否忽视或遗漏细节，工作不精确，粗心大意

续上表

ADHD 的注意缺陷症状特点	临床表现	访谈注意事项（与孩子及家长）
②在任务或游戏活动中经常难以维持注意力	• 在听课、写作业或对话时容易分心； • 显得三心二意，想法很多，没办法专注当前任务； • 经常很随意地从一件未完成的事情跳到另一件事情上	• 询问是否在听课、写作业或对话时难以维持注意力； • 情绪障碍、精神病或其他因素可能会影响注意力，需仔细鉴别这些障碍、因素所带来的注意缺陷与 ADHD 的注意缺陷
③当别人直接与其交谈时，经常表现出未在倾听的样子	• 即使在没有任何明显干扰的情况下，总是显得心不在焉，似听非听； • 明显发呆、走神等； • 感觉处在"脑雾"	• 询问患者在别人说话时能否认真听，是否出现听得断断续续、不作回应，或表现出似乎未在倾听的情况； • 访谈中也观察患者是否认真听评估师讲话
④经常不遵循指示以致无法完成作业、家务或活动	• 开始任务后很快失去注意力，容易分神等； • 容易偏离原来的方向； • 做事情总是虎头蛇尾，三分钟热度	• 询问是否常不按指令行事，做事虎头蛇尾； • 家长是否喊不动孩子做事； • 访谈中观察患者是否听指令
⑤经常难以组织任务和活动	• 难以管理有条理的任务，时间观念不佳； • 难以把材料和物品放得整整齐齐，生活环境显得很乱	• 询问孩子是否整个人比较混乱，对事情缺乏组织和梳理； • 询问生活和学习中是否难以管理有条理的任务，不收拾东西，物品不归位等
⑥经常回避、厌恶或不情愿从事那些需要精神上持续努力的任务	• 一提到脑力任务就有很多理由拖延； • 畏难明显； • 对于文字工作启动困难等； • 在需要长期努力的任务中投入不充分或半途而弃	• 可询问学校作业或家庭作业的完成情况；对于年龄较大的青少年和成年人，则询问准备学业或工作报告、完成表格或阅读冗长的文字等的情况
⑦经常丢失任务或活动所需的物品	• 经常丢失学校的资料、铅笔、书、工具；个人所需的钥匙、眼镜、手机等； • 显得健忘，经常在找东西	• 可询问孩子和家长是否经常丢失学校的资料、铅笔、书、工具、钱包、钥匙、文件、眼镜、手机等
⑧经常容易被外界的刺激分神	• 很容易被外界不重要或不相关的事物分心； • 写作业时容易被外部声音或房间外的动静转移注意力	• 对于年龄较大的青少年和成年人，还可能因与正在做的事情不相关的想法而分心

续上表

ADHD 的注意缺陷症状特点	临床表现	访谈注意事项（与孩子及家长）
⑨经常在日常活动中忘记事情	• 忘记梳头或刷牙（而非故意不刷）； • 忘记约会、交作业、交水电费等； • 忘记关门、丢垃圾； • 总是需要被提醒	• 可询问做家务、外出办事等场景中的表现；对于年龄较大的青少年和成年人，则询问回电话、回信息、扔垃圾等日常琐事

备注：注意缺陷症状中 6 项（或更多）的上述症状持续至少 6 个月，且达到了与发育水平不相符的程度，并直接负性地影响了社会和学业、职业活动。年龄较大（17 岁及以上）的青少年和成年人，至少需要符合上述症状中的 5 项

表 3-9　ADHD 的多动/冲动症状的访谈评估要点

ADHD 的多动/冲动症状特点	临床表现	访谈注意事项
①经常手脚动个不停或在座位上扭动	• 有很多身体动作、小动作等； • 手脚不安分地晃动，身体扭动、抖腿等	• 可以在评估中现场观察患者行为，或询问患者在等待时的表现，在评估报告上客观描述
②当被期待坐在座位上时却经常离座	• 上课时擅自离开座位； • 不能很好地参加需要久坐的活动； • 吃饭时间无法安坐，需要追着喂饭	• 询问患者在教室、办公室或其他场所，或者在其他情况下需要保持待在原地时，会不会离座； • 情绪障碍、精神病或其他因素可能导致患者坐立不安，需仔细鉴别这些障碍/因素所带来的多动/冲动与 ADHD 的多动/冲动
③经常在不适当的场所跑来跑去或爬上爬下	• 不分场合地乱跑乱动等； • 爬窗、钻到桌子底下等	• 对于青少年和成年人，可仅限于感到烦躁、坐立不安
④经常无法安静地玩耍或从事休闲活动	• 除非感兴趣或在监管的情况下，否则难以进行安静的阅读等活动； • 喧闹和捣乱，常在不该大声喧哗的地方吵闹	• 询问患者对哪些事情感兴趣，花费多长时间，在做这些事情时能否安静下来
⑤经常"忙个不停"，好像"被发动机驱动着"	• 精力感觉用不完，好像身体里装上了马达； • 感觉很忙，总要做点什么，很难安静下来	• 可在访谈中观察患者是否"忙个不停"，以及患者在访谈室中的行为，如实写到报告中

续上表

ADHD 的多动/冲动症状特点	临床表现	访谈注意事项
⑥经常讲话过多	• "话痨"; • 在课上跟同学经常讲话; • 滔滔不绝地分享	• 可在访谈中观察和/或结合老师、家长、同伴的行为观察判断
⑦经常在提问讲完之前就把答案脱口而出	• 忍不住地插嘴、接别人的话; • 不能等待交谈的顺序	• 在访谈中可进行行为观察,能否等待提问顺序,是否还没提问完就已经开始抢先回答
⑧经常难以等待轮到自己	• 当排队等待时显得很没有耐心; • 玩游戏时要抢先; • 做事容易厌倦,显得很不耐烦	• 询问排队等待、玩游戏等场景的表现
⑨经常打断或侵扰他人	• 经常打断他人说话、正在做的事情等; • 未经询问或允许就开始使用他人的东西; • 对于青少年和成年人,可能会侵扰或接管他人正在做的事情	• 观察访谈中患者是否打断评估师说话,是否在评估室未经允许就乱动东西等
备注:多动/冲动症状中 6 项(或更多)上述症状持续至少 6 个月,且达到了与发育水平不相符的程度,并直接负性地影响了社会和学业、职业活动。这些症状不仅仅是对立行为、违拗、敌意的表现,也可能是因为不能理解任务或指令。年龄较大(17 岁及以上)的青少年和成年人,至少需要符合上述症状中的 5 项		

3. ADHD 核心症状访谈示例及撰写报告

(1) ADHD 核心症状访谈稿示例

评估师:你好,我是××心理评估师,我们今天要进行的是综合心理评估,我在跟你们谈话的过程中会同时使用电脑记录一些关键信息,谈话结束后会根据你们提供的信息结合量表结果出一份综合报告,请你们如实跟我聊聊情况,好吗?

【评估师先自我介绍,然后可以了解患者的基本信息,比如年龄、年级和上学出勤情况等,再进行 ADHD 核心症状的评估】

评估师:你今年读几年级啦?

孩子:七年级,马上升八年级了。

评估师:那你有没有每天都去上学?有没有迟到或者不想去的情况?

孩子:没有啊,我天天都很早起床,妈妈叫我。

评估师:这么棒。那你上课有没有认真听课?

孩子：经常走神，从小到大都是，老师都说我不能在座位上安定地坐好，而且老师经常说我很粗心。

评估师：你为什么说自己是一个粗心的人呢？

孩子：我数学考试的时候总是会因为一些很离谱的错误出现比较大的丢分，明明都是会的题目。

评估师：比如说？

孩子：比如说计算。

评估师：是那种很难的计算还是什么样的情况？

孩子：都有。

评估师：就算一些简单的计算你可能也会搞错，是这样吗？

孩子：如果出现更繁琐的符号时，错误会更多一点。

评估师：是别的同学一般不会错的地方吗？

孩子：我的同学一般都是成绩比较好的。如果我不粗心了我也不会错啊。

评估师：那如果你上课没有认真听的话，成绩怎么保持呢？

孩子：所以我的成绩在这个重点班里不是很好。

评估师：好的，谢谢你告诉我这些。你做了注意力电脑测试，你觉得自己表现得怎么样？

孩子：我觉得我注意力应该低于标准，很难集中精神，觉得很无聊。

评估师：好的。你觉得对你来说难吗？还是挺简单的？

孩子：挺简单的。

评估师：好的。从报告上来看，你好像平常很容易受到一些视觉刺激的干扰。

孩子：听觉也会有。

评估师：听觉也会有，但我看你的测试报告，好像声音不是很大的话，对你来讲注意力是有提高的，当声音慢慢增加到比较大的时候，对你的注意力就有比较大的影响了。

孩子：就是比如说我在写作业的时候，只要有人讲话，我就会凑脑袋过去看。

评估师：对，那这个可能就是太大声了，但是如果你稍微放一点音乐之类的，不会那么干扰你的，有可能促进你学习？

孩子：是。

评估师：好的。你容易弄丢东西吗？

孩子：小时候容易，现在也容易。

评估师：你一般都弄丢什么呀？

孩子：笔、尺子都会莫名其妙弄丢。我也不知道怎么丢的。

评估师：那你家人对你这些情况是什么态度呢？

孩子：就是会说一下，让我整理好，不要放得那么乱七八糟。

评估师：不会因此经常批评你，是这样吗？还是比较能理解你的。

孩子：是。

评估师：那蛮棒的。在平时的生活中，你能记得你该做的一些事情，并且认真去做好吗？

孩子：很多时候不能。但是只要是别人，比如说我朋友委托给我的，我会很用心地把它做好。

评估师：比如说洗澡、刷牙这些你能自觉做好吗？

孩子：有时候会，但有时候，刷牙，一周可能会忘记1~2次。

评估师：特别容易忘记事情，是吗？

孩子：嗯。

评估师：你刚刚说小时候老师说你在位置上很难好好坐着。我看你在评估的过程中，坐得还蛮不错的，在日常生活中呢？

孩子：怎么说呢，如果是别人跟我一对一、面对面坐着的话，我会坐得比较好，但是如果是在班级上，老师注意力是分散的，那我就会放松。

评估师：原来是这样。你小时候写作业能认真做吗？还是要家长来提醒，你才做？

孩子：一年级的时候我是去外面玩一会儿才回来做作业的，但是作业也能完成。有些时候需要家长监督，到现在，就会有作业写不完的情况。

评估师：你小时候，比如说写作业，你想要去写，很快就能去写了，还是什么样的情况？

孩子：我一定要先去外面玩一会儿，天黑我再回来写，但是那时候作业不是很多，所以也能应付过来。但是现在，平常别人写一个半小时的作业，我可能要写两个半小时，我的数学写得会比别人慢很多。

评估师：有什么原因吗？

孩子：我老怕自己算错，就算是写了一个很简单的算式下来，然后我怕算错了，我又回去看一遍，但其实就算这样我还是有时候会错，错误率还是比别人高。

评估师：好的，明白了。你做事情拖拉吗？

孩子：拖拉，有时候不想做就会躺在座椅上。

评估师：别人也说你做事拖拉吗？

孩子：妈妈有时候会说我比较拖拉。

评估师：你时间观念好不好呢？

孩子：不太好。我会估计错时间，比如说给自己估晚个十几分钟，以为没有隔多久，但是事情有时候就耽误了。

评估师：那暑假作业、寒假作业你一般是在什么时候去完成的？

孩子：如果是让我自己自觉的话，我可能会一直拖，但是现在有爸爸妈妈管我，所以我现在每天都做。

评估师：好的。你会特别怕困难，甚至不愿意做一些比较费脑子的事情吗？

孩子：是的，比如说学校的集体活动我就不愿意去。（它们）有可能浪费我的时间。

评估师：这样啊，老师有没有说过你什么？

孩子：说我容易忘东西，还有上课走神，盯着黑板看着老师手上的粉笔，注意力都到粉笔那里去了。

评估师：你一直以来能遵守课堂纪律吗？

孩子：就是不讲话之类的吗？有时候还是会转过头去跟别人讲话，不过因老师而异。如果上课气氛比较轻松，有时候我就会跟别人讲话；如果别人一直在盯着我，那我就只会走神，自己发呆，但是不会跟别人讲话了。

评估师：明白了，就是外面有一些声响，你还是很容易受影响，对吧？

孩子：是的。

【完成患者本人的访谈后，可以进行家长的访谈，需要从家长的角度收集患者成长史的信息，以及了解其幼年是否存在相关症状表现】

评估师：刚才孩子跟我讲了挺多他的一些情况了，他讲的还是挺清楚的。有一些我跟你再确认一下。他自己说他从小上课是容易走神的，是这样吗？

家长：是的。

评估师：老师也确实反映过这样的问题？

家长：对。其实从小学一年级开始老师就反馈过，但是我当时觉得可能长大一点就好了。幼儿园的时候其实也有点走神，就是比如说你喊他，他没有什么反应。

评估师：没有什么反应是指他不太理人吗？

家长：他听不见我们喊他。然后上课也是，习惯很不好。

评估师：习惯很不好，是指什么呢？

家长：比如说，听讲不是特别专心，然后写作业也写得不是很好。老师也会觉得他习惯很难养成。比如说让他进门以后换一下拖鞋、把鞋子摆好这个事情，我觉得都教了不下三四百次。

评估师：就是他生活琐事非常不上心？

家长：对啊，包括洗完澡以后让他把衣服放到洗衣机里去，就这个事情，不知道说了多少次啦！

孩子：有时候是懒的。

评估师：怕太麻烦，是吗？

家长：对，畏难也很明显，稍微有一点点挑战性的事情就不愿意做。这一次，如果老师没有频繁"投诉"，我可能都不会来看医生。他现在作业做得太慢了，而且会收到老师的"投诉"。

【可以从家长处侧面了解孩子的信息，以及从日常生活中孩子碰到的困难出发，去了解其症状对功能的影响】

评估师：就是现在他经常被老师"投诉"完不成作业，是这个意思吗？

家长：他有两个问题，一个是会遗漏，从黑板上抄下来的作业就会漏掉，然后到做的时候可能又会漏掉一些。另一个是他会自动过滤掉自己不想做的东西。

评估师：老师经常"投诉"他，确实会让家长也觉得很紧张，那是不是可以跟老师沟通一下，有些作业不一定要对孩子有那么高的要求？

家长：老师也不太理解ADHD的症状，会一直觉得他是故意的，觉得他一直在对抗。其实包括他爸爸都会老觉得他在对抗，然后我跟他爸爸说，他不是故意的。但是他们根本就不能理解。

评估师：是的，辛苦妈妈做了那么多沟通的工作。确实，环境对于孩子的状态还是挺重要的，包括他是否会因自己的症状影响而受到责备，又或者是身边人对他的包容、理解。可能需要妈妈在这方面多做一些工作。我想再了解一下，他小时候会经常特别多小动作吗？会老是坐不住吗？

家长：还好，不会特别明显，就是普通孩子那样。吃饭或者是玩游戏时，也可以安静坐着。现在长大了好像倒经常说自己坐不住了。

评估师：小时候会不会喜欢到处跑，爬高爬低之类的？

家长：这个倒不会。

评估师：小时候经常和你顶嘴、吵架，或者是经常发脾气吗？

家长：他还是比较乖的一个孩子，在家里还是很听话的，我说他他都会听，但是有些时候就是需要说很多遍，他才会记得住。

评估师：好的。那他会经常出现不听家人指令，或者是不遵守学校老师的要求的情况吗？

家长：还好，他不会刻意这样做。我觉得他还是比较听话的一个孩子。

评估师：好的，那我们先访谈到这，我把他的报告打印出来。

（2）ADHD核心症状评估报告示例

ADHD核心症状评估：SNAP-Ⅳ提示重度注意缺陷，未见明显多动/冲动和对立违抗。患者诉自幼上课容易走神；容易受到外界刺激的影响；特别容易忘事；常丢三落四；不太在意生活细节；时常犯粗心大意的错误，哪怕认真反复检查了，也会出现低级的计算错误；写作业特别慢；做事拖拉；物品整理能力欠佳；畏难，不愿做需要费脑力的事情；老师曾反映患者上课不专注，常发呆。母亲确认了患者所述情况并补充，老师经常反映患者上课发呆、走神、作业完成不佳、学习比较吃力，对生活琐事非常不上心，否认幼年存在多动/冲动或对立违抗症状。综上，患者存在不少ADHD症状表现，以注意缺陷为主。

2. 其他发育障碍筛查

其他发育障碍筛查指初步筛查儿童和青少年是否存在ADHD之外的神经发育障碍，笔者团队目前主要筛查的是智力发育障碍、ASD和学习障碍。对于ASD和学习障碍的筛查详见本节第一部分及第二节。对于智力发育障碍的初筛详见本节孤独症谱系综合心理评估的相关内容。

3. 其他维度评估

注意缺陷/多动障碍综合心理评估除了评估ADHD的核心症状和筛查其他发育障碍之外，还需对患者的情绪症状、安全风险、家庭与环境因素以及功能与行为进行评估。评估及访谈要点参考本章第二节，此处不再赘述。

第四节 精神病性问题综合心理评估

一、精神分裂症评估

精神分裂症是重性精神障碍之一，基林（Kieling）等人（2024）发表的流行病学研究显示，全球范围内儿童和青少年精神分裂症患病率约为 0.08%。精神分裂症的临床症状相对复杂，包括幻觉、妄想、言语行为紊乱以及阴性症状，常伴有认知功能损害（Tandon R, 2013）。因此，评估其症状需要非常仔细辨别。重性抑郁障碍或双相情感障碍也有可能会伴有精神病性症状，需要结合病程、发病时间及发病的背景进一步评估。部分精神病性症状，如幻觉及妄想，有可能由躯体疾病所引起，需临床医生结合脑影像学及其他综合检查报告做进一步评估。

（一）评估工具

笔者团队开展精神分裂症综合心理评估参考的评定工具包括阳性和阴性症状量表（PANSS）、卡尔加里抑郁量表（Calgary Depression Scale for Schizophrenia，CDSS）和中国简版神经认知成套测试（The Chinese Brief Cognitive Test，C-BCT）等。此外，在精神分裂症综合心理评估中，除核心症状的评估，也会进行安全风险、家庭与环境因素、功能与行为的评估，采用的评估工具及访谈要点详见本章第二节。

知识窗

> 阳性和阴性症状量表（PANSS）是凯（Kay）等人于1987年编制的他评量表，主要评估精神分裂症患者的疾病严重程度。该量表共30个条目，3个维度分别是阳性症状（7项）、阴性症状（7项）、一般精神病理症状（16项）。每个条目从1分（无）到7分（极重度）进行七级评分，总量表得分范围为30～210分，量表得分越高，症状越严重。需结合临床检查和知情人提供的有关信息进行评定，评定的时间范围通常为评定前一周内的全部信息。为使量表更好地客观化和标准化，量表开发者制定了阳性和阴性症状量表的结构化临床访谈（Structured Clinical Interview-Positive and Negative Syndrome Scale，SCI-PANSS）的半结构式临床检查提纲供评估人员使用。
>
> 卡尔加里抑郁量表（CDSS）是由阿丁顿（Addington）教授等人于1990年编制的他评量表，由张鸿燕等人（2006）引入我国使用，主要评估精神分裂症患者的抑郁严重程度。该量表共9个条目，每个条目分为0（无）～3（极重度）四级评分，得分0～27分，量表得分越高，症状越严重。周平等人（2009）进行了信效度检验，划界分为≥6分。

> 中国简版神经认知成套测试（C-BCT）由北大六院于欣教授及石川教授等人主导研发（Ye S L et al., 2022），用于评估针对中国精神分裂症患者认知障碍的治疗效果。C-BCT由4个经过优化的分测验组成，包含连线测试（信息处理速度）、符号编码（信息处理速度、注意力、工作记忆、推理和解决问题）、持续操作（注意力）、数字广度（工作记忆）。测试采用电子化操作，仅需15分钟即可自主完成全部测验，并自动生成报告，相较于国外研发的认知功能测试，C-BCT更符合中国人群的特点，具有操作简便、耗时短、完全电子化的特点，已获得统计学上良好的信效度检验。

（二）访谈评估要点

精神分裂症的访谈评估要点与精神病性症状的访谈评估要点大同小异，详见本章第二节情绪症状评估部分的精神病性症状评估。此外，评估师还可参考SCI-PANSS的半结构式临床检查提纲对患者进行症状和功能评估。

需注意的是，对儿童和青少年患者进行首诊评估时，不能仅通过其目前呈现的症状评估或先入为主地认为患者一定存在阳性症状或阴性症状，需掌握其全病程的特点，有动态发展和整体观念。此外，还需关注患者的发病时间线，先筛查患者有无神经发育障碍或其他疾病线索，然后才能进入近一周内的精神病性症状评估。

（三）精神分裂症评估报告示例

评估师需结合自评工具、他评工具来评定、访谈和观察，详细记录患者现存精神病性症状发生的时间、内容、频率及对其功能的损害。从综合心理评估角度出发，需要注意全面综合地进行症状的评估，并注意患者是否共病心境障碍或发育障碍，撰写相关的个性化建议，例如建议门诊医生随访动态评估症状变化，家庭方面可参加精神分裂症家长养育支持团体，个体方面可参加心理弹性训练。下述报告供参考。

精神病综合评估结果[①]

1. 精神病及情绪、睡眠等症状：PANSS提示存在偏重的妄想，完全成型且顽固坚持的观念，认为有黑社会团伙在后台操控着一切，对面那栋楼就有人在悄悄监视自己，这些想法偶尔妨碍思考、社会交往或行为，所以不敢大声说话，可能在看电视时会暂时忘记有人监视自己这回事；存在偏重的幻觉，频繁出现声音，以及感觉周围有人，导致分心严重和不敢跟人说话，担心跟人说话时，又被幻觉中周围的人偷听到，偶尔也会跟这个声音对话，有时会被声音给逗笑。CDSS提示存在轻度的情绪低落，偶尔有绝望感；患者自述身体出汗多，小便频繁。访谈中可见患者穿着严实，表现得很紧张、身体紧绷。患者自述睡眠欠佳，常常担心睡着后会被窃取思想而不想睡，睡眠中途易醒来，时有被

---

① 本案例为混编案例。

噩梦惊醒，否认早醒。

2. 安全风险评估：本次评估提示患者目前的风险等级为低风险，患者否认既往自杀和伤人等风险行为，否认近一个月存在轻生想法及伤人想法。患者否认自伤行为。

3. 家庭与环境因素评估：量表提示患者家庭的矛盾性较高，亲密度较低，其余维度未见异常；量表提示在养育方式上，患者父亲较多严厉、惩罚、拒绝和否认，母亲较多拒绝和否认，父母均较少情感温暖和理解；量表提示可能存在情感忽视的童年创伤。患者自述家有父母和弟弟，小时候主要与爷爷奶奶在老家生活，每年寒暑假会与父母团聚一次，自感与家人关系一般，很少交流。父母对自己学习的期待较高，爷爷奶奶对自己生活管得比较严格，不让自己出去跟小朋友玩，爷爷奶奶经常吵架。患者目前在读高一，目前休学，在上学时曾因怀疑他人在监视自己而感到坐立不安，无法坚持正常上学。

4. 生活质量及功能评估：量表提示患者的社会功能严重受损。访谈中了解到患者目前受症状影响明显，生活质量较差，不能正常学习和生活，自知力不佳，病耻感明显，求治意愿一般，不过患者自感痛苦，能按医嘱接受治疗，治疗依从性尚可。

干预建议：

（1）建议返回精神科医生处讨论此评估报告与后续治疗方案；建议每三个月随访评估一次，追踪来访者的病情和治疗进展。

（2）建议进行药物+个体心理+家庭教育的整合干预。

①家庭教育：家长参加"精神分裂症谱系障碍家属支持团体治疗"，科学认识疾病，学习有效地帮助患者康复的家庭互动方式。

②个体心理：参加个体心理弹性训练，在药物治疗的同时辅助患者提高复原力，调整家庭社会支持资源，改善生活质量，降低家庭负担。

③可查看"华南精神心理早期干预联盟"公众号，学习参加家长班之外的精神病相关知识和疾病照料方法，进一步改善家庭功能，形成良性沟通模式，从而更好地帮助患者康复。可参考书籍《精神分裂症——你和你家人需要知道的》《我在精神病院种蘑菇》《我穿越疯狂的旅程》《活出生命的意义》等，了解更多关于精神病的照料知识。

④必要时可考虑接受住院治疗。

二、精神病高危评估

精神分裂症患者往往在发病前已有一定的前期症状，其早期病程包括病前期、前驱期和首次精神病发病期。而临床上存在精神病性障碍发病风险的人群，被称为精神病临床高危综合征（Clinical High-Risk for Psychosis，CHR）人群。从 CHR 人群精神病性症状呈现的严重程度、持续时间和遗传风险 3 个维度提出 3 个临床综合征的分类，分别是轻微阳性症状综合征、短暂间歇性精神病性综合征、遗传风险和功能恶化综合征（McGlashan，2012）。CHR 是一个疾病前状态，尚不属于疾病分类涵盖范畴，临床意义具有一定的独立性和特殊性，其临床表现包括 4 方面——阳性症状、阴性症状、解体症状和一般症状，而阳性症状是诊断 CHR 的必要条件。CHR 概念的提出强调了对精神病性症状的发生时间和严重程度需进行深入评价，避免精神病性障碍的过度诊断，为临床实践的关口前移创造新契机（McGlashan，2012）。凯斯勒（Kessler）等人2005年的研究指出，50%~60%的重性精神病患者在青春期已出现相关症状，但严重程度更轻、持续时间更短，未达到诊断标准。《中国精神病临床高危综合征早期识别和干预专家共识》建议积极识别CHR和进行临床研究，探索多种有效的干预方式，重视对患者的动态随访，关注其功能变化，减缓发病速度，提高生命质量（CSNP精神病性障碍研究联盟全体成员，2020）。

（一）评估工具

笔者团队进行精神病高危评估主要使用的工具是精神病高危综合征定式访谈（Structured Interview for Psychosis-risk Syndromes，SIPS）。此外，精神病高危评估中也包括情绪症状评估、发育障碍筛查及社会功能评估，该部分评估要点详见本章第二节。

> **知识窗**
>
> 精神病高危综合征定式访谈（SIPS）是一个半定式访谈工具，包括精神病高危症状量表（Scale of Psychosis-risk Symptoms，SOPS）、分裂型人格障碍清单、家族史问卷及大体功能评定量表（GAF）。SIPS中概括的3种精神病高危综合征标准如下：①弱化阳性症状综合征（Attenuated Positive Symptom Syndrome，APSS）——SOPS任一条阳性症状评分为3分、4分或5分，并且症状开始于过去一年，症状出现频率在过去的一个月中每周至少一次。如果症状的首次出现时间点是一年前，那么要求目前SOPS任一条阳性症状的评分与一年前相比至少要高出1分。②短暂间歇性精神病症状综合征（Brief Intermittent Psychotic Syndrome，BIPS）——SOPS中任一条阳性症状评分达6分，并且症状开始于过去的3个月中，症状出现频率为每月至少出现一次，持续时间一天至少有几分钟（总时间不超过16小时），症状没有出现解体或者出现危险性。③遗传风险和功能减退综合征（Genetic Risk and Deterioration Syndrome，GRDS）。一级亲属中有精神病性障碍患者或者来访者符合DSM-5中分裂型人格障碍的诊断标准，并且目前GAF评分比上一年最高分降低30%。目前中文版的SOPS问卷已有良好的信效度（郑丽娜等，2012）。

（二）访谈评估要点

评估师参考半定式访谈工具对患者进行症状和功能评估，结合其他量表的情况去撰写评估报告，以及给出干预建议，详见表3-10。

表 3-10　精神病高危综合征访谈评估过程

访谈次序	内容	访谈问句示例
1. 发育初筛	• 主要谈及婴幼儿、童年期有无注意缺陷和多动症状、学习表现如何、人际交往能力如何，从中筛查有无 ADHD、ASD、学习障碍等特点； • 可疑 CHR 可能出现认知功能受损、注意力不足，需要回顾小时候的认知功能情况。可能有社交情况受损，需要回顾幼时情况，同时关注目前的社交功能水平	• "你在小时候也会经常分心走神吗？上课能不能认真听课？生活中也会经常有丢三落四的情况吗？" • "小时候能不能交到朋友，交朋友能感到快乐吗？能不能理解朋友的意图？最近还会交朋友吗？" • "小学成绩如何？作业能否完成？有没有偏科或不喜欢的科目？写字认字怎么样？阅读是否有跳行现象？"
2. 目前情绪困扰	• 谈及重要时间节点（近一个月和过去）的情绪感受和身体感受、睡眠情况、安全风险等； • 可疑 CHR 的阴性症状往往与情绪问题相关，访谈时需了解患者从最开始发病到近一个月以来的情况，以疾病症状出现的时间线鉴别是精神病性为主的症状表现还是情绪问题伴发的精神病性症状表现	• "你感觉近一个月以来的心情是怎样的？是伤心、焦虑、紧张、愤怒等的哪一种？" • "你的身体会有很多不舒服吗？" • "入睡会有困难吗？几点睡的，会反复醒来吗？" • "最早感到心情不好是什么时候？心情崩溃时会有极端的念头吗？"
3. 精神病前驱期症状	• 参照 SOPS 询问阳性症状、阴性症状、解体症状、一般症状的表现和评分； • 若 SOPS 提示已达到精神病发作，可补充 PANSS 和访谈评估，主要评估阳性症状、阴性症状、一般精神病理症状	• "你是否曾感到周围有奇怪的事情发生或者发生了一些你无法解释的奇怪事情？" • "有没有感到有人能读你的心思或你能读别人的？" • "你是否曾感到对声音敏感，听到了声音，然后发现周围可能并没有任何东西存在？"
4. 功能影响	• 使用 GAF 进行评分，谈及近期和过去一年最好的状态（涉及社交、职业、生活、工作、学习等）	• "你最近有没有出门活动？过去你喜欢外出活动吗？" • "你最近还跟朋友有交流吗？" • "你的学业还在进行中吗？" • "你有工作了吗？上班动力怎么样？"

续上表

访谈次序	内容	访谈问句示例
5. 值得关注的背景信息	• 家庭情况、学校或工作环境、近期发生的大事件或患者自己想讲的某些背景事件等； • 观察环境中的事件是否对患者造成了某些时间节点上的困难，例如养育者频繁更换、养育者虐待或忽视、在学校遭遇欺凌等童年创伤；儿童期与青春期的个性改变等因素	• "你从小是跟谁一起生活的？中间换过照料者吗？跟他们关系如何？有没有在学校住宿过？" • "你的老师是怎么评价你的呢？师生关系如何？同学们跟你相处得还可以吗？" • "最近发生了什么事情吗？你是怎么想的？"

精神病高危评估和精神病综合心理评估是笔者团队的特色项目之一，结合量表和全面的深度交流，我们能够了解到患者的症状来源以及各个症状之间的逻辑联系。儿童和青少年的症状"扑朔迷离"，家长常常这么描述他们："每天在家玩游戏，不出门，不上学，不跟父母沟通"；"在学校大喊大叫，突然之间跟同学发生激烈的冲突，打人，掀桌子"；"有时自言自语，跟人交流没有对视"；"幼时就没有聊得来的朋友"；"常常说一些古怪的话，或学人说话"；等等。根据精神科医生的描述，这些患者具有行为紊乱的特点，情感反应不适切，社交发育可能有问题。评估师需整合以上横向访谈信息，并通过访谈纵向的发育成长史了解全面的信息。

CHR 儿童和青少年发作的症状特点也常包括社交损害和不寻常的兴趣及信念，这可能与 ASD 中的社交缺陷相混淆。因此，对儿童和青少年精神病高危人群的症状评估，需结合发育情况进行仔细鉴别。有些患者在童年期已被确诊为 ASD，并在青春期时出现了明显的妄想性观念和幻觉行为，伴随解体性交流、阴性症状和一般症状，并且对功能造成了严重的影响，但仍然保持一定的现实检验能力和自知力，此时我们可能会认为 ASD 和 CHR 是同时存在的。

因此，在评估时要有整体观念，从婴幼儿时期开始收集患者信息，区分发病时间节点，了解该时间节点的社会环境因素（例如转学、家庭变故、人际关系问题等），找到其症状发作和发展的逻辑顺序，从而判断疾病的特点、严重程度，辅助精神科医生进行精准诊断，以及指导后续干预重点。

（三）精神病高危评估报告示例

报告需结合评估工具、访谈和观察记录患者的情况及其值得关注的背景信息和成长发育史，并基于评估结果给出个性化干预建议。在完成评估报告后，可以向患者解读量表的分数，帮助其了解自己的症状特点和提升现实检验能力；向家属强调改善对待患者的照料方式，给患者多安排一些现实的事情，增加社会接触，尽可能减少沉浸在独自幻想中的时间。同时，也要注重后续的随访评估，了解其病程，为不同阶段的治疗提供辅助。下述报告供参考。

广州医科大学附属脑科医院
儿少心理评估报告

基本信息	姓　名：	部　门：儿少心理评估与治疗中心
	性　别：	登记号：
	年　龄：	评估日期：

评估结果：

1. **背景和值得关注的信息**：患者女，15岁，从小在爷爷奶奶身边生活，父母在外工作，逢年过节才回家；初中之后来到父母身边生活，父亲对患者的生活和学习要求很严厉，母亲较少维护患者。患者小学期间学习成绩一般，人际交往尚可，初中转学到父母所在的城市后，刚开始跟同学相处一般，后来逐渐遭到人误解、取笑，现在较少朋友。近半年在班里行为有些古怪，同学们都觉得其说话很怪异，患者知道自己很奇怪，但不好意思跟人讲。

2. **情绪症状评估**：量表提示中度抑郁和轻度焦虑症状，患者诉近期注意力不集中，影响了学习，有时觉得自己很差，但否认持续的情绪低落；有些担心自己的东西会被公开出去，为此有些烦躁，但未明显干扰生活。本次评估未见明显轻躁狂症状和强迫症状。患者诉睡眠尚可，偶尔失眠，否认睡眠中途易醒和早醒。

3. **安全风险评估**：患者目前的安全风险为低风险。否认存消极念头，否认自杀尝试，否认自杀计划及准备，否认NSSI行为。幻听出现时感到紧张焦虑，虽存一定现实检验能力，但仍感到紧张，难以自主放松。

4. **发育障碍筛查**：本次评估未见明显ADHD、ASD及学习障碍可能性。

5. **访谈中查及的阳性症状**：

a) P1=5。近期经常感觉世界很不真实，仿佛内心的想法被人窥见了，觉得非常不可能，但是网上总能看到跟自己有关的信息，认为被暴露了，所以不怎么敢发朋友圈了。

b) P2=0。

c) P3=0。

d) P4=4。有时听到有人说"你完了"，回过头去确认，却发现没有人，但很疑惑，每次想认真听那个声音时又听不见了，知道可能是听错了。

e) P5=5。讲话有时离题、注意力不集中，或说话时大脑一片空白、断句，经过频繁提醒才可以回到主题。

6. **他评工具得分**：

（1）阳性症状量表

0=没有；1=可疑存在；2=轻度；3=中度；4=中等严重；5=严重但非精神病性；6=严重且是精神病性。

P1	奇特思维内容/妄想性观念	5
P2	猜疑/被害观念	3
P3	夸大	0
P4	知觉异常/幻觉	4
P5	解体性交流	5

（2）阴性症状量表

0＝没有；1＝可疑存在；2＝轻度；3＝中度；4＝中等严重；5＝严重；6＝极端严重。

①阴性症状

N1	社交性快感缺乏	5
N2	兴趣动机缺乏	3
N3	情感表达	3
N4	情感与自我体验	4
N5	构思丰富性	0
N6	职业功能（学习）	4

②解体症状

D1	怪异行为或外表	0
D2	怪诞思维-解体症状	0
D3	集中精力和注意困难	4
D4	个人卫生	0

③一般症状

G1	睡眠失调	4
G2	恶劣心境	4
G3	运动障碍	0
G4	对正常应激的耐受力受损	2

7. 功能与行为评估：GAF＝63，在过去一年中最高GAF＝70。

63分：表现出轻度症状，或是社交、职业、学习功能的某一方面有些困难，但是一般功能良好，保持着某些有意义的人际关系。

8. SOPS/SIPS总结：符合"弱化阳性症状精神病高危综合征"。

干预建议：

1. 建议返回精神科医生处讨论此评估报告与后续治疗方案，建议每三个月随访评估一次，追踪患者的病情和治疗进展。

2. 建议定期随访，观察症状的影响，合理安排家务、学习任务等，更好地待在现实中。

3. 需与患者多谈身体感受和内心的困扰，不予过多评价和干涉，询问其情绪感受，缓解其压抑感，家人要多耐心倾听患者，给予关怀，幽默化表达，转换角色，平等地进行交流。多和患者谈论家庭的故事，谈论父母的感受，一起讨论家庭的未来走向，每个人都要发挥其角色的作用。坚持带患者复诊。家长可以参加精神分裂家长初阶班，系统学习更好地理解和支持孩子，创设有利于康复的环境。

4. 心理治疗方面，可以参加增强心理弹性训练的心理治疗/咨询，了解自己的行为模式，学习新的观点和处理情绪问题的技巧。同时，可参加家庭聚焦治疗，整合家庭的力量，帮助患者进行康复。

5. 患者需加强对自身的了解，可阅读书籍《与内心的小孩对话》《自卑与超越》《母爱的羁绊》等。家长可阅读书籍《孩子出生以后》《非暴力沟通》等。

6. 如遇危机时刻可拨打危机干预热线电话求助：020-81899120。

第五节 深度访谈评估

深度访谈评估是笔者团队的实践创新特色,国内外暂无文献介绍过深度访谈的形式。项目开展至今,至少有 2000 人受益于此。本节将介绍双相及相关障碍深度访谈评估和 ASD 深度访谈评估。

一、双相情感障碍深度访谈评估

双相情感障碍(bipolar disorder,BD)通常称为双相障碍,是指既有躁狂或轻躁狂发作,又有抑郁发作的一类心境障碍(Grande et al.,2016)。大多数双相障碍患者早期表现为单纯抑郁发作,与抑郁障碍难以区分,而青少年时期是上述两类情绪障碍的发病高峰期,且都有"易激惹"重叠症状群,故而在青少年阶段起病的抑郁发作更容易被误诊。有研究发现约 60% 的双相障碍患者早期被误诊为抑郁障碍,双相障碍从首次出现症状到被确诊平均需要 7~10 年时间(Hirschfeld et al.,2003)。双相障碍与重性抑郁障碍的治疗原则不同,将双相障碍误诊为抑郁障碍会导致不适当的治疗和不利后果,包括较差的最终临床和功能预后,甚至增加自杀风险,进一步加重个人、家庭和社会的负担。因此,早期识别双相障碍,了解早期症状尤为重要。图 3-4 展现了双相障碍可能的演变轨迹。患者起始可能被识别出存在抑郁障碍的症状,受双相情感障碍的高危因素影响,进而出现躁狂症状,按躁狂症状程度从轻到重分为阈下躁狂、高危躁狂综合征和短暂躁狂发作三种程度,随着躁狂症状更频繁突出,最终可能发展为轻躁狂或躁狂发作。

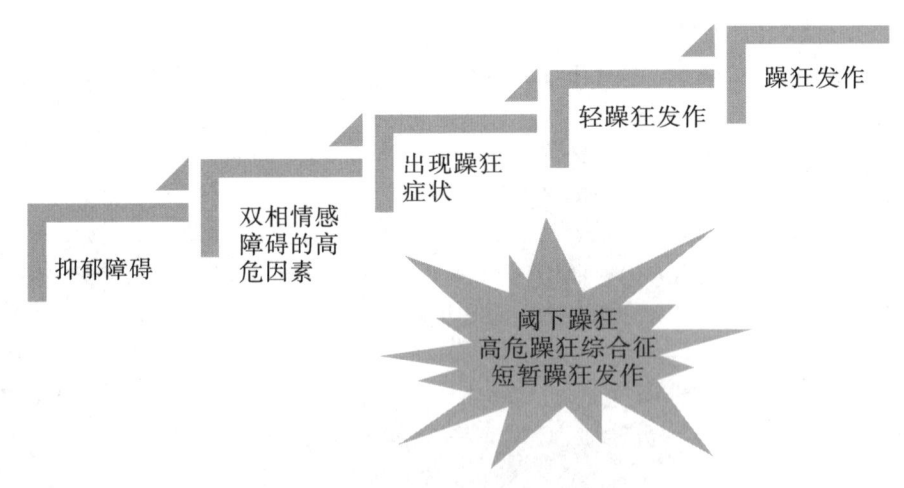

图 3-4 双相障碍可能的演变轨迹

从首发抑郁发作中尽早预测双相障碍,对避免误诊尤其重要。有以下 10 条线索可以帮助防止误诊和漏诊（赵靖平、方贻儒，2011）：①双相障碍家族史阳性：双相障碍患者一级亲属中双相障碍的患病率远高于一般人群。②共病 ADHD：双相障碍与 ADHD 共病率较高，临床上应特别注意。青少年双相障碍躁狂发作应与 ADHD 相鉴别，因为两者都有活动过多、行为冲动等因子，且 ADHD 为双相障碍的高危因素。③轻躁狂发作的病期标准：DSM-5 规定的轻躁狂发作的病期标准为至少 4 天。近年来有学者认为这一规定过于严格，贝纳齐（Benazzil，2001）提出，轻躁狂状态只要持续 2~3 天就对双相障碍具有诊断意义。④抑郁发作伴不典型特征：包括食欲亢进，体重增加，睡眠过多，灌铅样肢体麻痹体验，伴精神病性特征，伴各类焦虑如恐惧、强迫、惊恐发作等，伴经前期烦躁障碍等。⑤抑郁频繁发作：指一年内抑郁发作>4 次。鲍登（Bowden，2001）认为，抑郁如果发病急骤、频繁发作、缓解时间短暂，往往提示为双相障碍。⑥抗抑郁药治疗引起转躁：多数学者赞成单相患者在抗抑郁药治疗过程中出现转相，应视为双相障碍。⑦早年发病：通常是指<25 岁起病。伯克（Burke）等人的研究显示，双相Ⅰ型障碍平均起病年龄为 18.0 岁，双相Ⅱ型障碍为 21.7 岁，而单相抑郁为 26.5 岁（Burke et al., 1990）。⑧病前情感气质：阿基斯卡尔（Akiskall）等学者认为，情感旺盛气质、心境恶劣气质、环性情感气质与易于激惹气质等 4 种情感气质与心境障碍关系最为密切，是病前最主要、最核心的情绪与行为类型（Sato et al., 2004）。⑨发作性心境不稳定：指心境波动很大，抑郁、焦虑、欣快、烦躁不安、紧张、激越、易激惹、冲动、愤怒等情绪呈短暂波动性特点。心境不稳定是双相Ⅱ型障碍临床表现的核心，抑郁患者若有突出的心境不稳定，往往预示双相Ⅱ型障碍。⑩烦闷性躁狂：与欣快性躁狂相比，临床上烦闷性躁狂更常见，其主要表现为烦躁、焦虑、沮丧、易于激惹、冲动、自控下降、缺乏理智、活动性增高、思维过分活跃等，这些表现可以在抑郁相中间插或交替出现，易被误诊为激越性抑郁。

在躁狂症状的评估中，我们首先要判断患者是否有抑郁症状，通过患者自评量表判断是否达到轻躁狂/躁狂发作，有了这些线索，再对双相前驱期综合征进行详细的核实。双相及相关障碍深度访谈评估适用于在情绪障碍综合心理评估中发现存在可疑轻躁狂症状，需要仔细鉴别的患者。

（一）评估工具

双相及相关障碍较为复杂，临床上早期精准识别存在困难，使用哪些有效、简便的方法进行筛选一直是学界所关注的问题。为提高识别率和准确性，国内外研究者开发了结构问卷或症状量表作为辅助判别依据，其中部分评估工具和量表相对操作简单，早期识别、诊断和筛查的效果较好，具有较高的临床应用价值与前景，主要包括：心境障碍问卷（Mood Disorder Questionnaire，MDQ）、轻躁狂症状自评量表（HCL-32）、简明儿童少年国际神经精神访谈（MINI-Kid）以及双相障碍前驱期症状筛查量表－完整预测版（Bipolar Prodrome Symptom Interview and Scale-Full Peospective，BPSS-FP）。HCL-32 和 MINI-Kid 的介绍详见本章第二节。

> **知识窗**
>
> 心境障碍问卷（MDQ）由希尔施费尔德（Hirschfeld）等人于2000年发表，是根据DSM-5标准制定的用于诊断广泛的双相谱系障碍患者的自评筛查工具，目前国内已有中文版（杨海晨等，2009），适用于小学以上受教育程度者。该量表共三部分，包含13个问题，覆盖了躁狂/轻躁狂症状、症状群以及功能损害。当患者症状量表得分大于临界值7分，既往曾在某一时间内同时出现上述≥2个症状，并且在功能损害问题中评为"中度"或"重度"，则被视为筛查阳性。MDQ简便易操作，患者可以自行完成，主要用于筛查双相Ⅰ型障碍和双相Ⅱ型障碍，由于简便易行，近几年在临床上的应用逐渐增多。
>
> 双相障碍前驱期症状筛查量表（BPSS）用于对双相高危患者进行筛查。2007年，美国的科雷尔（Correll）等人开发出BPSS，探索双相及相关障碍、躁狂发作/轻躁狂发作、抑郁发作的前驱期症状（Goodwin，2016）。该量表为半结构式访谈工具，根据DSM-5诊断标准、儿童和成人双相障碍以及抑郁障碍等量表，在前期研究结果的基础上编制而成。BPSS-FP描述并评估被试过去一年和过去一个月中出现的前驱期症状和其他症状，并纳入了症状的持续时间、严重程度和频率等。除此之外，也需记录被试在有生以来出现过的最坏或最严重的症状。在双相障碍的高危评估中，笔者团队只挑选了躁狂症状索引（mania symptom index，MSI）部分。在评分标准上，一般来说，评分达到"中等严重"（4分）、"其他人觉察到"（4分）评分所对应的症状且这一症状开始影响或改变了被试的正常功能（或明显产生困扰），即达到了诊断标准中关于轻躁狂或躁狂症状标准的最低阈值。

（二）访谈评估要点

躁狂/轻躁狂症状的访谈评估要点详见本章第二节。对于未达到躁狂/轻躁狂发作的诊断标准，在心境紊乱、精力旺盛或活动增加的时期内存在3项（或4项）或以上条目，可以利用BPSS-躁狂症状索引（详见图3-5），进一步核实双相障碍前驱综合征。

症状	分值	≥4 h/天	≥4天（累计）	连续4～6天	连续≥7天
M1.心境高涨（p.9）	0 1 2 3 4 5 6	□否 □是	□否 □是	□否 □是	□否 □是
M2.易激惹（p.10）	0 1 2 3 4 5 6	□否 □是	□否 □是	□否 □是	□否 □是
M3.自尊膨胀/夸大观念（p.11）	0 1 2 3 4 5 6	□否 □是	□否 □是	□否 □是	□否 □是
M4.睡眠需求减少（p.12）	0 1 2 3 4 5 6	□否 □是	□否 □是	□否 □是	□否 □是
M5.过度健谈（p.13）	0 1 2 3 4 5 6	□否 □是	□否 □是	□否 □是	□否 □是
M6.思维奔逸/意念飘忽（p.14）	0 1 2 3 4 5 6	□否 □是	□否 □是	□否 □是	□否 □是
M7.注意力分散（p.15）	0 1 2 3 4 5 6	□否 □是	□否 □是	□否 □是	□否 □是
M8.精力/目标导向活动增加（p.16）	0 1 2 3 4 5 6	□否 □是	□否 □是	□否 □是	□否 □是
M9.精神运动性兴奋（p.17）	0 1 2 3 4 5 6	□否 □是	□否 □是	□否 □是	□否 □是
M10.行为鲁莽/危险（p.18）	0 1 2 3 4 5 6	□否 □是	□否 □是	□否 □是	□否 □是

严重程度评分：0-无；1-可疑；2-轻度；3-中度；4-较严重；5-严重；6-极严重。

图3-5 BPSS-躁狂症状索引

根据 BPSS-躁狂症状索引，可以再进一步评估双相障碍前驱综合征。双相障碍前驱综合征包含：①弱化躁狂综合征；②高危躁狂综合征；③躁狂遗传风险及功能衰退综合征。以下分别为其对应的评估标准。

①弱化躁狂综合征。症状条目："M1.心境高涨"或"M2.易激惹"≥3 分及有 1 项 M3～M10 伴随症状，如果仅有 M2（易激惹）症状，那么至少要有 2 项 M3～M10 伴随症状。病程标准：一周至少 1 小时。功能影响：存在主观痛苦，影响正常功能。

②高危躁狂综合征。分为 3 种类型：（a）未特定型双相（缺少一个标准 A[①]的症状）；（b）未特定型双相（缺少一个标准 B[②]的症状）；（c）未特定型双相（缺少病程标准）。病程标准：至少持续 4 天无间断，且每天发作至少 4 小时。功能改变：未住院治疗躁狂样症状及无精神病发作。

③躁狂遗传风险及功能衰退综合征：有一级亲缘关系家属患Ⅰ型或Ⅱ型双相情感障碍且 GAF 评分与 12 个月前比至少下降 30%。

（三）出具报告

报告需结合自评工具、他评工具来评定、访谈和观察，详细记录患者现存躁狂/轻躁狂症状发生的时间、内容、频率及对其功能的损害。从综合心理评估角度出发，需要注意全面综合地进行症状的评估，并注意患者是否共病发育障碍，撰写相关的个性化建议。为了更好地记录患者的情绪变化，笔者团队推荐患者使用"情绪日记"记录情绪变化（详见图 3-6）。同时建议患者参与相应的心理治疗，例如家庭聚焦治疗或情绪管理团体。

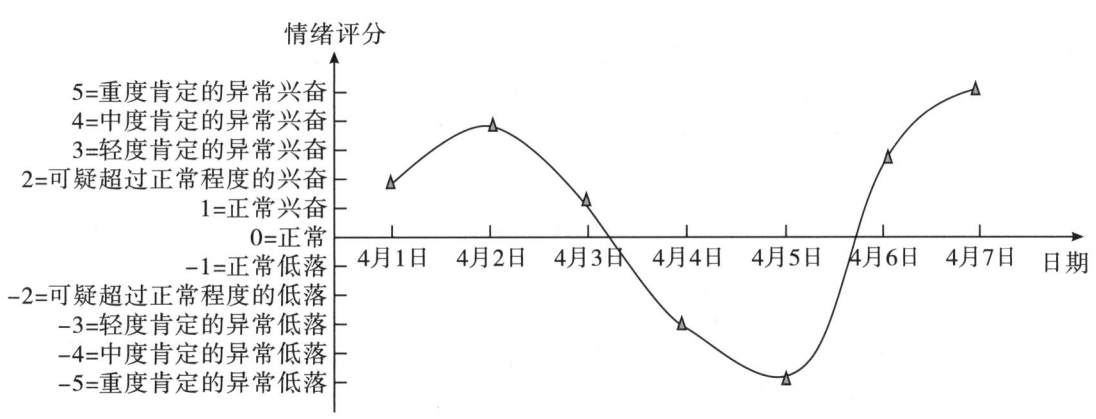

图 3-6 情绪日记

---

① 标准 A："M1.心境高涨"或"M2.易激惹"=5 分或 6 分，且"M8.精力/目标导向活动增加"=5 分或 6 分。

② 标准 B：有 3 或 4 项 M3～M10 伴随症状，若仅有 M2 症状，那么要加 1 项 M3～M10 伴随症状。

二、ASD 深度访谈评估

ASD 深度访谈评估适用于在情绪障碍综合心理评估的发育障碍筛查、ADHD 综合心理评估中发现存在可疑 ASD 线索的患者，以及在 ASD 综合心理评估中因患者的临床表现较为模棱两可，评估结果难以明确，需要更系统、更细致的评估以辅助明确诊断的患者。此评估项目为发育障碍评估的第三层级——深度访谈评估。

（一）评估工具

笔者团队进行 ASD 深度访谈评估时，选用的自评工具和他评工具与 ASD 综合心理评估的工具一致，详见本章第三节。

（二）访谈评估要点

ASD 深度访谈评估在 ASD 访谈评估要点（详见本章第三节）的基础上会对患者的发育成长史进行更加细致的询问和评定，了解患者成长过程中每个阶段的不同表现，对患者的情况形成个案概念化，并基于评估结果为患者的家长提供个性化的养育建议。

在临床实践中，评估师可能根据患者特点使用多种灵活的评估方式（例如绘画、情境测验、表情识别测试、构建故事等），帮助患者及其家长更加了解症状，解读症状的来源和表现形式。根据访谈中获取的信息，评估师会对家长和孩子的问题进行解答，做出针对性的指导建议和制订后续心理干预的计划，让家长对孩子的症状有更深入的理解。

开始评估时，评估师要与孩子和家长一起见面，互相介绍，说明本次评估的目的。可以这么告诉家长和孩子，"今天我们将要对孩子从出生前到现在的成长过程中的故事进行梳理，帮助孩子和家长寻找目前症状的原因和影响，最后一起讨论有哪些干预方案"。评估师将"此时此刻"进行了言语化的解释，患者就比较容易从一个无序的、漫无目的的状态中理解"当前坐在这里"这个行为的意义，并且安静下来，专注于现在开始要做的事情。当患者开始注意周围的环境，开始偷偷观察评估师、短暂的眼神接触或者用敲打、有规律的怪叫来发出声音，都可以算是一种反应，评估就开始了。此时，评估师也可以开始观察孩子的行为，有的孩子可能会表现出模仿的行为，学评估师说话；有的孩子可能会跟着母亲一起安静下来或继续在椅子上挪动；有的孩子可能会迎合或回避目光接触，接受或拒绝评估师；有的孩子也可能退缩到一边，转身捂住母亲的嘴巴，钻进母亲怀里，躲在椅子背后等。这些看起来无声的现象，都可以去观察和记录，它们可能体现出患者的有声语言的缺乏或边界不足，以及过多的活动量，对应 ASD 核心评估中的"言语和非言语表达、活动量、社交语言"这些条目。

在评估过程中，评估师会先向患者及其家长了解患者出生前后的背景及值得关注的问题；进而按时间顺序了解患者胎儿期、出生史、婴幼儿期、学龄前期、学龄期和青春期的社交和情绪发育情况，包含同伴互动、情感识别与理解、欺凌情况、分享能力、对社交线索的把握等；再具体了解患者在语言交流、兴趣爱好、行为方式（是否存在刻板重复行为）、适应能力、感知觉反应、目前的困难、访谈时患者与评估师的现场互动、患者及其家庭的社会资源等；最后汇总得出一个结论，进而为患者及其家长提供个性化的成长建议。

在孩子能够独立提供社会互动信息的情况下，评估师可以请家长先在外面等候，创造机会观察孩子与评估师的互动，尤其是非言语内容的变化和评价性的话语。举例来说，在评估患者的语言交流情况时，可以询问患者学习语文的困难程度，喜欢的故事内容，构建故事的能力，能否灵活使用修辞、隐喻，是否分得清楚代词"你、我、他"；倾听患者在访谈中所说语言之间的流动性，观察其能否借助一些媒介、比喻、故事等来讲述自身；当患者被提醒、反问时，能否产生新的想法和话语等。ASD孩子话语中通常带有二元对立性，非黑即白，遵循着某种客观事物的确定性，例如，喜欢自然科学、数字，觉得学校的规则不合理，遵守某些法规，认为贴着墙面才是安全的等。

（三）出具报告

结合现有的评估量表（家长填写+孩子自评+医生他评）以及其他工具，如绘画测验、投射测验、表情识别等工具，评估完成后写一份报告，再向家长解读报告，讲述大致结论以及后续干预建议。报告的呈现方式可以各有不同，下文中笔者团队的ASD深度访谈评估报告仅供参考[①]。

广州医科大学附属脑科医院
ASD深度访谈评估报告

基本信息	姓名：×××		性别：男
	年龄：10岁		评估日期：××-××-××
背景与值得关注的信息	患者出生时母亲37岁，父亲40岁。 母亲孕晚期患者脐带绕颈，余无异常。 患者通过剖宫产出生，因黄疸住院治疗一周余。 患者是家中独子，婴幼儿期患者由父母和外婆共同抚养，患者在读幼儿园大班时父母离异，后患者与母亲和外婆一起生活至今		
社交和情绪发育情况	婴幼儿期	爬、走、跑、跳、说话：不会爬，比较晚才学会走路（1岁8月）；说话节点正常	
		跑跳律动协调：未见异常，肢体协调能力欠佳，系鞋带和跳绳学了很久都学不会，精细运动能力不佳	
		目光对视：与亲人间有眼神互动，但与陌生人交流少；回避眼神接触	
		睡眠、饮食：睡眠未见异常；挑食，只吃肉，喜欢吃软的、不带骨头的食物，比较抗拒接受新食物或新口味	
		呼名指令：未见异常	

---

① 此案例为混编案例。

续上表

社交和情绪发育情况	学龄前期	对答交流：会主动跟家人说话，但多数都是讲地铁、公交和车站、怎么换乘等主题，沉浸于讲自己喜欢的话题；叙事逻辑弱一些，不会说故事和自己的个人经历，需要他人询问，但只做简单回应；难以回答复杂问题，经常沉默；能有情绪表达
		学习能力：运动学习差；言语学习能力尚可
		同伴互动：幼儿园老师反馈孩子表现异常，不主动说去洗手间，怕脏，不主动与人接触，极少参加集体活动，多数在课室里独处；在家也不愿意跟同龄伙伴玩
		主动分享：基本不分享
		集体规则：比较遵守规则，遵守规则会相对刻板，灵活性欠佳。情绪表达理解：情绪表达偏弱，内心想法表达较少
	学龄期	专注力、学习：专注力偏弱，在集体环境中能提升一些专注力，但在家里难以静坐，话多，容易分心，喜欢拖延，不听指令，经常我行我素。成绩中下，英语较好，数理逻辑尚可，但整体学习能力会慢于同龄人
		同伴互动：上小学后社交情况有所改善，开始有一些人际互动，但整体少于同龄人，且人际活动多基于现实活动；社交需求少，更喜欢独处，回避人多的场景；社交技能差，难以建立和维持社交关系，缺少朋友，不理睬同学，同学主动打招呼也不回应；共情能力偏弱；会对身边的环境有一定的关注，但难以利用好这些社交线索，难以融入社交情境
		欺凌情况：二年级时曾被一位同学欺负
		情感反应与情绪调控：情绪反应正常，但不喜欢情绪波动；缺乏情绪调节的策略
语言交流		回应极少，内心表露较少；难以回答开放性问题，多数只能回答是或否；难以听懂玩笑话或婉转的言语
兴趣爱好		沉迷地铁、公交、轻轨、高铁等轨道交通，能够熟悉和研究各种线路；喜欢飞行棋、积木等
刻板重复		转圈，重复发单音，说话的时候会加尾音，反复用手按头等；难以接受临时的变动和环境的变化
适应能力		对变化非常敏感和焦虑，每次新学期开学都是一个巨大的挑战
感知觉		对声音和光线过度敏感，抗拒肢体接触
目前的困难		社交问题，表达问题
现场互动		总体印象：眼神难以对视，无法自主回答问题，需要多次提问；规则意识弱，言行相对幼稚；难以与评估师进行有效互动

续上表

家庭社会资源	患者家庭的社会经济条件较好。母亲能积极带患者求助，相信科学的治疗和康复方法。外婆能较好地理解和支持患者。学校教师表示愿意为患者提供支持，建议家长积极到医疗机构求助。母亲的社交能力较好，能积极组织亲友聚会，创造机会让患者与同龄人互动
结论	根据当前所提供的信息，孩子社交技能一般，人际互动能力滞后于同龄人，建立和维持友谊存在困难，社交功能受损；同时，孩子在行为、兴趣爱好和思维模式方面也存在不少刻板表现。综上，当前访谈结果支持患者可能存在 ASD
干预建议	家长需要学习了解儿童心理发展的特点，理解、尊重和接纳孩子的情绪和行为，坚持温柔而坚定地引导孩子，为孩子创造适合成长的良好家庭生活学习环境，增进亲子互动，提升各项技能，并积极扩展和丰富家庭社会资源，帮助孩子更加顺利地成长。推荐书籍《阿斯伯格综合征完全指南》《孩子出生以后》《自卑与超越》《让我们谈谈自闭症》。 1. 家长可以努力的方向 ①参加 ASD 家长指导课程：家长可以了解 ASD 的特点、症状和可能的挑战，以便更好地理解孩子的行为原因及其需求。家长也需培养积极、开放的态度，接受孩子的特殊性，鼓励他们发展个人潜能，学习有效的沟通技巧，以适应孩子的交流方式；使用简单明了的语言，清晰表达情感和需求；为孩子创造稳定、结构化的环境，有助于他们感到安全和舒适，并制定规律的日常活动和计划；还需鼓励孩子参与社交活动，帮助他们学习社交技能、维持友谊和人际关系。 ②给予孩子沟通支持：理解孩子的沟通方式，意识到每个人都可能有不同的沟通风格，了解孩子的沟通偏好，例如，孩子是更喜欢书面沟通还是口头沟通，以及孩子是否更擅长直接而详细的对话。尊重沟通空间，理解孩子可能需要一些时间来处理信息，允许他在需要时停下来思考，然后再回应。交流过程中，使用简单、明了的语言表达思想，直接而清晰的语言有助于防止误解和混淆，避免使用模糊、隐晦或间接的表达方式。给予孩子明确的指令，当提供指令或任务时，确保指令是明确、具体的，并且易于理解。避免使用含糊不清或多义的词语，需要时，给予额外的解释和信息，以确保孩子能够全面理解，不要假设他会自动理解非明显的信息。 ③言语表达能力提升：家长可通过与孩子一起观看动画片、电影、电视剧或漫画书等孩子感兴趣的内容，鼓励孩子总结并用口头表达观看过的内容，以此锻炼孩子的表达能力。同时，在与孩子互动的时候，及时给予孩子反馈，尤其是孩子表达不清的时候，轻柔温暖地提醒当前的表达比较模糊，可帮助孩子想出更好地表达自己的语句或非言语方式；也可通过练习影视作品对白的形式，邀请孩子变换不同的表达方式等。同时，在观看影视作品时，不时地提问孩子，让孩子洞悉日常社交动作背后的逻辑，帮助孩子做到知其然且知其所以然，并鼓励孩子举一反三，学会在不同的情境

续上表

干预建议	中运用。总之，能力的训练需要每日的坚持，练习得越多，则进步越大。推荐观看的影视作品包括《头脑特工队》《家有儿女》等。 2. 孩子可以努力的方向 ①情绪调节方面，学习不同的情绪管理方式：比如保持稳定的日常生活，包括规律的作息时间和饮食习惯，这可以帮助孩子感到更有掌控力，减轻焦虑和情绪波动。不仅如此，还可以尝试定期锻炼（有氧跑步、力量训练等）、冥想、深呼吸练习（腹式呼吸法）、写日记（记录每天的情绪体验，从中分析情绪变化的原因，以便更好地了解自己的情感）或其他有助于情绪调节的活动，如寻找支持网络，与家人、朋友或支持组织建立联系，分享自己的感受来减轻孤独感和焦虑。又如制订情绪管理计划，确立目标，并制订计划来尝试和锻炼实现这个目标。除了学习各种情绪调节的方法之外，从实践到理论的过程中需要不断的练习，制订个性化的情绪管理计划，以帮助自己更好地处理情绪。 ②人际交往方面，努力尝试结交新朋友：首先要了解自身需求，意识到自己的社交需求和舒适度，并设法在这个范围内建立和维护社交关系。有时候，少量但深入的社交可能比大量但较浅的社交更为重要。主动学习社交技能，包括眼神交流、非言语沟通和身体语言。社交技能的提升可以帮助自己更好地融入社交场合。在社交过程中，制定小而可行的社交目标，逐步挑战自己。这可以包括与陌生人交流、参与小组活动等。每次成功实现一个目标都能收获一种成就感。在一开始时，可以参加与个人兴趣相关的小组或社交活动。在这样的环境中，自己更有可能找到和其他人的共同话题，减轻社交压力。在社交互动中，寻找共鸣点和相似之处，这有助于建立更深入的连接，同时减轻个体可能感受到的孤立感。定期进行自我反思，了解自己在社交互动中的感受和体验，这有助于更深入地了解自己的需求和优势。可寻找资源参加社交技能训练。 ③专业的社交技能训练干预：患者可以系统学习人际交往技巧和沟通技巧，日常生活中适当增加社交活动，在现实中学习如何熟练运用技巧，提高整体交际和沟通能力。建议进行一对一的个体心理治疗，调整不良的人际互动模式
备注	（1）干预建议所提及的干预项目，可微信关注公众号"华南精神心理早期干预联盟"，选择"开启干预"任务栏—"ASD"专栏查阅相关团体信息。 （2）评估报告基于评估当时所得信息，供临床参考
报告者：	审核者：　　　　　　　　　　日期：

参考文献

[1] ADDINGTON D, ADDINGTON J, SCHISSEL B. A depression rating scale for schizophrenia [J]. Schizophrenia Research, 1990 (3): 247-251.

[2] ANGST J, ADOLFSSON R, BENAZZI F, et al. The HCL-32: towards a self-assessment tool for hypomanic symptoms in outpatients [J]. Journal of Affective Disorders, 2005, 88 (2): 217-233.

[3] ANGST J, MEYER T D, ADOLFSSON R, et al. Hypomania: a transcultural perspective [J]. World Psychiatry, 2010, 9 (1): 41-49.

[4] BENAZZIL F. Is 4 days the minimum duration of hypomania in bipolar II disorder? [J]. European Archives of Psychiatry and Clinical Neuroscience, 2001, 251 (1): 32-34.

[5] BERNSTEIN D P, FINK L, HANDELSMAN L, et al. Initial reliability and validity of a new retrospective measure of child abuse and neglect [J]. American Journal of Psychiatry, 1994, 151 (8): 1132-1136.

[6] BOWDEN C L. Strategies to reduce misdiagnosis of bipolar depression [J]. Psychiatric Services, 2001, 52 (1): 51-55.

[7] BURKE K C, BURKE J D, REGIER D A, et al. Age at onset of selected mental disorders in five community populations [J]. Archives of General Psychiatry, 1990, 47 (6): 511-518.

[8] BUYSSE D J, REYNOLDS C F, MONK T H, et al. The Pittsburgh Sleep Quality Index: a new instrument for psychiatric practice and research [J]. Journal of Psychiatric Research, 1989, 28 (2): 193-213.

[9] CLOUTIER P, NIXON M. The Ottawa self-injury inventory: a preliminary evaluation [J]. European Child & Adolescent Psychiatry, 2003, 12 (1): 1-94.

[10] CUTCLIFFE J R, BARKER P. The nurses' global assessment of suicide risk (NGASR): developing a tool for clinical practice [J]. Journal of Psychiatric and Mental Health Nursing, 2004, 11 (4): 393-400.

[11] DEROGATIS L R. How to use the Symptom Distress Checklist (SCL-90) in clinical evaluation [M] //Psychiatric Rating Scale, Vol. III: Self-Report Rating Scale. Nutley: Hoffmann-La Roche, 1975.

[12] DUN Y, LI Q R, YU H, et al. Reliability and validity of the Chinese version of the kiddie-schedule for affective disorders and schizophrenia-present and lifetime version DSM-5 (K-SADS-PL-C DSM-5) [J]. Journal of Affective Disorders, 2022 (317): 72-78. DOI: 10.1016/j. jad. 2022. 08. 062.

[13] ENDICOTT J, SPITZER R L, FLEISS J L, et al. The global assessment scale: a procedure for measuring overall severity of psychiatric disturbance [J]. Archives of General Psychiatry, 1976, 33 (6): 766-771.

[14] GOODMAN W K, PRICE L H, RASMUSSEN S A, et al. The Yale-Brown obsessive compulsive scale: I. Development, use, and reliability [J]. Archives of General Psychiatry, 1989, 46 (11): 1006-1011.

[15] GOODWIN G M, HADDAD P M, FERRIER I N, et al. Evidence-based guide-

lines for treating bipolar disorder: revised third edition recommendations from the British Association for Psychopharmacology [J]. Journal of Psychopharmacology, 2016, 30 (6): 495-553.

[16] GOYETTE C H, CONNERS C K, ULRICH R F. Normative data on revised Conners parent and teacher rating scales [J]. Journal of Abnormal Child Psychology, 1978 (6): 221-236.

[17] GRANDE I, BERK M, BIRMAHER B, et al. Bipolar disorder [J]. The Lancet, 2016, 387 (10027): 1561-1572.

[18] HIRSCHFELD R M, WILLIAMS J B, SPITZER R L, et al. Development and validation of a screening instrument for bipolar spectrum disorder: the Mood Disorder Questionnaire [J]. American Journal of Psychiatry, 2000, 157 (11): 1873-1875.

[19] HIRSCHFELD R M, LEWIS L, VORNIK L A. Perceptions and impact of bipolar disorder: how far have we really come? Results of the national depressive and manic-depressive association 2000 survey of individuals with bipolar disorder [J]. Journal of Clinical Psychiatry, 2003, 64 (2): 161-174.

[20] HIRSCHFELD R M. Bipolar depression: the real challenge [J]. European Neuropsychopharmacology, 2004, 14 (Suppl 2): S83-S88.

[21] KAUFMAN J, BIRMAHER B, BRENT D, et al. Schedule for Affective Disorders and Schizophrenia for School-Age Children-Present and Lifetime Version (K-SADS-PL): initial reliability and validity data [J]. Journal of the American Academy of Child and Adolescent Psychiatry, 1997, 36 (7): 980-988. DOI: 10.1097/00004583-199707000-00021.

[22] KAY S R, FISZBEIN A, OPLER L A. The positive and negative syndrome scale (PANSS) for schizophrenia [J]. Schizophrenia Bulletin, 1987, 13 (2): 261-276.

[23] KESSLER R C, DEMLER O, FRANK R G, et al. Prevalence and treatment of mental disorders, 1990 to 2003 [J]. New England Journal of Medicine, 2005, 352 (24): 2515-2523.

[24] KIELING C, BUCHWEITZ C, CAYE A, et al. Worldwide prevalence and disability from mental disorders across childhood and adolescence: evidence from the global burden of disease study [J]. JAMA Psychiatry, 2024, 81 (4): 347-356.

[25] KROENKE K, SPITZER R L, WILLIAMS J B. The PHQ-9: validity of a brief depression severity measure [J]. Journal of General Internal Medicine, 2001, 16 (9): 606-613.

[26] KRUG D A, ARICK J, ALMOND P. Behavior checklist for identifying severely handicapped individuals with high levels of autistic behavior [J]. Journal of Child Psychology and Psychiatry, 1980 (21): 221-229.

[27] NOCK M K, FAVAZZA A R. Nonsuicidal self-injury: definition and classification [M] //NOCK M K. Understanding nonsuicidal self-injury: origins, assessment, and treatment.

Washington: American Psychological Association, 2009: 9-18. DOI:10. 1037/11875-001.

[28] MOOS R H, MOOS B S. Family environment scale manual [M]. Palo Alto: Consulting Psychologists Press, 1981.

[29] MYKLEBUST H R. The pupil rating scale revised: screening for learning disabilities [M]. New York: Grune & Stratton, 1981.

[30] PERRIS C, JACOBSSON L, LINDSTRÖM H, et al. Development of a new inventory assessing memories of parental rearingbehaviour [J]. Acta Psychiatrica Scandinavica, 1980, 61 (4): 265-274.

[31] POSNER K, BROWN G K, STANLEY B, et al. The Columbia-Suicide Severity Rating Scale: initial validity and internal consistency findings from three multisite studies with adolescents and adults [J]. American Journal of Psychiatry, 2011, 168 (12): 1266-1277.

[32] ROSVOLD H E, MIRSKY A F, SARASON I, et al. A continuous performance test of brain damage [J]. Journal of Consulting Psychology, 1956, 20 (5): 343-350.

[33] SATO T, BOTTLENDER R, SIEVERS M, et al. Evaluating the inter-episode stability of depressive mixed states [J]. Journal of Affective Disorders, 2004, 81 (2): 103-113.

[34] SCAHILL L, RIDDLE M A, MCSWIGGIN-HARDIN M, et al. Children's Yale-Brown obsessive compulsive scale: reliability and validity [J]. Journal of the American Academy of Child & Adolescent Psychiatry, 1997, 36 (6): 844-852.

[35] SHEEHAN D V, LECRUBIER Y, SHEEHAN K H, et al. The Mini-International Neuropsychiatric Interview (MINI): the development and validation of a structured diagnostic psychiatric interview for DSM-Ⅳ and ICD-10 [J]. Journal of Clinical Psychiatry, 1998, 59 (20): 22-33.

[36] SPITZER R L, KROENKE K, WILLIAMS J W, et al. A brief measure for assessing generalized anxiety disorder: the GAD-7 [J]. Archives of Internal Medicine, 2006, 166 (10): 1092-1097.

[37] TANDON R, GAEBEL W, BARCH D M, et al. Definition and description of schizophrenia in the DSM-5 [J]. Schizophrenia Research, 2013, 150 (1): 3-10. DOI: 10. 1016/j. schres. 2013. 05. 028.

[38] YE S L, XIE M J, YU X, et al. The Chinese Brief Cognitive Test: normative data stratified by gender, age and education [J]. Frontiers in Psychiatry, 2022 (13): 933642.

[39] ZHENG Y, DU Y, SU L Y, et al. Reliability and validity of the Chinese version of Questionnaire-Children with Difficulties for Chinese children or adolescents with attention-deficit/hyperactivity disorder: a cross-sectional survey [J]. Neuropsychiatric Disease and Treatment, 2018 (14): 2181-2190.

[40] 美国精神医学学会. 精神障碍诊断与统计手册（第五版）[M]. 张道龙, 等, 译. 北京: 北京大学出版社, 2015.

[41] 托尼·阿特伍德. 阿斯伯格综合征完全指南 [M]. 燕原, 冯斌, 译. 北京: 华夏出版社, 2012.

[42] CSNP 精神病性障碍研究联盟全体成员. 中国精神病临床高危综合征早期识别和干预——CSNP 精神病性障碍研究联盟专家共识(2020版)[J]. 中国神经精神疾病杂志, 2020, 46(4): 193-199.

[43] 12 地区精神疾病流行学调查协作组, 许昌麟. 社会功能缺陷筛选表评分资料分析 [J]. 中华神经科杂志, 1986, 19(2): 19-24.

[44] 陈月新, 叶敏捷, 季显琼, 等. 护士用自杀风险评估量表(NGASR)在住院精神分裂症患者中应用的信效度研究 [J]. 中国民康医学, 2011, 23(3): 31-33.

[45] 费立鹏, 沈其杰, 郑延平, 等. "家庭亲密度和适应性量表"和"家庭环境量表"的初步评价——正常家庭与精神分裂症家庭成员对照研究 [J]. 中国心理卫生杂志, 1991, 5(5): 198-202, 238.

[46] 李占江, 王极盛, 贺美玲. 莱顿强迫问卷(儿童版)信度、效度兼划界分的研究 [J]. 医学研究通讯, 2001(2): 23-24.

[47] 李占江. 临床心理学 [M]. 2 版. 北京: 人民卫生出版社, 2021.

[48] 刘贤臣, 刘连启. 青少年生活事件量表的编制与信度效度测试 [J]. 山东精神医学, 1997, 10(1): 15-19.

[49] 刘豫鑫, 刘津, 王玉凤. 简明儿童少年国际神经精神访谈(父母版)的信效度 [J]. 中国心理卫生杂志, 2010, 24(12): 921-925.

[50] 刘豫鑫, 刘津, 王玉凤. 简明儿童少年国际神经精神访谈儿童版的信效度 [J]. 中国心理卫生杂志, 2011, 25(1): 8-13.

[51] 陆林. 沈渔邨精神病学 [M]. 6 版. 北京: 人民卫生出版社, 2018.

[52] 静进, 海燕, 邓桂芬, 等. 学习障碍筛查量表的修订与评价 [J]. 中华儿童保健杂志, 1998, 6(3): 197-200.

[53] 麦克拉申, 等. 精神病风险综合征——诊断和随访手册 [M]. 宁玉萍, 译. 北京: 人民卫生出版社, 2012.

[54] 唐慧琴, 忻仁娥, 徐韬园. Conners 儿童行为问卷(修正版)的应用研究 [J]. 上海精神医学, 1993, 5(4): 246-248.

[55] 夏朝云, 王东波, 何旭东, 等. 自杀意念自评量表在大学生中的应用 [J]. 中华精神科杂志, 2007, 40(2): 1-5.

[56] 肖计划, 许秀峰. "应付方式问卷"效度与信度研究 [J]. 中国心理卫生杂志, 1996, 10(4): 164-168.

[57] 谢斌, 郑瞻培. 修订版外显攻击行为量表(MOAS)[J]. 中国行为医学科学, 2001, 10(特刊): 195-196.

[58] 辛秀红, 姚树桥. 青少年生活事件量表效度与信度的再评价及常模更新 [J]. 中国心理卫生杂志, 2015, 29(5): 355-360.

[59] 杨海晨, 苑成梅, 刘铁榜, 等. 中文版心境障碍问卷的效度与信度 [J]. 中

华精神科杂志，2010，43（4）：217-220.

［60］岳冬梅. 父母教养方式：EMBU 的初步修订及其在神经症患者的应用［J］. 中国心理卫生杂志，1993，7（3）：97-101.

［61］张芳，程文红，肖泽萍，等. 渥太华自我伤害调查表中文版信效度研究［J］. 上海交通大学学报（医学版），2015，35（3）：355-359.

［62］张鸿燕，肖卫东. 评价精神分裂症的抑郁症状——卡尔加里精神分裂症抑郁量表［J］. 国际精神病学杂志，2006，33（1）：8-12.

［63］赵靖平，方贻儒. 双相障碍的早期识别［J］. 中华精神科杂志，2011，44（4）：240-242.

［64］赵幸福，张亚林，李龙飞，等. 中文版儿童期虐待问卷的信度和效度［J］. 中国临床康复，2005，9（20）：105-107.

［65］郑丽娜，王继军，张天宏，等. 中文版精神病高危症状量表的信度和效度［J］. 中国心理卫生杂志，2012，26（8）：571-576.

［66］中华医学会儿科学分会发育行为学组，等. 孤独症谱系障碍患儿常见共患问题的识别与处理原则［J］. 中华儿科杂志，2018，56（3）：174-178.

［67］周晋波，郭兰婷，陈颖. 中文版注意缺陷多动障碍 SNAP-Ⅳ评定量表-父母版的信效度［J］. 中国心理卫生杂志，2013，27（6）：424-428.

［68］周平，刘联琦，张斌，等. 卡尔加里精神分裂症抑郁量表（中文版）信效度初步分析［J］. 中国心理卫生杂志，2009，23（9）：638-642.

第四章

整合心理干预实践

第一节　心理干预计划制订

对于从未接触过心理干预的儿童和青少年来说，心理干预显得陌生又神秘。在诊室里，当来访者被建议进行心理干预时，家长和来访者的反应显得有一些疑问和误解，如："心理干预是什么？""纯聊天吗？除了聊天还有别的事情要做吗？""聊天能有效？通过聊天可以解决孩子不上学的问题吗？""心理干预可以让人心情好起来吗？""孩子的心理问题，为什么需要干预家长？"……

不仅如此，家长和来访者也会对心理干预过程的设置与困难感到困惑：（孩子）"大概要做多久啊？"（家长）"孩子不愿意来，我把他'抓'来了，您可以开解开解他吗？"（家长）"为什么不能告诉我孩子在治疗室里谈到的内容？"（家长）"为什么参加完一个干预项目，还要参加另一个？"……

在正式介入心理干预之前，如果来访者和家长对心理干预存在疑问而又未能得到充分的澄清，有可能会阻碍心理干预的有效推进。这不仅给来访者带来不良的体验，同时也会影响心理治疗师对心理干预进程的把握，比如，治疗师可能在干预过程中反复被打断，需要不断澄清和解答来访者及家长对心理干预的各种疑问。

因此，在进入心理干预之前，通常治疗师会与来访者进行"摄入性会谈"。在笔者团队开展的整合心理干预中，制订干预计划并向儿童和青少年及其家长详细介绍是心理干预的第一步。心理干预计划，在广泛概念上用于描述来访者可以接受什么类型的干预、不同干预方式如何组合、为什么要先提供这样的干预措施、澄清如何实施以及何时何地进行等（WHO，2024）。当来访者及其家长对他们可接受何种干预以及如何开展干预有清晰的认识时，他们会感到舒适并对心理干预有一定的主动性和掌控感，也更愿意加入治疗联盟。同时，心理干预计划也为具体的心理干预提供个案概念化的资料，帮助后续接诊的治疗师更快了解个案信息，提高整体的干预效率。

基于以上目标，在实施心理干预前，我们需要通过心理干预计划制定访谈评估（见图4-1），结合综合心理评估，全面了解来访者的信息，明确以下6个问题：①为什么需要心理干预？进行心理干预的目的是什么？②将实施哪些心理干预？③心理干预将以什么形式开展？④不同的心理干预之间如何衔接整合？⑤由谁来进行心理干预？⑥心理干预过程中的困难与资源。由此，最终为来访者制订个性化且有效的心理干预计划。临床中，我们发现，与儿童和青少年及其家长共同制订干预计划，对推动后续心理干预的顺利进行和来访者的全面康复具有重要意义。

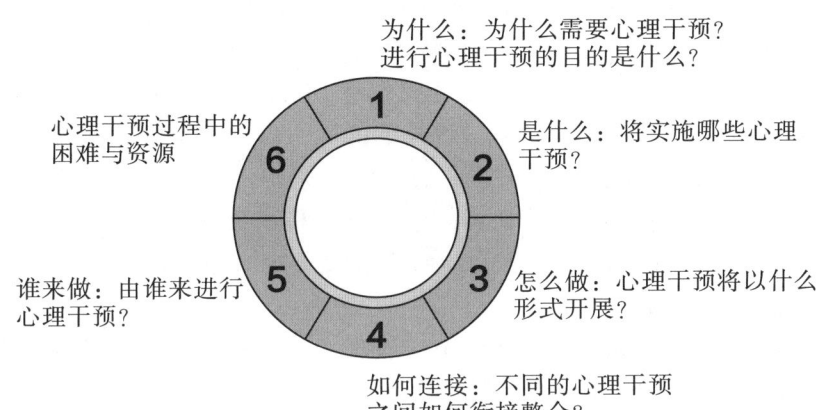

图 4-1　心理干预计划制定访谈评估

笔者团队实施心理干预计划访谈的流程如下：心理干预计划访谈开始前，心理治疗师先告知来访者和家长，说明此次访谈的目的以及将会在访谈中达成的目标，获得来访者和家长的知情同意。接下来，心理治疗师单独与来访者进行会谈，完成个案概念化和了解来访者的干预目标后，制订基本的心理干预计划。然后，询问来访者是否可以邀请家长加入会谈，获得来访者的同意后，邀请家长一同商定最终的整合干预计划。最后，对来访者和家长进行心理健康教育，鼓励来访者及其家长积极寻找身边的资源，促进更多有利于来访者恢复的人员加入干预联盟。

【临床启示】实践中，我们发现优先与来访者进行会谈，会更有利于获得他们的信任，同时也给来访者带来深切的感受：自己在主动参与问题解决的过程，而非医生与父母强制要求。

基于第三章所介绍的综合心理评估，结合上述 6 个问题，笔者团队在临床实践中，将心理干预的制定分为 4 个部分：①结合综合心理评估报告，形成基于评估的个案概念化；②商定整合干预目标及动机激活；③制订整合心理干预计划；④促进形成心理干预联盟。

一、形成基于评估的个案概念化

形成个案概念化是心理干预计划访谈评估中的第一环，而综合心理评估所提供的信息是个案概念化的重要基础。

【临床启示】若综合心理评估与心理干预计划访谈评估间隔时间较长（如超过一个

月），建议在心理干预访谈前期先与来访者一同回顾既往综合心理评估的内容，与来访者再次确认当前的情况是否发生改变（如症状的严重程度、是否存在新的问题、来访者所在的环境是否发生改变等，其中尤其重要的是安全风险的复评）。

在心理干预访谈中，促进个案概念化需要补充评估以下内容。

（1）来访者的个人信息：在综合心理评估报告的基础上了解来访者心理困扰的相关环境因素，如家庭居住地、当前共同生活的家庭成员和心理干预史等。

（2）当前主诉和主要问题：了解影响来访者最重要、最紧急的问题，常见的主诉为提升人际能力，缓解焦虑、抑郁等症状，改善不良作息，减少不良行为，改善亲子沟通等。

（3）近期压力来源：进一步了解来访者最近的压力事件或重大的生活事件，常见的压力来源为家庭、学校、学习、同伴关系、心理创伤等。

（4）来访者个人的优势：了解来访者的个人资源和社会资源。个人资源包括来访者独特的价值观、人生观、兴趣爱好、压力应对方式或策略（适应性和非适应性的策略）；社会资源包括家庭、朋辈支持等。

（5）行为学观察：观察来访者在访谈中的表现，补充描述来访者当前的状态，其中包含外貌、言语沟通、眼神交流、情绪稳定性、注意力、自知力、认知思维特点等。

（6）社会功能：具体了解来访者当前的认知水平和功能水平，其中儿童和青少年的功能水平可大致通过3个方面来评估——学业情况、社交情况和日常生活习惯。

（7）其他信息补充：鼓励和邀请来访者补充访谈中未提及但又很重要的信息或个人经历，通常可使用的问法是："还有什么信息是我们刚刚没提及的，但对你来说很重要的吗？或者有什么你暂时不愿意透露，但对你来说很重要的信息吗？"

通过上述方面信息的采集，结合综合心理评估的内容，心理治疗师可得出对来访者的初步个案概念化。

二、商定整合干预目标及动机激活

根据初步个案概念化，心理治疗师应对来访者的整合干预方案有初步的设想。然则，心理干预不同于药物干预，药物干预某种程度上是来访者身体主动参与药物代谢以达到治疗效果，而心理干预有着其特殊性，即需要来访者对当前问题有一定的自知力和具备自我改变的动力。因此，在制订心理干预计划时不应忽视来访者的主观意愿，需要充分了解来访者的主要困扰及其对心理干预的期待和担忧，在完成初步个案概念化后，心理治疗师应先与来访者总结其当前问题和资源现状，并与来访者列出拟解决的问题清单，协助来访者制定出具体、可操作的整合干预目标。

随后，向来访者介绍可达到目标的潜在心理干预方式（包括具体的干预目标、干预内容和干预形式），并鼓励来访者真实地表达出对具体心理干预方式的看法，如：具体的干预内容和形式是否与来访者自己的期待和需求相匹配？参与干预对来访者来说有什么困难？是否会担心难以坚持完整的干预过程？……

对于来访者表达出对具体心理干预的担忧，心理治疗师首先应该要正强化来访者能真实表达个人担忧的部分，然后充分澄清来访者的担忧和疑虑。尤其是，需要确认来访者是感觉心理干预方式对解决自身问题无效，还是出于其他考虑无法接纳心理干预可能对自身有效（例如，害怕团体互动的形式、认为干预间隔太密集等）。如遇到后者的情况，心理治疗师可以在进行心理健康教育后，表达出愿意与来访者一起尝试解决困难的态度，尽可能降低来访者的担忧，促进来访者顺利参与干预。这一部分的讨论十分重要，因为对于改变的担忧或阻抗并非只是阻碍来访者参与合适的心理干预，而是极大可能在生活中也会给来访者带来很多困难，也许这正是来访者当前生命历程中的关键人生议题。当来访者在心理治疗师的引导下能清晰觉察、描述和澄清这些问题后，积极寻找解决方式，就是一次打破过去既定的不良应对模式的尝试，为来访者提供了成功应对的例外经验。

以下这段对话，描述了心理治疗师如何帮助存在社交焦虑的来访者[1]加入团体心理干预的过程。

来访者：我觉得团体心理干预也许有用吧，但是我真的害怕待在人群中，想想就害怕，我还是不参加了。

心理治疗师：听上去，你认同这种心理干预对解决你的问题是有效的，但对团体干预的形式有一些担忧，阻碍你没法通过这样的方式来解决自己的问题。或许你能告诉我更多关于你对团体心理干预的顾虑吗？

来访者：我害怕在别人面前讲话，特别是当我需要在大家面前发表自己的想法、谈论自己的感受和经历时，我会感到非常紧张和不安。其实，我过去就一直很害怕在他人面前说话，总会很担心说错话，或者让气氛变得很尴尬，我可能会紧张到根本没法继续专注跟人交流。

心理治疗师：听起来你觉得公开表达自己会让你很焦虑，对吗？

来访者：是的，我一直都很害怕在人群面前讲话。想到在一群人面前谈论我的私人问题，我现在就觉得很难受。

心理治疗师：谢谢你能坦诚地和我分享这些感受。你的担忧是非常真实和重要的。或许我们可以一起探讨一些可能的解决办法，尽可能让你在群体中感到舒适一些，你觉得可以试试吗？

来访者：我不知道。

心理治疗师：没关系，我可以先向你介绍一下开展团体心理干预的前期阶段吗？

来访者：好吧，你说吧。

心理治疗师：我们可以在开始团体心理干预之前，先进行一些个体会谈，帮助你逐步减轻对社交情境的恐惧。我们也可以一起制定一些小目标，逐步建立你的自信心。

来访者：这样听起来不错，但我还是有点担心。

心理治疗师：这是很正常的。我们可以在你感到更为舒适和自信之后，逐步参加一些小组活动。比如，一开始只是观察，不需要主动参与，等你准备好了再逐步增加参与度。

---

[1] 该案例为多个真实案例混编。

来访者：如果一开始不需要我马上发言的话，也许可以试试看吧。

心理治疗师：很高兴听到你愿意尝试。你也可以随时告诉我你的感受和顾虑，我们会一起调整策略，确保你在整个过程中感到安全和被支持。

来访者：好的，谢谢你。我觉得这样会让我放松一些。

心理治疗师：不客气，我很高兴我们能够找到一个让你觉得可行的方法。我们一起努力，好吗？

来访者：好的。

三、制订整合心理干预计划

笔者团队运行的儿童和青少年整合心理干预模式，根据心理障碍特点及其严重程度，提供分级、系统化的干预措施，以期逐步、逐层帮助来访者缓解精神心理问题，提高心理健康水平。整合心理干预模式具体可分为4个层级，笔者团队基于临床实际，正在开展情绪障碍整合心理干预、发育障碍整合心理干预和精神病整合心理干预。无论哪类心理障碍，整合心理干预模式各层级的干预设置和目标都可归纳如下。

（1）自助性干预：干预的实施主体为来访者和家长。主要依靠来访者及其家长自主浏览和积极学习书籍或其他大众媒体（如微信公众号等）所传递的一般心理健康知识，以此提高对潜在心理问题的觉察，自助式解决当前的困难。在此干预层级，除定期的精神科复诊或心理评估外，无专业心理治疗师介入。适用于所有年龄段的儿童和青少年及其家长，尤其是适用于处于亚心理健康状态或疾病康复期的人群。

（2）普遍性干预：主要干预形式是心理治疗师为儿童和青少年及其家长提供短程的团体心理干预，以增加儿童和青少年及其家长对心理疾病的认识，学习简单、有效的应对方式和基本的亲子沟通技巧，以此预防病情的进一步发展和迁延，快速缓解疾病带来的不适体验和痛苦感。主要适用于对心理疾病缺乏科学、系统的认识，对疾病的症状表现和治疗存在误解的儿童和青少年及其家长。

（3）选择性干预：以心理治疗师为来访者提供封闭式的团体治疗为主要干预方式，一般疗程为2~3个月。此层级的干预主要立足于儿童和青少年当前的关键症状表现或主要压力来源或疾病诱因，增强利于疾病康复的有效因子，设定有针对性的主题式团体心理干预。笔者团队开展情绪管理、应对焦虑、家庭沟通、人际互动、注意力训练、社交技能训练等不同主题的团体心理干预，儿童和青少年及其家长可选择参加能帮助其应对心理困扰的主题。当然，同一个来访者可能既适合参加家庭沟通团体，也适合参加人际互动团体，参加顺序可在心理干预计划制定访谈中由心理治疗师与来访者及其家长共同商定。

（4）精准个性化干预：面向儿童和青少年及其家长提供更具综合性和个性化的个体或家庭心理治疗，以期为来访者及其家长提供有效的心理健康支持，改善其当前的生活状态，充分讨论个人或家庭中的特殊议题，促进个人和家庭的成长，以促进疾病的康复和预防复发。精准个性化干预适用于所有人群，尤其适用于以下几类人群：复杂心理问题（如重性精神障碍、选择性缄默、顽固反复的自杀自伤、严重社交恐惧或惊恐发作等）、个人和家庭议题丰富或具有严重创伤经历的来访者。

【临床启示】一般来说，精准个性化干预的服务对象应该是最广泛的，干预内容是最全面的，干预目标是多样的。实践中，精准个性化干预应该涵盖以上几个层级干预所包含的干预内容，同时又能处理以上层级干预未涉及的部分。

在完成整合干预目标和初步的整合干预计划，并获得来访者的知情同意后（可当场询问来访者是否愿意父母参与当前会谈及后续的干预，并确认是否有内容不能在家长面前透露或提及的），邀请家长进入会谈室。邀请家长补充来访者的信息，鼓励家长同步关注来访者的问题和当前的积极资源、优势。随后，向家长介绍与来访者商定的干预目标和初步的整合干预计划，了解家长对心理干预的看法，以及是否存在帮助孩子的意愿，适时辅以心理健康教育，确定最终的整合干预计划。以下为整合心理干预计划的示例。

儿少患者门诊心理干预计划表

姓名	×××	性别	☑男 □女	家庭主要成员：
年龄	16	居住地	广州	父亲☑ 母亲☑
年级	高二	目前休学	☑是 □否	爷爷□ 奶奶□ 外公□ 外婆□ 弟弟□ 妹妹□ 哥哥□ 姐姐□ 其他：_____
家族病史	□是 ☑否	心理咨询史	□是 ☑否	隔代抚养：□无 ☑有：<u>1～6岁</u> <u>爷爷奶奶带</u>

心理干预建议：
☑情绪障碍家长指导　　　　☑情绪管理技巧训练　　　　☑个体/家庭治疗 （2个半天完成，共5小时）　（12次，每次1.5小时）　　（每次约1小时） ☑情绪障碍家长养育支持　　□人际互动训练 （12次，每次1.5小时）　　（12次，每次1.5小时） 　　　　　　　　　　　　　□应对焦虑技能训练 　　　　　　　　　　　　　（8次，双团体，每次1.5小时）

心理干预目标：
☑缓解消极情绪　　　　　　□提升人际技能　　　　　　□改善问题行为 □改善睡眠　　　　　　　　□增进亲子关系　　　　　　□其他：_____

近期压力来源：
学校：□师生关系　□同学关系 学习：☑学习成绩　☑学习能力　□学习目标　□学习行为 同伴关系：□人际技能　□朋友少/无 心理创伤：□无　□有 _____ 家庭因素：□亲子关系　□亲子沟通　□父母关系　□家庭暴力 压力缓解方式：<u>暂无</u>　　　　　可信赖的人：<u>暂无</u>

			续上表
行为观察：			
外貌：☑整洁 □欠佳		语言沟通：☑正常 □沉默 □话多 □话快	
眼神交流：☑正常 □异常		情绪稳定性：☑稳定 □波动	
注意力集中：☑良好 □欠佳		自知力：□良好 ☑欠佳	其他：
学业情况：	**社交情况：**		**个人情况：**
寄宿：□无 ☑有	好友：□无 ☑有		优势：××××
特殊班级：☑无 □有	☑主动 □被动		劣势：××××
班级排名：☑前 □中 □后	校园欺凌与孤立：□无 ☑有		兴趣爱好：××××
干预计划制定人员：			制定日期：2024-11-13

四、促进形成心理干预联盟

心理干预联盟的形式可以有效提升干预效果，联合家庭、学校、社区和医院等资源共同协助，帮助来访者度过危机时刻（Robertson et al., 2016）。既往研究表明，相较于成年人的心理问题，儿童和青少年的心理问题及其康复过程容易受到各种环境和压力因素的影响，如家庭氛围、学校人际环境、学业压力、社区欺凌等（Armitage et al., 2024）。建立一个包含家庭、学校、社区和医院的心理干预联盟，能够为他们提供多层级的支持和干预。这样的联盟不仅可以早期识别和处理心理健康问题，减少复发，还可以通过综合资源和协调合作，确保干预的连续性和一致性。各方协作能够为儿童和青少年提供一个安全和支持性的环境，促进他们的心理健康和整体发展，同时也减轻家庭的负担，提高社会各界对心理健康问题的关注和响应能力。

因此，心理干预访谈不只是为来访者及其家长提供一份整合心理干预计划，还需积极推动心理干预联盟的建立，为来访者的心理干预获得更多的支持，提高干预效果。其中心理干预联盟包含来访者本人、家长、学校老师、社区人员、精神医生及心理治疗师等相关人员。在访谈中促进心理干预联盟建立的具体操作步骤如下。

（1）建立共同愿景和目标：描述和汇总联盟各方的期待（如减少消极情绪、提高情绪调节能力），澄清各方期待中看似矛盾、对立的目标，着重强调各方的共识。随后，与联盟各方制定具体、可量化、可操作的目标（如帮助来访者参加一些能获得快乐的活动、尝试解决诱发不良情绪的问题）。

（2）明确心理干预联盟的角色和责任：无论是来访者、家长还是学校老师、治疗师，都需明确自身在整合心理干预中所扮演的角色以及角色所带来的责任和义务，需要对自身能处理的、不能处理的问题有清晰的认识，并了解当超出自身可处理范围的时候应当如何连接到联盟其他成员中。此处列举一些潜在的联盟对象。

①儿童和青少年：配合医疗，按时服用药物和接受相应心理干预；积极参与康复活动；主动求助。

②家长：提供充分的情感支持，创设良好的家庭氛围，积极参与心理健康活动，与

学校和医院保持沟通。

③精神科医生：评估诊断，制定药物治疗方案，定期随访。

④心理治疗师：提供专业心理评估和干预。

⑤其他医护人员（如护理人员、个案管理人员等）：协助来访者进行康复活动，定期记录和归档来访者的情况变化。

⑥其他资源（如学校和社区等）：定期举办心理健康知识讲座、身心康复活动、强度适中的学习帮扶活动，鼓励儿童和青少年来访者通过参与以上活动保持规律的生活节奏和生活动力。

（3）基于有效的沟通，建立评估与反馈机制：建立共享信息平台，方便联盟各方可以获取和更新信息（如建立个案管理档案，来访者的情况能及时记录并传递等）。制定评估标准和指标，收集联盟各方的反馈，定期评估各方所负责项目的进展和效果。例如，邀请联盟各方定期召开会谈，通过有效沟通分享彼此的进展，正强化各方已做出的改变，讨论当前仍存在的问题，并制定短期内的应对策略。

（4）资源共享与整合：联盟各方共享专业知识、技术支持、物质资源和服务。整合各方的服务，形成一个无缝衔接的支持体系。例如，学校的心理辅导员可以与医院的心理治疗师合作，确保学生在不同场所都能得到持续的支持。

第二节　情绪障碍整合心理干预

一、情绪障碍整合心理干预的架构

笔者团队依照提出的整合心理干预模式，针对儿童和青少年的情绪障碍[①]，建立了以下整合心理干预架构。

（一）自助性干预

干预目标：增加来访者及其家长对儿童和青少年情绪障碍的普遍认识，学会识别情绪障碍的保护因素和风险因素，消除对情绪障碍的污名化，提高对情绪障碍的应对能力，最终预防情绪障碍的加剧。

干预途径：参与学校或社区举办的心理教育专题讲座，自主阅读和观看电子资讯、相关专业自助手册或加入相应互助群，以此来获取情绪障碍相关知识和信息。

适用患者：疑诊或确诊情绪障碍的儿童和青少年及其家长。

1. 儿童和青少年部分

推荐来访者积极参与学校心理课、专题心理周活动，定期参与心理健康筛查，与心

---

① 儿童和青少年情绪障碍包括抑郁障碍、焦虑障碍、双相及相关障碍等。

理委员和学校心理老师保持密切联系，维持良好的亲子沟通。可推荐阅读微信公众号"华南精神心理早期干预联盟"的"成长没烦恼"栏目以及"康复故事"系列推文。日常可阅读书籍《儿童情绪障碍跨诊断治疗的统一方案——自助手册》《青少年情绪障碍跨诊断治疗的统一方案——自助手册》《八周正念之旅》等。

2. 家长部分

推荐家长定期参加学校所举办的亲子心理活动，自行学习儿童和青少年的心理发展特点及情绪障碍的特点，与班主任、心理老师等保持一定的联系，定期了解孩子的心理健康情况。推荐阅读微信公众号"华南精神心理早期干预联盟"的"70分妈妈"系列推文。日常可阅读书籍《P.E.T.父母效能训练》《非暴力沟通》《孩子出生以后》《养育与天性》《青少年期的内在故事》等。

（二）普遍性干预

干预目标：增加来访者及其家长对儿童和青少年情绪障碍症状特点的科学认识和深入理解，学习有效应对消极情绪和不良的行为、生活模式的策略以及亲子沟通技巧，预防情绪障碍症状的进一步发展和迁延，尽可能缓解情绪障碍带来的不适体验。

干预途径：建议儿童和青少年及其家长参与由精神科医生、心理治疗师所开设和提供的快速且有效的短程心理干预，以期在较短的时间内获得专业的医学支持和帮助。一般来说，建议采取线上干预模式，高频滚动开展，这极大提高了心理干预的可及性。在笔者团队目前所运行的模式中，儿童和青少年在确诊后一周内能接受干预（实际情况中，会因轮候来访者数量而有一定变化）。

适用患者：确诊情绪障碍的儿童和青少年及其家长。

1. 儿童和青少年部分

主要通过开展情绪障碍儿童和青少年初阶课程（后简称"孩子初阶班"）为儿童和青少年提供快速、简短、有效的干预。笔者团队针对情绪障碍儿童和青少年的普遍性干预尚在研发中，初步设计的开展形式为2次线上课程（每次1.5小时），并在每一部分设有答疑环节，最多可容纳30名儿童和青少年参与。孩子初阶班包括5个部分的内容：①情绪障碍相关心理教育（了解儿童和青少年情绪障碍各类症状及影响因素）；②情绪障碍干预概述（介绍精神科药物干预及心理干预的内涵和形式，学习如何记录日常情绪变化）；③简易情绪调节技巧练习（正念练习，建立应对情绪危机的工具包）；④如何与家长沟通，构建适宜环境（如何应对当前困难、如何与学校老师和同学解释病情及获取支持等）；⑤提高对自身问题或困难的觉察，了解可以帮助自己度过困难的心理干预方式，适时参与到选择性干预中。

2. 家长部分

主要通过开展情绪障碍家长初阶课程（后简称"家长初阶班"）为家长提供快速、简短、有效的干预，开展形式为线上课程，并设有答疑环节，最多可容纳30个儿童和青少年家庭参与，鼓励孩子家长双方或其他重要亲属同步参与。家长初阶班包括5个部分的内容：①如何更好地理解青少年情绪障碍来访者（共建治疗联盟，青春期的身心特点，青少年情绪障碍的典型症状，青少年情绪障碍的风险因素）；②儿童和青少年安全风险管理课程（了解儿童和青少年自杀自伤的特点及风险因素，学习家庭管理和应对安全风险的方法）；③亲子沟通技巧之接纳与共情技术学习（了解家长的行为是如何影响孩子的，学习接纳与共情的沟通技术，学习行为管理的相关技巧和家长的自我关照）；④如何与学校、社区等携手共建适合孩子康复的环境；⑤增强对孩子或家庭当前困难的认识，了解后续可参与的心理干预方式。

（三）选择性干预

干预目标：减少造成儿童和青少年情绪障碍的特定、明确的压力来源或现实诱因（如不良的人际关系或家庭环境、自身情绪调节能力欠佳等），解决当前主要问题、缓解不良情绪、提高情绪调节能力、提高对压力事件的心理弹性及学习成熟的应对方式。

干预途径：建议儿童和青少年及其家长参与有针对性的治疗性团体，在相对短程的团体心理干预中学习相应的情绪调节技能和工具，帮助情绪障碍来访者降低情绪易感性、缓解不良情绪带来的不适体验，促进康复。实践中，选择性干预主要以特定主题的团体心理干预展开，小组成员均带着相同的困扰和期待而来，并接受一定频率的心理干预。在笔者团队所运行的模式中，团体心理干预的疗程基本为 3 个月。选择性干预以减少可能引起情绪障碍的主要现实诱因或解决情绪障碍出现后所带来的症状困扰、现实问题为关键锚点，尽可能地提供贴合儿童和青少年需要的全面且多样的心理干预。实践中，整合心理干预体系的建立和发展需要科学的研判和临床实践的反复验证，笔者团队在持续优化和完善选择性干预的形式和内容。

适用患者：确诊情绪障碍的儿童和青少年及其家长。

1. 儿童和青少年部分

主要通过开展多种不同类型的团体心理干预，为儿童和青少年提供有针对性、相对短程的心理干预。一般开展形式为每周一次的线下团体干预，12 次干预为一个疗程（3～4 个月），小组一般有 6～8 个成员，均为封闭式团体（即要求全程参与且开组后不再加入新成员）。

（1）青少年情绪管理团体

青少年情绪管理团体适用于 12～18 岁的主诉为情绪管理困难的青少年。

干预目标：帮助来访者识别和理解情绪，降低情绪脆弱性，增强积极情绪体验，从而实现更有效的情绪管理和调节。

青少年情绪管理团体改编自辩证行为疗法（Dialectical Behavior Therapy，DBT）中的团体技能训练。通过优化改良后，其内容和形式更适用于情绪障碍青少年。选择 DBT 作为情绪管理团体的理论和技术基础，是因为 DBT 具有严谨的理论基础和坚实的临床证据。DBT 最早由玛莎·莱恩汉（Marsha Linehan）博士开发，最初用于治疗边缘性人格障碍，现已被广泛应用于多种情绪障碍（Linehan，1993）。大量研究证明了其在改善情绪调节、减少自伤行为和降低自杀风险方面的有效性。

经典 DBT 包含四个主要模块：正念练习、情绪调节、人际效能和痛苦耐受。每个模块均会系统地教授具体技能，来访者将按照固定的课程进度进行，通过不断练习获得连贯的学习体验，逐步掌握并应用这些技能，最终提升情绪管理能力。经典 DBT 疗程为 48 周。青少年情绪管理团体在经典 DBT 模式下，结合情绪障碍青少年的认知发展特点，并考虑治疗的可及性和干预效率，在不缺失关键技能的前提下，改组为每周一次、为期 12 周的团体心理干预。其方案主要包含以下内容。

①正念练习：在 DBT 中，正念练习旨在通过增强个体对自身思想、情感和身体感受的觉知，减少情绪反应，提高痛苦容忍度，从而帮助其改善人际关系，并在接纳与改变之间找到平衡。

②情绪调节：帮助来访者学会准确地识别和命名自己的情绪，理解诱发事件、问题行为、后果、易感因素之间的联系，并采取有效的情绪调节策略，包括核对事实、相反行动、问题解决、积累正向情绪、PLEASE 技能①等多方面的技巧，最终达到更好地管理情绪反应的目标。

③人际效能：强调来访者的人际环境对情绪障碍的影响，尤其是儿童和青少年，因此团体中设置人际效能部分，通过角色扮演和模拟情境，帮助来访者提升社交技能和人际关系管理能力，减少因人际冲突引发的情绪障碍。同时，良好的人际关系可以提供情绪支持和资源，帮助来访者更好地应对情绪困扰。

④痛苦耐受：帮助来访者识别危机时刻及在出现危机时的冲动行为，学会辩证看待危机等。在此部分提出了一些简便、有效、操作性高的技巧帮助来访者更好地耐受痛苦和度过危机，如改变生理反应来降低痛苦体验的 TIPP 技能②及转移注意力的 ACCEPTS 技能③等。

（2）青少年人际互动团体

青少年人际互动团体：适用于 12～18 岁存在人际困扰的情绪障碍青少年。

干预目标：通过促进青少年之间的开放交流和情感支持，帮助他们觉察自己的人际关系模式和学习新的人际互动模式，增强自我认同感，并有效应对人际关系中的挑战。

青少年人际互动团体基于欧文·亚隆（Irvin Yalom）的团体治疗理论（Yalom & Leszcz, 2020），与高度结构化的青少年情绪管理团体不同，在人际互动团体中，团体讨论的内容和节奏由成员自由提出，治疗师仅在适当的时候做出引导，并提供积极反馈。该团体创建良好的互动氛围从而促进疗效因子的起效（如注入希望、普同性、团体凝聚力、矫正性情感体验等）是十分重要的部分。为了将疗效因子发挥到最大作用，治疗师

---

① DBT 中的 PLEASE 技能，通过善待自己的身体来照顾好心理，包括治疗身体疾病、平衡饮食、避免影响情绪的物质、规律睡眠、锻炼身体等技巧。

② DBT 中的 TIPP 技能，包括利用温度、剧烈运动、有节奏的呼吸、渐进性肌肉放松的技巧帮助患者处理极端负面情绪。

③ DBT 中的 ACCEPTS 技能，通过转移注意力帮助个体管理强烈情绪、减轻痛苦体验，包括活动、贡献、比较、情绪、推走、想法、五感。

会倡导团体成员将团体视为"试验田",为成员提供一个安全、包容、接纳的环境,赋予他们勇气去促进自我暴露(Jebreel et al., 2018)。在这一"试验田"中,随着团体成员越来越深入的交流,每个成员的人际互动模式将逐渐显现出来,某些导致冲突的人际关系模式会通过团体成员之间出现矛盾的形式呈现,治疗师也会逐步引导成员真诚分享自己的感受和觉察。随着团体干预的进行、现实中遇到的人际冲突再现,成员主要的困扰或议题被引出和讨论的可能性就会越大,而疗效因子也在潜移默化起效。当成员发现大家对某一特定的问题都存在困扰(如不知道怎么拒绝他人),可以和其他成员一起分享和讨论时,他们不再担心只有自己在遭受这样的困境,或对此感到孤独和无助。带着同样议题的成员也将开始学习并模仿其他成员所提供的有效处理方式或治疗师带领成员们讨论所得出的方法。

通过与其他成员的互动以及治疗师的反馈,成员可以觉察并重新认识人际冲突发生的原因,例如自身的人际风格和客观环境适应能力等,从而找到更有效的处理方法。这种互动促使青少年在团体中观察、学习、体验,逐步认识自我、分析自我、接纳自我,提高内省力。成员在团体中获得的经验和反思,不仅帮助他们在团体内部建立更健康的人际关系,也为他们提供了处理现实人际关系问题的参考答案。最终,这些经验能够帮助青少年更有效地应对人际困境,缓解困扰,提升人际交往能力。通过治疗,能帮助青少年探索和改善他们的人际互动模式,进而提升心理健康水平和社会适应能力。根据过往实践,以下为12次团体干预中,团体发展的阶段及大致会涉及的讨论内容。

① 1~4节:成员初步熟悉,团体动力开始形成,但大部分成员之间的关系仍较为生疏,团体对话的开启仍较被动;让成员对彼此的基本信息以及为何来到这个团体、当前所遇到的困难有所了解,存在强烈共鸣的成员开始有更多的互动,如更多的对话、询问对方更多的信息等;在这个阶段,治疗师需要较多地发起对话,引导成员表达自己的真实感受和想法,并观察团体中活跃度较低的成员,及时引导其加入对话。

② 5~8节:相较于之前,成员能够更加自如地开启对话、讨论其关心的内容,在此期间,团体互动随着成员的热络快速增加,每个成员都期望表达自己的看法、感受,彼此之间的距离也被进一步拉近;但也如前文所提,随着交流的深入,某些导致人际冲突的人际风格会通过人际矛盾的形式呈现,矛盾的出现会将原本逐渐活跃的氛围转向沉默或冲突,成员发言减少,当事的成员有可能复现既往无效的应对方式或处理方法,其余成员则可能默不作声,观察局势。治疗师这时需关注这次矛盾的发生,并结合团体成员的人际风格,评估问题发生的原因及模式,同时要不断引导、澄清团体中发生的矛盾和冲突,进行历程回顾。

③ 9~12节:在治疗师的澄清、帮助以及成员的自我察觉、思考下,团体矛盾逐渐降级,团体的氛围又重新活跃起来,但与之前不同的是,在经历了矛盾后,成员间的关系反而更近,同时保持着合适的边界,并未涉入其中的成员也在矛盾的环节更了解不同个体的个性或人际交往风格,还学习吸收了不同的交往方式。团体干预即将结束时,治疗师应当促进成员思考和总结本次团体干预中的收获、对人际关系的理解、观察或学习到的更有效的应对方式。团体干预结束后,成员彼此之间在现实生活中也有可能形成新

的社会支持网络。

（3）青少年焦虑应对双团体

青少年焦虑应对双团体适用于12～18岁主诉为焦虑情绪的青少年及其家庭。

干预目标：青少年焦虑应对双团体旨在帮助来访者通过改变其思维和行为模式来改善焦虑情绪，同时帮助家长树立应对孩子焦虑问题的恰当方式。

青少年焦虑应对双团体是一种专门设计用于帮助青少年及其家长应对和管理焦虑情绪的心理治疗方法。该团体主要使用认知行为疗法（CBT）的技术，具体涉及焦虑情绪分解、行为技术和认知技术三个方面。该治疗方案包括两个主要部分：青少年团体和家长团体。其中青少年团体包含以下三个模块。

① 心理健康教育及靶点监测：在青少年团体中，心理治疗师帮助青少年识别和理解自己的焦虑情绪来源。通过日常焦虑情绪的记录和小组讨论，青少年学会识别触发焦虑的具体情境和事件，以及这些情境引发的情绪和身体反应。这个过程有助于青少年更清晰地认识到自己的情绪模式和反应机制。最后，进行系统的心理健康教育，激发来访者应对焦虑的动力和信心。

② 行为干预技术：包括逐级暴露技术、行为实验、正念技术和放松技术。通过这些技术帮助青少年逐步面对和处理引发焦虑的情境，从而减少回避行为和降低焦虑水平。例如，学习应用逐级暴露技术让青少年逐步适应恐惧情境；通过行为实验验证现实性假设，改变不合理的信念；通过正念技术增强当下觉察力和情绪调节能力；而放松技术则是通过深呼吸和渐进性肌肉放松等方法缓解生理紧张。

③ 认知干预技术：侧重于改变青少年适应不良的认知或思维模式，具体包括识别思维陷阱、核对事实和问题解决的技能。治疗师通过教授认知重构帮助青少年识别和挑战歪曲认知，寻找更加现实和积极的想法。需注意的是，治疗师需避免让来访者觉得自己的想法是错的，这可能会引发来访者的对抗。认知干预重要的是引发来访者的新思考，在他们坚信不疑的地方制造怀疑即可，无须追求找到取代旧想法的新想法。识别思维陷阱技能帮助青少年意识到负面思维的惯性模式，核对事实技能则促使他们验证自己的思维是否符合实际，而问题解决技能则提供了应对实际困难的框架。

这些综合技术不仅有效降低了焦虑症状，还增强了青少年的应对能力和自我效能感，使他们能够更有信心和能力面对生活中的各种挑战。

在家长团体中，心理治疗师帮助家长了解和支持青少年的治疗过程。家长们学习如何识别青少年的焦虑症状及认知特点，了解如何在家庭环境中提供支持性的回应，避免过度保护或忽视。此外，家长们还需学习有效的沟通技巧和应对策略，帮助他们在日常生活中支持青少年的情绪管理和问题解决能力。

双团体结构更好地促进了家庭的合作。在青少年团体中，他们通过情绪分解及行为和认知的干预技术，更好地理解和调节自己的焦虑情绪，学习具体的应对策略，以期在现实生活中有效管理和减轻焦虑。同时，家长的参与确保了家庭整体的支持环境，提升家长对于疾病及其症状的认识，并通过有效的养育方式传达家庭的关注与关心，有助于青少年在家庭中得到持续的支持和理解，从而更好地应对焦虑问题。

(4) 青少年情绪障碍家庭聚焦团体

青少年情绪障碍家庭聚焦团体适用于 12～18 岁诊断为双相及相关障碍、抑郁障碍伴混合特质，或主诉为情绪不稳定的青少年及其主要照料者参与；精神分裂症谱系障碍来访者家庭经评估合适后也可以参与此团体。青少年情绪障碍家庭聚焦团体一般能容纳 5～6 个家庭，以多家庭团体干预的方式进行。

干预目标：增强来访者及其家长对情绪障碍症状的了解和日常监测、改善不良的亲子沟通模式、提升家庭当前问题解决的能力，进而改善来访者所处的家庭环境，构建更利于孩子康复的环境，促进病情稳定和康复，减少复发。

青少年情绪障碍家庭聚焦团体主要基于家庭聚焦治疗技术（FFT）进行本土化改编。FFT 是一套由美国加州大学洛杉矶分校（University of California, Los Angeles, UCLA）精神心理专家大卫·米克洛维茨（David Mikwlowitz）团队开发的结构化的单家庭心理治疗方案，起初被用于促进双相情感障碍来访者的康复和减少复发。研究表明，FFT 能有效降低双相障碍来访者的复发率。

经典 FFT 以单家庭的形式开展三个模块的会谈，包括心理健康教育模块、沟通技巧模块、问题解决模块。结合青少年情绪障碍来访者及其主要照料者的特点和他们在亲子沟通中所遇到的困难，笔者团队对经典 FFT 进行了改组，将三个模块的内容改编得更贴近青少年及其家长的特点，并以多家庭的团体形式开展，以期各家庭的成员在彼此互动和观察中，领悟到当前自身养育方式方面的不足，同时借鉴其他家庭的成功经验，促进青少年的全面康复。青少年情绪障碍家庭聚焦团体所涉及的三个模块内容具体如下。

- 心理健康教育模块

通过心理健康教育，帮助来访者和家长了解抑郁障碍、双相及相关障碍的常见症状，学会辨别症状与正常反应。同时促进澄清来访者与家长对情绪症状的误解，鼓励来访者与家长共同参与到对情绪症状的日常监测中。此外，找到触发情绪症状的压力事件和易感因素，学习如何通过降低易感因素和压力事件的影响来预防复发。

- 沟通技巧模块

学习亲子沟通的五大技巧：表达积极感受、积极倾听、提高沟通清晰度、提出积极请求和表达消极感受。该模块的目的在于鼓励并帮助家庭成员清晰地传达自己的感受和想法，减少家庭内部的高情绪表达，澄清家庭相处中的冲突与误解，并为共同解决当前困扰建立沟通基础。

- 问题解决模块

通过案例讨论，促进团体成员系统学习和练习问题解决技能。家庭成员基于沟通技能来讨论得出共同需要解决的问题和期待达到的目标，提高家庭内部一致性；推动家庭内部进行头脑风暴，尝试去思考解决问题的方法、评估解决方案的利弊、讨论有效的解决方案并做出选择。学习问题解决技能的目的在于家庭成员能够群策群力，在温和、高效的沟通环境中发表不同的意见，共同解决家庭中出现的问题。

笔者团队的临床实践发现，在参与干预后，家庭开始逐步形成新的更利于来访者康复的环境，家长逐步具备识别症状的能力，能够快且准确地预警、描述和记录孩子的情绪状态，在最大程度上缓解家长对疾病的困惑和焦虑。不仅如此，温和、高效的沟通方式还可以确保家庭氛围有所改善，为来访者和家长提供表达自身诉求和真实想法的机会，如此循环往复，家长和来访者的亲子关系缓和好转后，来访者的压力感知显著降低。最后，问题解决能力不仅可以帮助解决家庭内部的不一致，还可以使家庭变得更紧密，家庭成员共同思考和应对外部环境中存在的挑战。

（5）未来待开展的团体

① 小龄儿童情绪管理团体。

通过游戏和互动，帮助小龄儿童识别和表达情绪，增强自我调节能力，提高社交技能。小龄儿童情绪管理团体计划包括以下活动形式。

- 情绪识别游戏：通过卡片、绘画和角色扮演，帮助儿童识别不同的情绪。
- 情绪表达活动：使用黏土、绘画或手工制作等方式，让儿童通过艺术性的方式表达自己的情绪。
- 减压放松练习：包括深呼吸、冥想、音乐放松等练习，教孩子们如何平复情绪。
- 社交技能训练：通过模拟情境和角色扮演，教儿童如何与他人互动，解决冲突。

② 团体沙盘世界。

通过沙盘游戏，帮助儿童和青少年表达内心的情感和冲突，促进心理自我探索和解决问题的能力。团体沙盘世界计划包括以下活动形式。

- 沙盘创作：每个成员使用沙盘和各种玩具、模型，创建自己的沙盘世界。
- 故事分享：每个成员分享自己的沙盘故事，表达内心的感受和想法。
- 反馈和讨论：团体成员互相反馈和讨论，促进理解和支持。

③ 复学支持团体。

帮助因情绪障碍休学的青少年顺利过渡回学校学习和生活，重建自信和社交网络，减轻复学压力。复学支持团体计划包括以下活动形式。

- 团体互助：每个成员分享自己复学的担忧和期待，互相支持。
- 情境模拟：模拟校园中的各种情境，如课堂、课间活动等，帮助成员适应校园环境。
- 应对策略：讨论和练习应对校园压力的方法，如时间管理、放松技巧、寻求帮助等，并强化成员应对的资源。
- 社交技能训练：通过小组活动和角色扮演，增强成员的社交技能和信心。

2. 家长部分

家长干预的开展形式为情绪障碍养育支持团体，是每周一次的线上团体干预，12次干预为一个疗程，小组一般不超过8个家庭，均为封闭式团体（即要求全程参与且开组后不再加入新成员）。

情绪障碍养育支持团体主要基于家庭聚焦治疗技术（FFT，Miklowitz，2002）和NAVIGATE技术（Mueser et al.，2015），专注于提升父母在沟通技巧和问题解决方面的能力，从而有效支持情绪障碍儿童和青少年的康复。该团体的核心目标是提高亲子沟通质量，增强家长的问题解决能力，减轻家庭冲突，为儿童和青少年提供一个稳定和支持性的环境，促进来访者的全面功能健康。

与青少年情绪障碍家庭聚焦团体不同的是，情绪障碍养育支持团体主要面向儿童和青少年的照料者群体，适用于当前治疗动力不强或当前正在常规进行青少年团体或个体治疗的儿童和青少年的照料者参与。情绪障碍养育支持团体的内容包含三个模块。

在沟通技巧方面，团体带领者教导父母如何主动倾听和积极回应孩子的感受和需求。通过角色扮演和情境模拟，父母学习如何在对话中避免打断或批评，使用积极的语言和肢体语言，表达对孩子的关注和理解。课程还强调认可和接受孩子的情感的重要性，帮助孩子感觉被理解和接纳。这些技巧不仅有助于建立更深的亲子连接，还能减少误解和冲突，提高家庭整体的沟通质量。

在行为管理方面，团体带领者向家长传授 ABC 行为分析、强化与惩罚等技巧，帮助家长在家庭中理解孩子的问题行为是如何产生和维持的。同时，可采取行为管理技巧，基于对家庭的理解，对孩子的行为做出恰当的回应，以期发展孩子更多积极的行为，养成良好的行为习惯，消退非适应性的行为。

在问题解决方面，团体带领者教授系统的问题解决步骤，帮助父母和孩子共同应对家庭中的挑战。首先，教父母如何识别和定义问题，避免冲突升级。其次，通过头脑风暴，让家庭成员共同讨论可能的解决方案，促进合作和参与感。再次，课程帮助家庭评估不同解决方案的优缺点，并选择最合适的方案。最后，制订具体的行动计划，并定期跟进解决方案的实施效果。这一系统化的方法不仅提高了家庭的问题解决能力，还增强了家庭成员之间的合作和信任。

情绪障碍养育支持团体设有系统的评估和反馈机制，确保了干预的持续效果。前测和后测的评估帮助追踪照料者的养育能力提升进展和团体的实际效果，持续的反馈机制则帮助父母不断改进和应用所学技能。从父母反馈以及客观的问卷指标来看，这种结构化和系统化的干预方式在临床实践中是有效的，能够显著改善家庭的整体功能，从而对情绪障碍儿童和青少年的康复起到重要的促进作用。

（四）精准个性化干预

干预目标：较为多样，包含提供更精准的心理健康教育、负面情绪应对技巧、调整功能不良的认知、增强行为动力、提高问题解决能力、自杀自伤的安全计划制订及个人议题讨论等。

干预途径：个体心理干预、沙盘游戏治疗和单家庭心理干预。

适用患者：对于治疗动力低、需要更精确个性化的心理健康教育、安全风险高的患者，可能较难在选择性干预的团体形式中获益，而在精准个性化干预中，治疗师可以深入且个性化地跟踪来访者每周的进展，提供更加密切的帮助。同时，在精准个性化的干预阶段，治疗师可以和来访者处理、讨论更多个人的议题。以下是针对情绪障碍患者的精准个性化干预中会涵盖的议题。

1. 动机激活

接待情绪障碍儿童和青少年及其家长时，经常会遇到的困境是来访者和家长出现动力低下的情况，难以坚持全程参加疗程性的干预，因而需要在精准个性化干预中结合多种策略来提高个体的积极性和参与度，更好地为心理干预做准备。以下是笔者团队总结的一些有效的方法和策略。

（1）内在动机的培养

帮助儿童和青少年发展他们的兴趣和价值，增强内在动机。根据个体的兴趣、需求和背景，制定个性化的治疗方案，鼓励来访者将感兴趣的活动纳入心理治疗计划中，使治疗内容与他们的生活实际相关，获得更及时的强化和正反馈，使治疗过程更有吸引力。

（2）探索和处理治疗中的阻抗

通过深入讨论和探索，识别来访者动力低下的潜在原因，如对心理干预的恐惧、焦虑，对治疗效果的怀疑等。通过心理健康教育或治疗关系的建立，逐步减轻来访者及其家长的心理负担和顾虑。对来访者的顾虑和阻力予以共情和理解，帮助他们逐步面对和克服这些问题。通过共情的反馈技术，减少治疗中的阻抗，增强合作意愿。

（3）提高治疗过程的透明度和合作性

与来访者及其家长共同制定治疗计划及治疗议程，确保其在目标设定和方法选择中能主动参与。通过共同决策，使来访者对治疗过程有更多的控制感和责任感。定期与来访者回顾治疗进展，讨论其感受和反馈。根据回顾结果，灵活调整治疗计划，确保所开展的治疗始终适应来访者的需求和状况。

2. 精准个性化的心理健康教育

一般来说，在确诊情绪障碍后，我们鼓励患者及其家长都积极参与到普遍性干预中，分别接受孩子初阶班和家长初阶班的干预，学习情绪障碍相关的症状知识、干预原则及简易的应对方式等。实践中，我们发现普遍性干预对于两部分群体的效果不够理想，需结合精准个性化干预同步进行：①来访者本人或其家长对于情绪障碍诊断或疾病有较强的排斥，病耻感较明显（尤其是对于刚确诊的孩子和家长来说），或是对精神心理障碍的了解不充分（如常有来访者家庭提到，只是"想太多"了，"看开点"就好了），因而并不愿意接受干预（无论是普遍性干预还是后续的选择性干预）；②来访者的情绪障碍症状多样复杂，孩子和家长需要更加个性化的干预，学会如何监测症状及增强治疗的依从性。

针对第一类人群，需要在精准个性化干预中了解更多来访者及其家庭的背景信息，提供更多的倾听和共情，建立良好的信任关系，在孩子和家长感觉到安全和被理解、减少抵触后，结合他们具体的实际经历和感受，选用适合来访者理解的表达方式，逐步提供个性化的心理健康教育，澄清当前的困难，以及帮助其理解接受特定干预的必要性。而针对第二类人群，需在精准个性化干预中多鼓励来访者及其家长去描述和表达所感觉或观察到的症状，并及时给予反馈，确认孩子和家长的理解程度和感受，与孩子和家长反复讨论和确认，直到帮助孩子和家长能逐步清晰和详细地描述其症状，并制定个性化的干预方案。

3. 自杀自伤的风险管理

当儿童出现严重自杀自伤行为时，为了有效管理这一风险，需要在精准个性化干预中进行详细的风险评估、制订安全计划和进行危机干预，危机干预又包括建立支持网络、持续评估和随访等工作。

（1）详细的风险评估

当儿童和青少年处于中高风险时，首先需要进行系统的评估，仔细询问来访者是否有自杀或自伤的想法、计划或尝试，强化来访者的保护性因素，并尝试对来访者进行动机式访谈。对于安全风险的具体评估详见第三章第二节。

（2）制订安全计划

与来访者及其家长共同制订一个详细的安全计划，包括识别早期预警信号、可实施的应对策略、列出支持网络和紧急联系人、减少环境中的风险；确保来访者在危机时刻可以采取的具体步骤，如联系心理治疗师、拨打危机干预热线或寻求家人和朋友的帮助；与来访者讨论并限制他们可以使用的自杀或自伤手段，如移除家中的危险物品（刀具、药物等）；鼓励来访者与家人合作，确保环境的安全性。

（3）建立支持网络

在适当情况下，邀请家庭成员或密友参与治疗过程，提供额外的支持和监督。当来访者出现自杀风险时，需要与其进行保密例外的讨论，并向监护人作保密例外及安全风险告知。另外，需要帮助家人和朋友学会识别危机信号，并在紧急情况下采取适当的行动。介绍来访者使用社区资源，如支持小组、危机干预中心和热线服务。

（4）持续评估和随访

在每次会谈中定期评估来访者的安全风险，监测他们的情绪和行为变化，记录每次评估的结果和治疗进展，及时调整治疗计划。如果发生危机事件，安排紧急会谈，确保来访者在危机后得到及时的支持和干预。

4. 个人议题讨论

情绪障碍的儿童和青少年，需要讨论的个人议题涵盖多方面的内容。以下是笔者团队总结的一些主要议题及工作方法。

（1）处理家庭关系和冲突

邀请家庭成员参加部分治疗会谈，讨论家庭动态和冲突，帮助来访者及其家人学习更好的沟通方式。通常使用家庭治疗技术帮助解决家庭内部的情绪和行为问题。

（2）应对学业压力与未来规划

与来访者讨论时间管理方法和学习技巧，也可以借助一些自助材料的工作单，帮助来访者有效应对学业压力。与孩子共同设定合理的短期目标和长期目标，讨论实现这些目标的步骤和策略，增强他们的动力。

（3）处理创伤和负性经历

在精准个性化干预中，可使用创伤焦点治疗技术，如创伤事件再处理、暴露疗法等，帮助孩子处理和整合创伤经历。同时需要注重治疗关系的建立，通过支持和安抚建立安全感，帮助孩子在治疗过程中感到被理解和保护。

安全计划表示例	广州医科大学附属脑科医院 儿少心理评估与治疗中心安全计划工作表
步骤一：定位危机——情境 我在哪里及在什么时候可能出现危机的情况？	
1. 与家人发生冲突 2. 写作业遇到难题 3. 考试考差了	
步骤二：应对危机——自助 我自己可以做些什么？不需联系他人也能转移自己注意力的方法	
1. 带我的身体去安全的角落：躺床上睡觉 2. 帮我找到安全的依恋物品：手机、小玩偶 3. 快速冷静的办法：TIPP 的技巧，比如握住冰袋，让自己冷静 4. 做喜欢的事情：画画、打游戏	
步骤三：应对危机——求助 我可以联系谁？积极主动联系家人和朋友	
姓名：妈妈×××　　　　　　　联系电话：××××××××××× 姓名：朋友×××　　　　　　　联系电话：××××××××××	
步骤四：应对危机——就诊 我可以寻求哪些专业人员的帮助？	
1. 24 小时的危机干预热线：020-81899120（广州市 24 小时危机干预热线） 2. 附近医院急诊室的名称：_____医院　　地址：____路____号 3. 精神科就诊的地点：_____医院　　地址：____路____号	
步骤五：应对危机——安全 创建且待在安全的环境中	
把药都交给妈妈；待在有其他人的地方；随身带着我的小玩偶和"希望盒子"的照片	
生存理由： 我死了很多人都会不高兴。我还没实现理想。困境可能是暂时的，不死也能解决。	

二、情绪障碍整合心理干预案例[①]

（一）基本情况

小明（化名）是一名在读初三的15岁男孩，因情绪问题就诊，医生转介其至笔者团队进行情绪症状综合心理评估及心理干预计划制定访谈评估，希望了解小明的基本情况，以及为小明制定合适的心理干预方案。小明和家长一起来到了儿少心理评估与治疗中心进行访谈。在初次评估过程中，评估师通过评估问卷、访谈和观察、小明的自述及家长的反馈，发现其症状主要表现为长期的情绪低落和无助感。近半年来他经常感到疲倦和无精打采，在课堂上难以集中注意力，总是走神或发呆，导致学习效率明显下降。成绩从班级的前十名滑落到中下游，甚至几次重要考试失利。在此期间，小明还出现了失眠问题，入睡困难，有时一整夜都无法入睡。小明也反馈自己受情绪问题和睡眠问题影响很大，他在学校感到精神疲惫，反应迟钝，这进一步影响了他的学习表现。除了学业压力，小明在学校会感觉被同学孤立，尤其在小组讨论和合作学习时，他经常被忽视或被排斥，这让他愈发觉得自己不被接纳和理解。

小明的情绪症状影响了他在学校的表现，除此之外，小明的家庭氛围也较为紧张，父母常因生活琐事和对小明的教育问题发生争执。比如，父母对小明的学习成绩有不同的要求，父亲认为应该放松一些，给孩子更多的自由和休息时间，而母亲则坚持要更加严格，认为孩子需要更多的课外补习班来提升成绩。每当谈到这些话题时，父母之间容易引发争吵，而这些争吵往往发生在小明面前。家庭成员间的沟通不足还体现在家庭成员之间很少谈论彼此的感受或实际遇到的问题。父母有时因为忙碌而忽视小明的情绪变化，缺少对他的支持与关心。

小明也说自己缺乏一些情绪调节的技巧或有效的情绪宣泄方式，在他面对学业、家庭和人际压力时，容易陷入极端情绪反应。例如，在母亲批评他的学习成绩不佳时，他会表现出强烈的反抗情绪，常常摔门离开或独自躲在房间里不说话，也不知道该如何处理内心的负面情绪，因此情绪积压后容易突然爆发或陷入低落状态。小明曾经试图向母亲表达自己的心理困扰和压力，比如他觉得自己在学习上已经尽力了，但成绩依然不理想。然而，在小明倾诉时，母亲却常常打断他的话，认为他是在找借口逃避学习，甚至因为小明的情绪崩溃对小明施以训斥和指责，这让小明觉得自己不被妈妈理解和支持。

因为生活和学习中遇到的种种挫折，小明开始频繁自我否定，觉得自己无论怎么努力都无法达到父母的期望。在和同学的社交中，他逐渐变得沉默，不再主动与人交往，常常一个人待在角落里，看着其他同学快乐地交流而感到孤单。他开始避开社交场合，越来越多地待在家里不愿出门，表现出强烈的孤独感和自我封闭倾向。

[①] 本案例为混编案例。

(二) 干预项目及患者的改变

针对小明的情况，笔者团队的治疗师为小明提供了整合心理干预方案，涵盖了多个层级的心理干预。在自助性干预部分，推荐小明和家长阅读微信公众号"华南精神心理早期干预联盟"中的"康复故事""70分妈妈"等系列推文；推荐小明日常阅读书籍《情绪彩虹书：CBT艺术疗愈完全手册》《青少年情绪障碍跨诊断治疗的统一方案——自助手册》和《八周正念之旅》等；推荐家长阅读《P.E.T.父母效能训练》《非暴力沟通》《孩子出生以后》《青少年期的内在故事》等。

除了以上自助性干预，基于小明的主诉和评估结果，推荐小明参与情绪管理团体，旨在帮助他理解和管理自己的情绪，提升自我情绪调节能力。该团体的目标是增强小明的情绪觉察和调节能力，主要学习DBT相关技能（如正念练习、情绪调节、痛苦耐受等）。同时，也建议小明的父母参加情绪障碍家长初阶课程，帮助他们更好地理解青少年的情绪问题，提高对青少年情绪障碍的认知和应对能力，学习如何在家庭中为小明提供情感支持和建设性的反馈，为家庭支持系统的建设奠定基础。

随着一系列干预项目的开展，小明和他的家庭都发生了显著的变化：在情绪管理团体干预结束后，小明学会了核对事实、相反行动、问题解决等情绪调节技能，并慢慢开始领悟"走在中道中"的辩证思维。小明反映在团体干预后，自己的情绪状态有所改善，学会了用更为积极和有效的方式应对学习压力。而小明的父母在阅读相关科普推文和参加情绪障碍家长初阶课程的过程中，也意识到了过往在孩子养育方面的不足，并尝试改变自己的教养方式，多关注小明的情绪反应并给予更多支持和理解。

在情绪管理团体干预结束后，小明自述已经基本掌握了情绪调节的技巧，但还希望自己在人际互动方面有所提升，因此推荐小明继续参与青少年人际互动团体，目标是提高他在学校和家庭中的人际互动技巧，改善人际关系，进一步促进他在学校和家庭中的人际互动。

在青少年人际互动团体中，小明通过团体讨论、角色扮演、反馈及互助，逐渐意识到自己的社交焦虑来源于过高的自我期待和对他人评价的敏感。他学会了在日常生活中运用新的社交技巧，如积极倾听和主动回应等，改善与同学的关系。小明反馈，他在学校中尝试使用团体中习得的技巧，效果不错，许多以前有过矛盾的同学现在都对小明有所改观，他也在班级中新交到了不少朋友。在团体干预结束后的反馈和随访中，小明自述现在的自己能够感受到被接纳和支持，在难过时可以自己调节情绪，也可以寻求身边的朋友的支持，向他们倾诉，孤独感明显减轻。

在参加两个团体之后，小明与家长还希望更深入地改善家庭的沟通方式和增进亲子关系。因此，治疗师推荐小明家庭参加青少年情绪障碍家庭聚焦团体，该项目帮助小明和他的父母更深入地了解彼此的情绪和沟通方式，从而减少家庭冲突，增强亲子关系。在人际关系改善的基础上，进一步深入家庭系统工作，通过学习和实践亲子沟通技巧，减少家庭中的高情绪表达，解决家庭中的具体问题。

在家庭聚焦团体中，小明的父母通过其他家庭的经验分享和治疗师的引导，意识到自身在沟通中的高情绪表达和忽视小明的需求的问题。他们学会了更多的情绪管理和沟通技巧，并在实际生活中进行了调整，减少与小明发生冲突的频率。现在小明家庭中已经很少发生争吵，在遇到分歧时，家庭成员间也可以采用协商等方式有效沟通和处理矛盾。父母表示，他们更能够接纳和理解小明的情绪表达，小明也觉得父母前后变化很大，能够给予自己更多的情绪理解，家庭氛围逐渐变得更加和谐。

（三）后期跟进及患者康复状况

在团体治疗结束后，小明还认为有部分议题没有被解决。为此，治疗师推荐小明继续进行个体治疗，以解决其个人发展和未来规划方面的具体问题。在团体治疗效果的基础上，个体治疗可以为小明提供个性化的心理支持，进一步提升其自我效能感，解决个体化议题。小明在生病后，学校功课落后许多，导致现在的他很难达到考上重点高中的分数线，他也开始思考自己未来的方向和真正兴趣所在，因此，治疗师在个体治疗中与小明讨论此议题，尝试和小明一起设定现实的目标，复习之前学习的情绪调节方法，降低情绪失调对自己学业效率的影响，逐渐适应学习节奏。

在个体治疗结束后，小明已经能够很好地适应学校生活，如期完成学习任务，除了班里的同学，他也通过参加社团和兴趣班交到了更多的朋友。他在学业上的表现逐渐提升，对未来的自我发展有了更清晰的规划和信心。小明在物理实验中发现自己对机械方面有着独特的兴趣和天赋，报名参加了相关比赛，并取得了满意的成绩，也决定未来在这方面进行深造。小明父母与他的沟通也更加开放和有效，家庭氛围更加温馨，父母表示愿意留出更多的时间陪伴孩子，给予更多的理解，并使用有效的沟通技能解决问题。定期的后续随访显示，小明的情绪状况稳定，未再出现显著的情绪波动，他和父母均表示愿意继续使用学到的技巧管理情绪和与他人互动，以巩固治疗效果。

第三节　发育障碍整合心理干预

一、发育障碍整合心理干预的架构

（一）自助性干预

干预目标：增加患者本人及其家长对儿童和青少年发育障碍问题的普遍认识，了解自身疾病的特点，建立更全面的认识，从而消除对自身疾病的污名化；与此同时，儿童和青少年各方面均处于快速发展的阶段，也需要对与发育障碍共病可能性较高的精神心理问题有一定的认识，提高现实生活中的功能及应对能力。

干预途径：建议儿童和青少年及其家长通过参与学校或社区举办的心理教育专题讲

座、自助阅读和观看电子资讯或相关专业自助手册、加入互助群,来获取发育障碍相应知识和信息。

适用患者:疑诊或确诊某类发育障碍的儿童和青少年及其家长。

1. 儿童和青少年部分

推荐积极参与学校以及与学校合作的机构所提供的关于发育障碍内容的心理课、参加专题心理周活动,了解自身的心理状态和疾病特点,定期参与心理健康筛查,与心理委员和学校心理老师保持密切联系,维持良好的亲子沟通。可推荐阅读微信公众号"广脑ADHD"和"华南精神心理早期干预联盟"中的"ADHD""ASD"系列推文。

日常可阅读书籍:

- 推荐ADHD患者阅读《分心不是我的错》《我是ADD,怎么了?!》《ADD的人生整理术》《ADHD不被卡住的人生》等。
- 推荐ASD患者阅读《我的星期三是蓝色的》《自卑与超越》等。

2. 家长部分

推荐家长定期参加学校所举办的亲子心理活动或是学校提供的相关内容的讲座等,自行学习儿童和青少年的心理发展过程及发育障碍的特点,与班主任、心理老师等保持一定的联系,定期了解孩子的心理健康情况,努力营造包容的家庭氛围,理解并接纳孩子。可推荐阅读微信公众号"广脑ADHD"和"华南精神心理早期干预联盟"中的"ADHD""ASD"系列推文。

日常可阅读养育书籍:

- 推荐ADHD患者家长阅读《分心不是我的错》《如何养育多动症孩子——给父母的全面指南》《多动症儿童的正念养育》和《如何养育叛逆孩子》等。
- 推荐ASD患者家长阅读《我的星期三是蓝色的》《孤独症儿童社交游戏训练——家长手册》《给自闭症儿童父母的101个建议》《孩子出生之后》《孤独症谱系障碍——家长及专业人员指南》《孤独症孩子希望你知道的十件事》和《阿斯伯格综合征完全指南》等。

(二)普遍性干预

干预目标:促进儿童和青少年及其家长对发育障碍症状特点的科学认识和深入理解,帮助其学习日常生活中的行为管理策略和亲子沟通技巧,提升家长养育支持的能力,增加儿童和青少年对自身疾病的认识。同时,需要进行更加广泛的心理健康科普,增强家庭对于其他精神心理问题的识别和应对能力。

干预途径:儿童和青少年及其家长参与由精神科医生、心理治疗师所提供的快速且有效的短程心理干预。考虑到发育障碍与情绪障碍有着较高的共病率,因此情绪障碍症状识别及预防的内容也被纳入其中。采取线上干预模式,以期在较短的时间内提供专业的医学支持和帮助,高频滚动开展,极大提高心理治疗干预的可及性。在笔者团队所运行的模式中,儿童和青少年在确诊发育障碍后一个月内能轮候进入干预。

适用患者：确诊为某类发育障碍的儿童和青少年及其家庭，尤其适用于对发育障碍缺乏科学、系统的认识，对发育障碍的表现和治疗存在误解的儿童和青少年及其家长。笔者团队目前常规性开展针对ADHD和ASD的短程团体家长干预，其他发育障碍的家长干预仍在开发中；针对儿童和青少年的短程团体干预也在研发中。

1. 儿童和青少年部分

主要通过针对特定的发育障碍（ADHD、ASD）开展发育障碍儿童和青少年初阶课程（后简称"ADHD孩子初阶班"或"ASD孩子初阶班"），为儿童和青少年提供快速、简短、有效的干预。笔者团队针对儿童和青少年的普遍性干预尚在研发中。初步设计的开展形式为2次线上课程（每次1.5小时），每一部分均设有互动环节，最多可容纳20名儿童和青少年参与；ADHD孩子初阶班、ASD孩子初阶班所开设的内容分别包括5个部分。

（1）ADHD孩子初阶班

①ADHD疾病教育及心理健康教育（介绍儿童和青少年ADHD的核心表现，解释可能对生活造成的影响以及伴随的情绪波动）。

②ADHD干预概述（精神科药物干预及心理干预的内涵和形式介绍）。

③简易行为和情绪调节训练（注意力训练和冲动的控制方法，调节情绪技巧）。

④如何与身边的人沟通，构建适宜环境（如何向学校老师和同学解释疾病、自己的行为表现等）。

⑤如何寻求帮助，利用周围的资源（包括学校内可利用的学习支持资源，如课后辅导、特别教育服务等；以及社区心理健康中心、青少年活动中心），参加有助于注意力和情绪管理的活动。

（2）ASD孩子初阶班

①ASD疾病心理健康教育（介绍儿童和青少年ASD的核心表现，解释可能对生活造成的影响以及伴随的情绪波动）。

②ASD干预方式概述（以心理干预、社交技能训练为主）。

③社交技能练习和情绪调节方法（提升社交互动能力，学习识别、理解和处理情绪的方法）。

④如何与身边的人沟通，构建适宜环境（如何与学校老师和同学解释疾病、自己的行为表现，并获取支持等）。

⑤如何寻找、利用周围的资源（介绍学校和社区中的支持资源，寻求合适的伙伴或适合参加的课外活动）。

2. 家长部分

对于发育障碍患儿家长来说，孩子后续的康复和成长会极大地受到家庭环境及父母教养方式的影响，家长的支持和帮助对调整当前不良行为和情绪来说非常关键。因此，作为发育障碍孩子的家长，极其有必要学习和掌握关于疾病的知识及与行为管理相关的知识，以更好地给孩子提供家庭支持，给孩子创设支持性的成长环境，帮助孩子更加健康快乐地成长。

笔者团队向发育障碍患儿的家长提供的普遍性干预主要是家长初阶课程（后简称"ADHD 家长初阶班"或"ASD 家长初阶班"），为家长提供快速、简短、有效的干预，开展形式为 2 次线上课程（每次 2.5 小时），并在每一部分设有答疑环节，最多可容纳 20 个儿童和青少年家庭参与，鼓励孩子、家长双方甚至其他重要亲属共同参与。

（1）ADHD 家长初阶班

适合 4～18 岁的 ADHD 孩子的家长，该课程的目标是帮助家长科学客观地认识 ADHD 和学习行为管理的基本原理，内容共有两个部分：①科学客观地认识 ADHD，包括了解 ADHD 的概念与诊断，知晓 ADHD 的病因及发病机理，熟悉 ADHD 的症状——核心症状与伴随症状，清楚 ADHD 的药物治疗方法，知道 ADHD 的其他干预方法及预后；②掌握 ADHD 孩子的行为管理基本原则，包括 ADHD 孩子的常见行为与背后原因，ADHD 孩子行为管理原理，ADHD 孩子行为管理的具体原则。

（2）ASD 家长初阶班

适合 4～18 岁的 ASD 孩子的家长。作为家长，在面对孩子的 ASD 症状时，可能会感到困惑、无助和焦虑。因此，ASD 家长初阶班旨在为家长们提供全面、系统的指导，帮助家长更好地理解和支持 ASD 孩子，同时促进家长们互相支持和成长，成为健康的、稳定的父母。

实践中，我们发现经过系统的学习后，父母不仅增强了对 ASD 的认识和理解，还掌握了更多与孩子沟通和互动的技巧。另外，家长们也能更好地应对外界的质疑和责备，并从 ASD 家长初阶班中获得很多同伴的支持。最终，ASD 孩子在家长们营造的稳定、接纳且灵活的家庭氛围下，在社交以及情绪调整方面也取得了不少进步。具体主题与内容如下：了解 ASD 孩子的心理发展趋势；学习人际交往能力的培养方式，帮助孩子提高社交能力；学习行为管理策略，帮助孩子适应社会环境；学习亲子沟通技巧，建立良好家庭关系；"抱团取暖"，互相学习、分享经验和支持。

（三）选择性干预

1. 儿童和青少年部分

（1）ADHD 情绪调节能力训练团体

干预目标：帮助孩子提升情绪调节能力和社交能力，减少冲动行为的发生，增强自信心，从而促进人际关系和亲子关系的和谐。

干预途径：线下 8 次会谈，包括家长会谈和孩子干预，主要内容包括提升情绪调节能力的游戏、行为强化、团体成员之间的相互学习以及课后的家庭练习。

适用患者：6～12 岁具有情绪失调问题的 ADHD 儿童。

情绪失调是 ADHD 的核心诊断特征之一（Safren et al., 2005），主要表现为 ADHD 儿童在情绪加工各个阶段都可能存在不同程度的缺陷，对压力事件具有较高的情绪反应性，更倾向于采用不良的情绪调节策略（Graziano & Garcia, 2016）。一项系统综述发现，心理社会干预能够显著缓解 ADHD 儿童的消极情绪，改善其情绪调节困难。

ADHD 情绪调节能力训练团体适合 6～12 岁具有情绪失调问题的 ADHD 儿童，旨在通过提升情绪调节能力的游戏、行为强化、团体成员之间的相互学习以及课后的家庭练习，帮助孩子提升情绪调节能力和社交能力，减少冲动行为的发生，增强自信心，从而促进人际关系和亲子关系的和谐。

该团体总共 8 次会谈，包括家长会谈和孩子干预。第 1 次和第 8 次会谈为家长会谈，在 ADHD 情绪调节能力训练团体中家长会谈是干预的重要部分，这两个关键时间点的会谈旨在帮助家长全面了解孩子目前面临的最大困难和他们的优点。在家长会谈中治疗师引导家长观察和识别孩子的进步，并及时给予正向强化。这样的互动不仅能增强孩子的自信心和自尊心，还能改善亲子关系，促进家庭和谐。

ADHD 情绪调节能力训练团体内容如表 4-1 所示。

表 4-1 ADHD 情绪调节能力训练团体内容

干预次数	主题	目的	内容	家庭作业
1	首次家长会谈	了解团体基本情况，进行心理健康教育	1. 介绍团体的情况和内容及孩子团体治疗开始前需要家长提前了解的内容，帮助孩子在团体中获益最大化； 2. 介绍疾病健康教育知识； 3. 对 ADHD 患儿养育方式的建议	—
2	情绪识别	提高情绪识别能力，学会遵守规则	相互认识游戏、情绪骰子、情绪你演我猜、抢答	复习团体规则、情绪你演我猜
3	情绪表达和管理	提高情绪表达和管理能力，学会遵守规则和管理冲动行为	复习情绪识别、合作护气球、驯服冲动怪兽、抢答	练习驯服冲动怪兽
4	情绪表达和管理	提高情绪表达和管理能力，学会遵守规则和评定情绪	复习驯服冲动怪兽、情绪交通工具、听音传锤情绪表达游戏、抢答	练习记录情绪情境，使用情绪交通工具评定情绪的强烈程度
5	情绪表达和管理	提高情绪表达和管理能力，学会遵守规则和调节身体感受掌控强烈情绪	复习情绪交通工具、纸船竞赛、一起正念吃橙子、抢答	与家人一起练习正念吃橙子，学习更有效地应对强烈的情绪

续上表

干预次数	主题	目的	内容	家庭作业
6	情绪表达和管理	提高情绪表达和管理能力，学会遵守规则和认知重评	复习纸船竞赛、神奇的三角形、反弹球、抢答	练习神奇的三角形，学会认知重评调节情绪
7	情绪表达和管理	提高情绪表达和管理能力，学会遵守规则和提升自信心	复习神奇的三角形、我是演说家、朋友再见、抢答	继续练习既往作业，强化技能
8	第二次家长会谈	团体课程总结；学会发现孩子的进步，及时给予正向强化	1. 家长分享6节课下来孩子的进步； 2. 反馈孩子在6节团体课里的总体表现	—

在6次儿童团体课中，结合有趣的游戏活动形式，旨在达成以下目的。

①提高情绪识别能力：帮助儿童学会识别和理解自己的情绪，能够准确表达自己的感受。同时，训练他们学会遵守规则，在日常生活中养成良好的行为习惯。

②管理冲动行为：通过具体的技巧和方法，如深呼吸、数数和暂停，帮助孩子控制冲动行为，提高自我控制能力。

③靶点监测及情绪监测：教会儿童如何评定和分析自己的情绪，了解情绪的来源和影响，学会以积极的方式应对和处理。

④体验身体感受：训练儿童通过身体感受来识别强烈情绪的迹象，如心跳加速、手心出汗等，并通过放松技术，如渐进性肌肉放松法，来调节情绪反应。

⑤认知重评：帮助儿童学会用不同的视角看待问题，通过认知重构技术，改变对负面事件的看法，从而减少情绪困扰。

⑥发掘资源：引导孩子发现和利用周围的资源，如家人、朋友、老师和社区的支持，提升他们应对不良情绪的自信心和能力。通过这些资源，孩子能更好地面对生活中的挑战，增强心理韧性。

这种综合性的情绪调节训练能够全面提升儿童的情绪管理能力，为他们的健康成长和发展提供有力支持。笔者团队目前也在研发ADHD情绪调节能力训练双团体，让患者及其家长同时接受团体干预，由不同的团体带领者在不同的团体室分别开展孩子团体课和家长团体课。这样调整主要是因为笔者团队发现ADHD儿童情绪调节能力的提升在很大程度上会受到家长的影响，如果孩子学习了情绪调节技巧，但家长未能同步做出调整，无法正确地应对孩子出现的情绪失调问题，团体干预的效果将大打折扣。

（2）ADHD注意力训练团体

干预目标：帮助孩子提升注意力和社交能力，增强自信心，从而促进人际关系和亲子关系的和谐。

干预途径：线下 8 次会谈，包括家长会谈和孩子干预，主要内容包括提升注意力的游戏、行为强化、团体成员之间的相互学习以及课后的家庭练习。

适用患者：6～12 岁具有明显注意缺陷的 ADHD 儿童。

注意缺陷是影响 ADHD 来访者功能的关键症状，与儿童和青少年的学业问题、不良社交行为和较低的整体适应性功能密切相关。尽管在青少年期和成年早期，生理成熟和认知发展可以减轻来访者多动、冲动的症状，但注意缺陷仍然突出（Pievsky & McGrath, 2018）。针对 ADHD 儿童注意力问题的干预研究发现，通过直接的注意力训练或间接的认知训练，能够有效改善注意缺陷问题，减轻 ADHD 症状（Wiest et al., 2022）。

因而，ADHD 注意力训练团体适合 6～12 岁具有明显注意缺陷的 ADHD 儿童，旨在通过提升注意力的游戏、行为强化、团体成员之间的相互学习以及课后的家庭练习，帮助孩子提升注意力和社交能力，增强自信心，从而促进人际关系和亲子关系的和谐。该团体干预总共 8 次会谈，包括家长会谈和孩子干预两部分。

家长会谈是家庭治疗中的关键部分，特别是在注意力团体干预中，旨在帮助家长更好地理解和支持孩子的发展，分别安排在第一次和最后一次团体课中。在第一次会谈中，治疗师会与家长讨论孩子在注意力方面的主要挑战，包括注意力不集中、容易分心、难以完成任务等问题。同时，治疗师还会帮助家长识别和记录孩子的优点和潜力，例如孩子在某些活动中的专注力或特别的兴趣爱好。随后，治疗师会介绍注意力团体的目标和方法，向家长解释如何通过团体活动来提升孩子的注意力和自我控制能力。最后一次会谈时，治疗师会与家长一起回顾孩子在注意力团体中的进展和变化。家长将分享观察到的孩子在注意力和行为上的改善，以及他们在家庭环境中的表现。治疗师会鼓励家长继续使用在团体中学到的策略，在家庭中给予孩子更多的正强化和支持。讨论内容还包括如何应对新的挑战，并为孩子的长期发展制订进一步的计划。

第 2～7 次为注意力训练，每次训练都会通过有趣的游戏和活动，提高孩子的注意力水平和遵守规则的能力。例如，通过抢凳子和豆子分家等游戏，逐步增加任务的复杂度和持续时间，培养孩子的专注力和控制冲动行为的能力。此外，还会安排家庭练习，如复习游戏规则、完成字帖练习等。这些作业旨在巩固孩子在团体中的学习成果，帮助他们在家庭环境中也能持续提升注意力和自我管理能力。表 4-2 列出了具体的干预内容和家庭作业。

表 4-2　ADHD 注意力训练团体内容

干预次数	主题	目的	内容	家庭作业
1	首次家长会谈	了解孩子目前存在的最大困难及身上的优点	1. 介绍团体的情况和内容及孩子团体治疗开始前需要家长提前了解的内容，帮助孩子在团体中获益最大化； 2. 学习团体规则； 3. 团体奖励规则	—

续上表

干预次数	主题	目的	内容	家庭作业
2	注意力训练	提高注意力水平，学会遵守团体规则	抢凳子、豆子分家	复习游戏规则、豆子分家
3	注意力训练	提高注意力、学习力、记忆力，学会遵守团体规则	复习抢凳子，萝卜蹲、彩笔复原	复习彩笔复原、10到20个字的字帖练习
4	注意力训练	提高注意力、专注力，控制冲动行为，学会遵守团体规则	复习萝卜蹲、木头人、数字传真	复习数字传真、10到20个字的字帖练习
5	注意力训练	提高专注力，控制冲动行为，学会遵守团体规则	复习木头人、小蜜蜂、夹豆子	复习夹豆子、10到20个字的字帖练习
6	注意力训练	提高记忆力、专注力，学会遵守团体规则	复习小蜜蜂、丢沙包、对对碰	复习对对碰、10到20个字的字帖练习、写演讲稿
7	注意力训练	提高专注力、思维转换能力，学会遵守团体规则	复习丢沙包、向左向右转、听到乌鸦请拍手、小小演说家	复习听到乌鸦请拍手
8	第二次家长会谈	团体课程总结；学会发现孩子的进步，及时给予正强化	1. 家长分享6节课下来孩子的进步； 2. 反馈孩子在6节团体课里的总体表现	—

这种综合性的专注力训练，不仅能有效改善ADHD儿童的注意力缺陷问题，还能增强他们的自我管理和人际互动能力，为他们的健康成长和学习打下坚实的基础。

（3）PEERS（Program for the Education and Enrichment of Relational Skills）社交技能训练团体

干预目标：基于平等、合作的友谊关系，通过重复的技能练习和强化过程，促使青少年习得更具社会适应性的社交反应和行为。

干预途径：共12次线下会谈，包括两种类型：①父母和青少年同时参与干预的双团体（每次会谈父母和孩子分开在不同治疗室，安排同步进度的内容，旨在加强父母支持，及促进社交技能练习迁移到生活中）；②仅对青少年进行干预的单团体模式。

适用患者：12~18周岁主诉为社交困难、具有发育障碍基础（ASD、ADHD）的青少年及其父母。

PEERS社交技能训练团体是美国加州大学洛杉矶分校研发的技术，近十年来已经在国际上十余个国家和地区开展了培训和研究工作，是目前针对ASD与ADHD青少年最具循证支持的社交技能干预项目之一。临床经验和研究数据表明，坚持参与并完成干预的青少年及其父母都能有不同程度的获益（Fatta et al., 2024）。2018年广州医科大学附属脑科医院儿少科引进 PEERS 技术以来，经过每期团体的不断改进和完善方案，摸索出了适合于中国本土化、更有效针对 ASD 和 ADHD 青少年核心社交困难的干预模式。

PEERS 是一套系统化的干预方案，根据青少年真实的社交过程循序渐进地推进，大致可拆解为基础交流、进阶对话、应对拒绝三个模块，每个模块包含3~4节课程，每节课程包含1~2项技能。PEERS 的核心理念是基于平等、合作的友谊关系，通过重复的技能练习和强化过程，促使青少年习得更具社会适应性的社交反应和行为。治疗师首先通过引导式发现，巧用苏格拉底式提问激发青少年进行换位思考，引出技能要点，随后通过情境模拟示范、运用图像和影音等多媒体手段，正强化良好的行为演练，促进青少年对社交技能的掌握。治疗师在技能教授环节中，更类似于"社交教练"角色，如同游泳教练一样，通过教授具体的步骤（动作）和指导青少年的实践环节来促进其正确地掌握技能。

笔者团队基于青少年的特点和临床开展后的反馈不断进行优化和改编，目前运行的团体方案设置为12周，每周1次，每次1.5小时，并发展了适合父母和青少年同时参与干预的双团体和仅对青少年进行干预的单团体模式。青少年和父母双团体更能兼容不同类型的 ASD 或 ADHD 青少年；而单团体更适合于同质性高、具备自主反省能力的高功能阿斯伯格综合征，或仅具备 ASD 特质未确诊的青少年，或 ADHD 的青少年。具体干预模块包括以下内容。

- 基础交流模块：包含交换信息、双向对话、打电话和挂电话、选择合适的朋友或团体、恰当使用幽默的技能。该模块教授基础交流技能，促使青少年恰当地理解好朋友特征、选择合适自己和接纳自己的朋友资源。要点还包括基于青少年的兴趣爱好诱发其主动参与交流过程，并正向地积累社交经验、增加社交信心。

- 进阶对话模块：包含发起对话、加入对话、离开对话、聚会、当一个好玩伴、良好的合作精神的技能。该模块教授进阶对话技能，促使青少年能有效地掌握日常的社交情境，使其更具有社会适应性、合作性，更好地维持友谊。

- 应对拒绝模块：包含应对意见分歧、回击嘲笑和应对令人尴尬的处境、改善坏名声、应对嘲笑和让谣言影响最小化、处理身体欺凌、恰当使用网络和处理网络欺凌的技能。该模块教授应对拒绝的技能，主要是针对该青少年群体最常见的拒绝类型做出相应指导，指导其识别拒绝类型，掌握有效保护自己的策略，并降低再次遭遇人际拒绝的可能性。该模块的换位思考过程能有效降低来访者再次产生人际冲突的概率，并通过保持冷静、友善沟通等核心理念促进其产生变化。

对该来访者群体的干预需更关注个体症状的独特性和特异性，安排有针对性的形式和干预内容，因此，在团体开始前（或入组访谈阶段）会由治疗师发起一次与青少年及其家长的单独会面，更有利于治疗师了解青少年的核心社交困难，并与青少年、家长建立良好的合作关系，提高其治疗的依从性。在最后一次团体课时，治疗师应当做出对该名青少年治疗升级或治疗降级/结束的个性化建议。现有经验表明，团体治疗结束后，以

1个月、3个月一次的会面周期与青少年及其家长会面，是探究 PEERS 效果是否持续并维持团体干预的长尾效应的合适选择。另外，可以在后续会谈中对该名青少年学习、应用的社交技能进行及时强化，跟进治疗效果。当然，治疗师可以与青少年及其家长探索更合适的随访干预设置。

2. 家长部分

家长干预的形式是 ADHD 家长养育支持团体。

干预目标：缓解 ADHD 儿童家长的养育压力，帮助 ADHD 患儿提升心理健康水平和应对压力生活事件的方法，提高养育自我效能感和家庭生活质量。

干预途径：线上会谈，团体一般容纳 5~8 个家庭，以个性化的养育讨论和指导为主，针对每个孩子的具体情况进行深入分析和指导。此外，该团体还会对本团体共性的问题开展主题小讲座。

适用患者：孩子当前被确诊为 ADHD 并且已经完成 ADHD 家长初阶班学习的家长。

ADHD 家长养育支持团体为笔者团队首创的团体。与正常发育儿童的家长相比，ADHD 儿童的家长承受着更高的养育压力、更多的心理健康问题和压力生活事件，而养育自我效能感和家庭生活质量更低，家庭功能明显受损（Bhide et al., 2024; Liu et al., 2024）。家庭作为儿童成长过程中最重要的环境因素，对 ADHD 症状的发生、发展及结局都具有重要影响（Hsu et al., 2022）。因此，家长的养育方式会对儿童产生直接影响，ADHD 儿童的康复也需要家长的高度配合和参与，专业人员应为家长提供特定的心理社会支持干预。

笔者团队运行的 ADHD 家长养育支持团体以认知行为疗法为理论指导，基于临床经验设置了六个模块的干预方案（见图 4-2），帮助家长应对共性的养育挑战：①理解和接纳 ADHD 及其所造成的影响；②对 ADHD 孩子的行为进行成因分析；③具体运用行为管理原理；④增进亲子沟通的技巧；⑤缓解养育焦虑的技能；⑥建立家—校—医—社的多方联盟。

在临床实践中，该团体兼具个性化与模块化，注重个案概念化。具体而言，团体开展中，团体带领者所提供的内容均是与六个模块相关的，但各模块的顺序、内容详略可按当期团体的情况灵活调整，让干预方案适应团体成员，而不是让团体成员适应干预方案；每次团体的开展有大致的结构，但以个性化讨论和回应为主，对每个孩子的情况进行深入分析和指导，让结构服务于团体，而不是让团体服从于结构。

ADHD 家长养育支持团体模块化方案的部分内容举例如下：

• 心理健康教育：帮助家长正确认识 ADHD 及其相关功能受损，不仅让家长更好地理解孩子的行为，还帮助他们调整对孩子行为的归因。这一过程使家长逐渐意识到，孩子的某些问题行为并非故意"作对"，而是由 ADHD 这一神经发育障碍所引起的。通过这种认知的转变，家长更容易产生同理心，减少对孩子的苛责，并能够更理性地应对日常育儿中的挑战。同时，心理健康教育模块还为家长提供具体的应对策略，例如，如何在日常生活中帮助孩子提高注意力、管理情绪以及改善社交技能。这些知识和技能不仅能提升家长的育儿效能感，还能够有效减少家庭中的冲突，促进亲子关系的和谐发展。

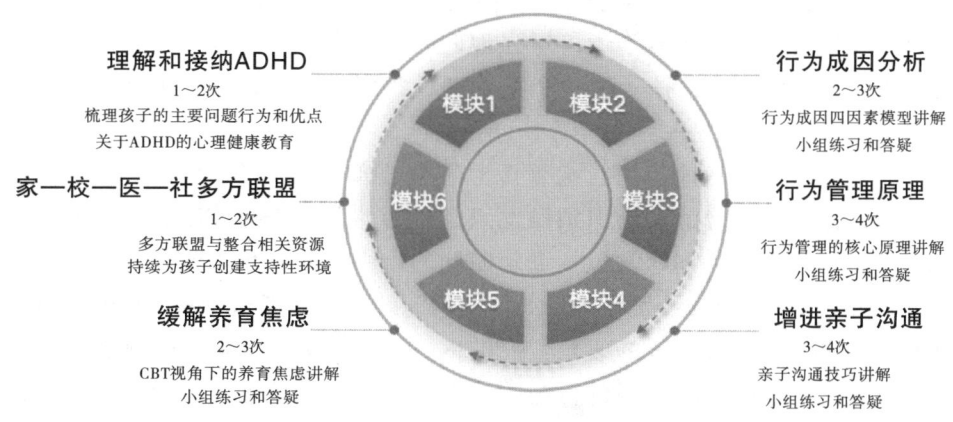

内容模块化 过程结构化 回应个性化 强调评估与个案概念化

图 4-2　ADHD 家长养育支持团体的模块化方案

- 正念训练：通过引导家长非评判性地觉察自己的情绪和行为，家长能够更清晰地意识到自身在面对孩子时的情绪反应和行为模式。这样的觉察帮助他们减少对孩子的负面情绪反应，进而调整养育态度，以更平和与支持性的方式应对孩子的挑战。当家长能够保持平静和专注，他们就更容易以耐心和同理心回应孩子的需求，减少因焦虑或挫败感导致的过度反应。这种内在的平和也有助于改善家庭氛围，使家长和孩子之间的互动更加积极和有效，从而为孩子的情感和行为发展提供更好的环境支持。

- 学业支持：针对 ADHD 儿童常常在学业上遇到的困难，如注意力不集中、任务完成不佳以及作业拖延等问题（这些问题会影响他们的学业成绩和自信心），治疗师教授家长如何帮助孩子制订个性化的学习计划，运用分段学习法，将复杂的任务拆解为更小的步骤。同时，可以引入行为奖励系统，以激励他们完成每一个学习任务。此外，帮助他们学习时间管理技巧和提高任务完成的专注力，这对于改善学业表现至关重要。

- 情绪管理：ADHD 儿童通常情绪波动较大，容易在面对压力或挫折时表现出强烈的情绪反应。他们可能会感到沮丧、愤怒或焦虑，这些情绪反应往往会进一步影响他们的行为表现。认知行为疗法提供了许多有助于情绪管理的有效工具，可以帮助儿童识别并挑战他们的负面思维模式，学会使用更加有效的情绪调节策略。在团体中，治疗师将教授家长相关的原理及工具，使他们在生活中可以成为孩子的"治疗师"。

- 社交互动：由于注意力分散和冲动行为，ADHD 儿童在社交场合中可能会面临困难，难以与同龄人建立和维持良好的关系。他们可能因为行为不当而被排斥或孤立。社交技能训练可以帮助 ADHD 儿童学习如何有效地与他人互动。通过指导家长创设合适的社交模拟活动，如角色扮演和情境模拟，孩子可以练习如何在社交中表达自己、控制冲动和换位思考，并建立更加积极的人际关系。这不仅有助于他们提高社交能力，还能使他们增强自信心。

- 亲子沟通及多方联盟：由于 ADHD 儿童的行为问题，亲子关系常常会受到影响。

父母可能感到压力大，甚至无力应对孩子的情绪和行为问题，这会导致亲子沟通不畅。通过指导父母以积极的方式与孩子沟通，增强他们的育儿技巧，可以改善亲子关系，减少家庭冲突，进而家长作为自己孩子的"个案管理员"联动多方资源，创建适合孩子的具有支持性的成长环境。

• 行为分析与管理：正确地运用行为管理原理是改善 ADHD 儿童行为问题的关键。通过行为分析，治疗师可以帮助家长识别触发问题行为的前因进行前因管理，并制订个性化的行为干预计划（这些计划通常包括设定明确的规则、使用行为契约和时间表以及通过奖励机制来强化积极行为）；教导父母如何使用有效的行为管理策略，如奖励和正强化，也能帮助他们更好地支持孩子的成长，促进良好的亲子关系。团体带领者带领父母合作实施这些策略，可以有效减少问题行为的发生频率，帮助孩子逐步形成自我控制的能力。

（四）精准个性化干预

干预目标：为 ADHD、ASD 儿童和青少年提供重要支持，解决其在成长过程中面临的在注意力、冲动控制、情绪调节和社交互动等方面独特的困难和挑战，针对这些问题进行深入的探讨和设计。

干预途径：主要开展形式为个体心理治疗、沙盘游戏治疗和家庭心理治疗。

适用患者：诊断为 ADHD、ASD 的儿童和青少年。

ADHD 儿童和青少年在成长过程中面临着一系列独特的挑战，精准个性化干预可以为这些儿童提供重要的支持。精准个性化干预的主要开展形式为个体心理治疗、沙盘游戏治疗和家庭心理治疗。由于他们在注意力、冲动控制、情绪调节和社交互动等方面存在显著的困难，心理治疗的核心议题和解决方法需要针对这些特定的问题进行深入的探讨。以下为针对 ADHD 及 ASD 来访者常见的工作议题。

1. 针对 ADHD 的精准个性化干预

（1）注意缺陷

ADHD 来访者往往表现出难以在任务或活动上维持专注。这种注意缺陷不仅影响学业表现，还会导致日常任务的完成效率低下。随着年龄的增长，这种问题可能变得更加复杂，导致时间管理和任务优先级处理上的困难。在个体心理治疗中，治疗师可以帮助孩子识别那些导致注意力分散的环境因素或心理状态，并制定应对策略，例如，将大的学习任务分解成小的、可管理的部分，从而更容易集中注意力完成任务。同时，治疗师教授孩子正念练习（如正念呼吸、专注于呼吸或特定物体），可以帮助孩子在治疗和日常生活中增强自我觉察，提升"心理免疫力"。

（2）冲动控制

部分 ADHD 儿童主诉为在没有充分考虑后果的情况下，做出冲动的行为，如打断别人、在课堂上大声讲话或在感到挫折时突然情绪爆发。治疗师可以与孩子和家长共同制定明确的行为规则，并通过即时奖励（如积分系统、贴纸等）鼓励孩子遵守这些规则。

例如，如果孩子能够在课堂上控制住冲动行为，可以获得约定好的小奖励，这有助于强化他们的自我控制能力。另外，还可以使用特定的游戏或任务（如等待时间练习或"停一停、想一想、再行动"技术），帮助孩子在做出冲动行为前学会通过停顿和思考进行情绪降温，减少冲动行为。这样的技术不能只停留在理论层面，治疗师应在治疗中创设情境帮助来访者练习应对冲动的技巧，并鼓励家长协助孩子在家中继续使用这些应对冲动行为的技巧。

（3）自尊与自信心

ADHD 来访者可能由于频繁的失败和来自老师、同伴的负面反馈，常常感到自卑，并缺乏自信心，这会进一步影响他们的情绪和行为。治疗师可以通过识别和强化孩子的优点和成功之处，以及帮助其家长理解和接纳 ADHD、掌握行为管理原理的应用，从而帮助来访者建立积极的自我认知。例如，治疗师可以让家长们掌握"成功带来成功，成功是成功之母"的诀窍，在日常生活中协助孩子设定小目标并庆祝每一个成就，创造机会让孩子体验到成功感，从而逐步提升自信心。同时，在治疗中，通过角色扮演和模拟社交场景，帮助孩子学习如何与同伴更有效地互动。通过这些训练，孩子可以获得更多的正面社交反馈，增强他们在社交场合中的自信心。

（4）情绪调节困难

不少 ADHD 来访者在面对挫折或压力时，容易出现情绪爆发或情绪过度反应，如愤怒、焦虑或沮丧，这不仅影响他们的日常生活，还会进一步加剧他们的行为问题。治疗师可以教孩子如何识别和表达他们的情绪，例如介绍情绪卡片或情绪日记技术，帮助他们更好地管理这些情绪。同时，通过学习和练习自我调节技术，如深呼吸、肌肉放松或正念，孩子可以在情绪失控之前使用这些方法来平复自己。治疗师还可以逐步引导孩子将这些技术融入他们的日常生活中。

（5）学业和执行功能方面

ADHD 来访者由于注意缺陷和冲动行为，常常在学业上遇到困难。他们可能难以组织学习材料、按时完成作业或在考试中表现出色。根据每个孩子的独特需求，治疗师可以与孩子一起制订个性化的学习计划，一起设定学习目标，并使用可视化工具（如时间表、任务列表）帮助孩子有条理地完成学习任务。专门的训练，如任务分解、优先级排序和时间管理，能帮助孩子提高学习效率。例如，治疗师可以教授孩子和家长如何将大作业分解成更小的部分，并设定每个部分的完成时间。

（6）家庭参与治疗

每个孩子都是独一无二的，因此各种治疗方法需要根据具体情况进行调整和优化，以确保治疗效果的最大化。家庭环境对 ADHD 孩子的行为和情绪有直接影响，家长的参与和支持也是治疗过程中的关键因素。治疗师可以与家长一起探讨如何在家庭中建立支持性的环境，例如如何设定并坚持一致的规则，如何运用正强化来鼓励孩子的正面行为，如何在面对孩子的情绪失控时保持冷静和有效的应对方式。提高家长的养育技巧和应对策略，可以帮助家庭从整体上更好地支持孩子的成长和发展。此外，家庭干预还可以帮助改善亲子关系，减少家庭中的紧张和冲突，从而为孩子创造一个更加稳定和安全的成长环境。

2. 针对ASD的精准个性化干预

（1）社交沟通

ASD来访者通常在理解和运用社交线索方面存在困难，这会影响他们与同龄人建立和维持友谊的能力。他们可能无法恰当解读他人的面部表情、语气或肢体语言，从而导致社交互动不协调。系统化的社交技能训练，例如角色扮演、社交故事和视频模仿，可以帮助孩子学习如何在社交场合中表现得更加得体。这些训练可以教授孩子如何开始、维持对话，如何表达情感，以及如何回应他人的社交信号。讲述特定的社交情境故事，并带领儿童和青少年进行模拟演练，可以帮助ASD来访者理解社交规则和期望，以及学会如何应对类似的真实情境。

（2）刻板行为和兴趣

ASD来访者可能会表现出高度重复的行为或对特定物品、活动有过度的兴趣，这些行为可能干扰他们的日常生活和学习。运用应用行为分析技术，治疗师可以通过正强化和负强化，逐渐减少刻板行为，降低其对生活的影响。例如，治疗师可以帮助家长和孩子设定一个目标，当孩子在规定时间内没有表现出刻板行为时进行奖励，并帮助孩子找到替代的行为或兴趣点。又如，当孩子对某个特定的物品产生过度关注时，可以引导他们将注意力转移到其他更适合的活动上。

（3）情绪管理

ASD来访者常常在情绪管理上面临挑战，特别是在面对变化或突发事件时，他们可能会表现出过度焦虑和愤怒。使用情绪卡片、视觉提示或情绪温度计，可以帮助孩子识别和表达他们的情绪，了解情绪背后的原因，有助于孩子学会更好地管理这些情绪。同时，教授孩子深呼吸、正念或使用"安抚盒"等自我安抚技术，以帮助他们在情绪激动时平静下来。这些技术需要治疗师鼓励来访者通过重复练习逐步内化为他们的日常应对策略。

（4）感官处理

ASD来访者可能对某些感官刺激（如声音、光线、触觉）过度敏感或反应迟钝，这会影响他们的生活质量和社交互动。专门的感官整合训练能帮助孩子逐步适应或调节对特定感官刺激的反应。例如，治疗师可以通过逐级暴露法来降低来访者对某些声音或触觉的过度敏感。同时，帮助家长和教师识别并调整环境中的感官刺激，如使用降噪耳机、调暗灯光，或在教室里创建一个"安静角"，以减少对孩子的感官干扰。

（5）适应能力

ASD来访者可能在适应日常生活中的变化或应对新情境时遇到困难，表现出抗拒改变的行为，可以使用视觉支持（如图片提示、时间表）帮助孩子理解和预期日常任务的步骤，从而提高他们的独立性和应对能力。例如，通过视觉时间表，让孩子明确了解一天的活动安排，从而降低对变化的焦虑感。在治疗中，通过分步骤逐渐引入新的任务或活动，帮助孩子慢慢适应变化。例如，如果孩子对新环境感到不安，治疗师可以从较短时间开始，通过逐步增加在新环境中停留的时间来帮助他们逐步适应。

(6) 自我认同与情感发展

ASD来访者可能在自我认同和情感发展方面遇到挑战，他们可能无法理解自己的情感和/或表达这些情感。治疗师可使用角色扮演、情境模拟或绘本故事等方法，帮助孩子理解不同情感的表现及其原因。这不仅可以帮助他们更好地表达自己的情感，还可以提高他们对他人情感的共情能力。长期的个性化心理治疗能够帮助孩子逐步建立自我认同，理解自己的独特之处，并发展出更积极的自我形象。治疗师可以引导孩子探索和表达自己的兴趣和才能，增强他们的自信心。

二、发育障碍整合心理干预案例[①]

(一) 基本情况

来访者小李（化名），男，11岁。因小李在学校情绪不稳定，频繁发怒，引发同学冲突和老师"投诉"，母亲带他来寻求专业的心理帮助。在评估中了解到，小李表示自己最主要的困难为情绪控制的困难，当面对学习压力、同学矛盾或老师批评等情况时，他往往会表现出极端的情绪反应。比如，因粗心过多导致考试成绩不理想时，小李会变得非常烦躁和不安，无法耐心地反思问题所在，在冲动下无法控制自己的急躁情绪，甚至在课堂上直接撕毁成绩单和试卷。小李的情绪"来得快去得也快"，在情绪爆发后他常常感到后悔，但又无法控制自己的冲动和情绪反应。

情绪问题也已经对他的学习和社交生活产生了负面影响，情绪不稳定和冲动行为使得他在学校的社交环境中逐渐遭到排斥。许多同学不愿与他交往或组队，担心他的突然爆发会引发不必要的冲突。除了在情绪上易怒，小李在行为上也显得非常冲动，容易采取极端的行为方式来表达自己的不满或焦虑。例如，有一次在操场上因为不满同学抢了他的球，小李立即推倒对方，事后他虽意识到自己行为过激，但在情绪爆发的那一刻却完全无法自控。在课堂上，如果老师批评他的作业没有按时完成，他可能会突然发火，把书本摔在地上，甚至用力踢椅子。除此以外，小李在社交互动中也存在困难——他难以察觉到同伴的情绪变化或言行暗示，对他人情绪和社交线索的敏感度低，因此常常做出不恰当的反应，导致误解和冲突。比如，当他与同学交谈讨论时，常常会自顾自地发表自己的观点，完全忽略周围同学的反应。即使有人明显表现出不耐烦或试图打断他，他也没有察觉到，而是继续喋喋不休地说下去。课后有同学委婉地提醒他，他也很难理解，除非有亲密的朋友直接指出，他才能意识到自己可能说了不合时宜的话。此外，他还经常在不适当的场合开玩笑，说话过于直白，例如，直接在课堂上指出老师的错误或表达对老师的不满，不顾同学的厌烦情绪而与同学继续开玩笑等，这些行为导致与他交往的同学、老师常常感到尴尬和不适。对社交线索的误读使小李在同学中的印象不好，

---

① 本案例为混编案例。

进一步加剧了他的社交困难。小李的种种问题行为让老师感到头痛,同学们也渐渐不愿意接近他,使得小李与老师、同学的关系紧张,他逐渐被一些同学在班级中孤立。

小李的情绪困扰和问题行为不仅受到老师的"关注",在家中也成为父母关注的焦点。母亲对小李的问题行为感到非常焦虑和不安,不知如何应对。父母之间有时因教育方式问题而产生争执,这种紧张的家庭氛围反过来加重了小李的情绪问题。小李的父母面对孩子的情绪问题也感到无所适从。由于常常接到学校老师的"投诉"电话,母亲只能在接小李回家的路上无奈地训斥他:"你怎么老是这样不听话!老师同学都不喜欢你了,你就不能安分一点吗?"而小李在听到母亲的话后情绪更加激动,大声反驳说:"都是他们的错!你根本不懂!"然后把头转向另一边,拒绝和母亲再有任何互动交流,一路上沉默不语。母亲感到非常沮丧,担心孩子的未来,但又不知道该如何帮助他。

小李在家中也常常对母亲的劝说或指导充耳不闻,甚至表现出强烈的对立违抗行为,拒绝与家人沟通。每当家人试图跟他讨论学习或行为问题时,他就表现得极为不耐烦,总是说不到几句就会情绪失控,大声顶撞,甚至摔东西。在一次家庭聚餐时,母亲尝试提醒他吃饭时要注意礼貌,小李立刻怒气冲冲地打断她的话,重重地把筷子摔在桌上,愤怒地离开餐桌。这种情况时时发生,一旦觉得自己被批评,他就会越说越激动,情绪迅速失控,很难冷静下来。

在评估过程中,治疗师通过与小李及其母亲的访谈,了解到小李在学校经常因易怒和情绪控制能力差而与同学和老师发生冲突。尽管小李在情绪调节和行为控制上存在困难,但他对这些问题是有一定觉察的。他表示自己并不想总是生气,也不希望总是与同学发生冲突,但他感到在情绪来临时完全无法控制。这种情绪问题导致小李在学校难以交到朋友,感到孤单和挫败,对此他感到困扰并希望能够得到帮助。同时,治疗师还发现,小李的父母在应对孩子的情绪和问题行为上表现出明显的不足,面对孩子的行为感到无所适从并充满焦虑,往往在孩子情绪上头的时候火上浇油。父母对情绪管理和行为调节缺乏系统性认识,导致他们在日常养育中常常采取不当的应对方式,这在一定程度上加剧了小李的问题行为。

(二) 干预项目及患者的改变

针对小李的情况,笔者团队的治疗师为小李提供了整合心理干预方案,涵盖了多个层级的心理干预。首先,自助性干预部分,推荐小李和家长阅读微信公众号"广脑ADHD"和"华南精神心理早期干预联盟"中的"ADHD""ASD"系列推文;推荐小李日常阅读书籍《儿童情绪障碍跨诊断治疗的统一方案——自助手册》《情绪彩虹书:CBT艺术疗愈完全手册》等;推荐家长阅读《分心不是我的错》《多动症儿童的正念养育》《如何养育叛逆孩子》《P.E.T.父母效能训练》和《非暴力沟通》等。

除了以上自助性干预,针对小李的情况,治疗师先向小李和家人推荐了 ADHD 情绪调节能力训练团体、PEERS 社交技能训练团体、ADHD 家长初阶班和高阶班。由于小李目前较为突出的是情绪调节问题,所以先推荐入组 ADHD 情绪调节能力训练团体,待后续再参与 PEERS 社交技能训练团体。

小李在参加 ADHD 情绪调节能力训练团体时，学习了如何识别和调节情绪，提升情绪管理能力，减少冲动行为。在团体中，治疗师帮助小李掌握情绪调节的基本技巧，帮助他识别自己的情绪变化和冲动反应的原因，提升他的自我控制能力，减少他在学校和家庭中的冲动行为。

该团体中的一次活动要求组员们模拟日常生活中的冲突场景，然后逐一分享他们在这种情境下的感受和想法。起初，小李显得有些紧张和排斥，但当听到其他孩子分享自己因为小事爆发情绪后如何调整和反思时，他开始慢慢"打开"自己，尝试描述自己的情绪。例如，有一次在团体中，模拟的情境是"排队时被插队"，小李一开始的反应是想推开插队的人，但在治疗师的引导下，他停顿了一下，想到了可以用更平和的方式表达自己的不满，如说"请不要插队，我们都在排队"。这种练习可以帮助小李在实际生活中更好地应对类似情境。例如，以前小李在成绩不理想时，常常会因为愤怒和挫败感，冲动地撕毁作业和试卷，拒绝与老师或家人沟通。现在小李学会了识别自己情绪激动的生理信号，如心跳加速和呼吸急促，在情绪激动时，先暂停几秒，深呼吸几次，随后冷静地向老师寻求帮助，而不是立即表现出愤怒和失控。

团体训练的收获让小李在家庭中的表现也有所改善，小李以前在与母亲讨论学习问题时，总是表现得极度不耐烦，几句话后就会发脾气，最后从讨论演变为争吵。在参加 ADHD 情绪调节能力训练团体后，小李与母亲讨论问题时，会先认真倾听母亲的意见，再平静地表达自己的观点。例如，当母亲提醒他及时完成作业时，小李会说："我知道你是关心我，但我现在很烦，我平静下来再做。"这种方式帮助他与母亲建立了更加和谐的沟通方式，降低了争吵的频率。

同期，小李的父母也参与了 ADHD 家长初阶班和高阶班，系统学习应对和管理孩子情绪与行为的技巧，了解 ADHD 相关知识，减少育儿焦虑，为小李提供有效的家庭支持。小李的父母在团体中学习了如何正确应对小李的情绪问题，逐渐减少对他的责备，更多地用积极的关注和情感支持来代替。例如，母亲学会在小李情绪失控时不再直接训斥，而是先给他一些时间冷静下来，等彼此都平静后再问他："刚才发生了什么事让你这么生气？"通过类似技能的学习和在生活中的实践，小李的情绪爆发次数逐渐减少，家庭关系也明显改善。

在参加 ADHD 情绪调节能力训练团体后，小李的情绪和行为问题有所改善，但由于评估中反馈小李还有 ASD 的特质，针对小李在人际交往方面的困难，建议他可以参加 PEERS 社交技能训练单团体，帮助他学习和实践更有效的社交策略。在这个团体中，小李和其他团体成员一起练习如何建立和维持友谊，比如如何发起和回应谈话，如何加入正在进行的游戏，如何察言观色，理解他人的非语言信号。在团体训练中，他表示印象最深的是可以学到融入团体的方法：可以先观察别人正在做什么，再找合适的时机去询问"我可以加入吗"，然后慢慢讨论大家都感兴趣的话题，融入对方的团体。经过几次练习，他慢慢学会了如何用更合适的方式表达自己。小李反映，自己在团体中交到了朋友，开始感受到被接纳的感觉，也提升了与同学互动的自信心。

在之后的团体分享中，小李也描述了自己使用该技能的成功经历：在一次课间，他运用该技巧成功加入了同学们的跳绳游戏。他兴奋地告诉团体同伴和家人，自己交到了新朋友。除此以外，通过在团体中系统地学习如何处理人际矛盾和分歧，他逐渐掌握了一些有效的沟通技巧。以前与同学发生冲突时，小李通常会立即陷入争吵，导致矛盾进一步升级。然而，通过不同团体的学习，他学会了如何更好地在冲突中保持冷静，即首先倾听对方的观点，然后尝试用适当的语言表达自己的感受，而不是立即反应过激。在之后遇到人际矛盾时，即使最终小李与同伴未能完全达成一致，也并没有再让冲突激化，而是能够找到沟通的方式处理人际矛盾。母亲也提到，小李回家后常常分享自己的社交经历，并表现出对自己处理问题能力的满足和自信。

（三）后期跟进及患者康复状况

在团体干预结束后，小李还希望进一步解决自己个性化的情绪和社交问题，因此与治疗师开始个体治疗，期望得到更有针对性的干预和支持。

在个体治疗过程中，小李逐渐敞开心扉，与治疗师分享了自己因为 ADHD 和 ASD 的症状，曾经在学校里被孤立和欺凌的创伤经历。这些经历对他造成了很大的心理阴影，使他在集体环境中常常感到不安和恐惧。治疗师在了解小李的创伤经历后，决定帮助他逐步面对和处理这些负面体验。小李在一次会谈中哭诉："我觉得自己很没用，为什么我总是得不到喜欢？"治疗师帮助小李识别出这些负性信念，并通过角色扮演和反复练习，帮助小李建立更积极和建设性的思维模式。在个体治疗期间，治疗师定期与小李的母亲会面，帮助她理解小李在情绪和社交上的变化和进步。

在接受了一系列的团体治疗和个体治疗后，小李的情绪控制能力和社交技能逐步稳定。他在课堂上的表现明显好转，老师们反馈小李现在可以更好地遵守课堂纪律，也更愿意主动加入同龄人的游戏，尽管有时仍然会因为不够灵活而被开玩笑，但他开始能够用幽默的方式回应这些玩笑，并在有需要时用团体中学到的技巧进行有效沟通。

小李的父母在 ADHD 家长养育支持团体中学到的技巧也在家庭教育中得到了运用。例如，当小李因为在学校受到挫折而情绪低落时，母亲会引导他说出自己的感受，而不是一味责怪，亲子关系逐渐变得更加融洽；家长与老师紧密沟通和配合，帮助小李提升了学业表现，他变得越来越有自信。小李也越来越愿意向家长分享自己的内心想法和感受，家庭内部的紧张氛围逐渐消除。

经过一系列的团体治疗和个体治疗后，小李逐渐走出了过去的创伤和阴影，学会了更好地应对情绪和社交挑战，逐渐成长为一个自信、积极、能够很好地与他人互动的孩子。定期随访显示，小李的情绪管理和社交适应能力持续改善，生活质量和社会适应能力也进一步提升，他的康复故事也为其他正在经历类似困境的孩子们带来了希望和启示。

第四节 精神病整合心理干预

一、精神病①整合心理干预的架构

(一) 自助性干预

1. 儿童和青少年部分

推荐积极参与学校心理课、专题心理周活动,定期参与心理健康筛查,以及与心理委员和学校心理老师保持密切联系,维持良好的亲子沟通。可推荐阅读微信公众号"华南精神心理早期干预联盟"的"首发精神病"系列科普推文及视频。日常可阅读书籍《八周正念之旅》《精神分裂症:你和你家人需要知道的》等。

2. 家长部分

推荐定期参加学校所举办的亲子心理活动,自行学习儿童和青少年的心理发展特点及精神病性问题的特点,与班主任、心理老师等保持一定的联系,定期了解孩子的心理健康情况。推荐阅读微信公众号"华南精神心理早期干预联盟"的"首发精神病"及"70分妈妈"系列推文。日常可阅读书籍《精神分裂症:你和你家人需要知道的》《P.E.T.父母效能训练》《非暴力沟通》等。

(二) 普遍性干预

1. 儿童和青少年部分

对于诊断为精神病的儿童和青少年,普遍性干预将实施心理弹性训练中的标准化模块。心理弹性训练特指笔者团队引进的NAVIGATE技术中的个体心理弹性训练(Individual Resiliency Training,IRT)。该训练的根本目的是通过明确来访者的优势和心理弹性因素、提高对疾病的自我管理、教授技巧来促进功能恢复(以及达到并保持来访者身心健康),进而推动来访者的疾病康复。比起关注来访者的症状,IRT更强调聚焦来访者的优势和心理弹性因素,在治疗中强调促进来访者利用并强化自身优势资源,克服在达成个人目标过程中的各种困难,最终推动来访者达到其个人目标。在这一过程中,疾病症状若阻碍了来访者达成目标,则尝试利用现有资源和优势扫清阻碍,而缓解疾病症状不再是治疗的终极目标。另外,IRT干预还包括来访者可能受损的多个方面:①疾病自我管理;②物质滥用;③残留和/或新出现的症状;④精神创伤和创伤后应激障碍(PTSD);

---

① 儿童和青少年精神病包括精神分裂症、偏执型精神病、分裂样精神病等。

⑤恢复健康；⑥功能障碍。其中任何一种都可能导致未来的复发和/或长期的不良后果（the Navigate team，2020）。

IRT 由以下 14 个模块组成，详见表 4-3。

表 4-3 IRT 的构架

模块	标准/个性化①
1. 项目介绍	标准
2. 评估/初次目标设定	标准
3. 精神疾病的教育	标准
4. 预防复发计划	标准
5. 处理精神病发作	标准
6. 制定个体心理弹性——标准化会谈	标准
7. 建立达成目标的桥梁	标准
8. 处理消极情绪	个性化
9. 应对症状	个性化
10. 物质滥用	个性化
11. 享受快乐和建立良好人际关系	个性化
12. 吸烟的决定	个性化
13. 营养和锻炼	个性化
14. 制定个体心理弹性——个性化会谈	个性化

所有来访者都要接受前 7 个模块的干预，因为它们是首发精神病个体干预的基础。这些模块完成后，治疗师可以对来访者的进展进行一次系统评估，并在协同决策的基础上，确定 IRT 项目下一步的方向。例如，一名持续出现幻听、缺少朋友、体重显著增加的来访者在完成标准模块后，可能会选择与其 IRT 治疗师一起完成"应对症状""享受快乐和建立良好人际关系"及"营养和锻炼"的个性化模块。在个性化模块的选择上，来访者和治疗师共同确定哪些问题领域正在对康复（和个人的健康）造成危害，并将 IRT 作为解决这些问题的一种干预。

笔者团队组织翻译了《NAVIGATE 首发精神病早期整合干预技术手册》（出版中），其中在个体心理弹性训练手册中有对此技术的详尽描述，在临床指南和每个模块的讲义中提供 IRT 的详细描述及其干预措施，有兴趣的读者可在后续进行进一步的学习。

2. 家长部分

普遍性干预主要通过开展精神分裂症家长初阶课程（后称"精神分裂症家长初阶班"）为家长提供快速、简短、有效的干预，开展形式为 2 次线上课程（每次 2.5 小

---

① 最初的七个模块被称为"标准模块"，将作为精神病患者的普遍性干预；其余的称为"个性化模块"，根据评估、个人目标、议题以及关注的领域再进一步进行工作，将在后文的"选择性干预"部分叙述。

时），并在每一部分设有答疑环节，最多可容纳15个儿童和青少年家庭参与，鼓励孩子和家长双方或其他重要亲属同步参与，帮助患者的家长增加对疾病相关知识的了解。精神分裂症家长初阶班包含5个主题的健康教育课程：①认识精神病的症状；②精神病的药物治疗；③制订预防复发计划；④建立优势视角；⑤与专业人员建立医患治疗联盟。

该项干预目标是帮助患者家长尽快从正规途径获取疾病康复过程中家属必备的知识。这些知识相当重要，及时有效获得能够大大避免之后康复过程中可能会走的弯路。

（三）选择性干预

1. 儿童和青少年部分

（1）心理弹性训练（标准化模块+个性化模块）

所有接受IRT的患者均接受标准化模块的干预。然而，不少患者在康复过程中还需标准化模块所涵盖主题之外的干预，例如，患者受到较为强烈的负性情绪影响，因而难以在生活中应用标准化模块的行为练习；再如，患者症状已基本康复，正在考虑复学，然而对是否需要向相关人员披露自己患病的现实、披露的范围多大才合适等问题在家庭内部都难以达成一致，为此患者及全家苦恼不已，甚至产生争吵，影响了家庭气氛，患者原本就要消失的症状又有了"抬头"的势头……遇到类似的情况，就需要接受个性化模块的干预。

需要说明的是，这里所说的个性化模块并非独立于标准化模块，而是需要与标准化模块搭配甚至穿插着进行。治疗师根据对患者的评估与个案概念化，有选择、有顺序地将个性化模块和标准化模块进行"编织"，即有机整合。

（2）UP的SMI团体治疗

青少年情绪障碍跨诊断治疗的统一方案（Unified Protocols for Transdiagnostic Treatment of Emotional Disorders in Adolescents，UP-A）针对严重精神疾病（Serious Mental Illness，SMI）的治疗方案是开展患者及家长的平行团体：患者开展团体治疗，同时为患者家长开展平行的团体治疗会谈，会谈内容相辅相成，且有一定联系，在团体治疗的最后15分钟，两组团体成员合并到一起，进行特定任务的讨论。这一套治疗方案的具体内容在笔者团队翻译的另一本书籍《儿童和青少年情绪障碍跨诊断治疗的统一方案——应用实例》（Jill Ehrenreich-May et al.，2024）中有详细介绍，在此亦不再赘述。

2. 家长部分

（1）NAVIGATE技术家庭教育强化技能训练

每个精神病患者家庭的情况各异。不是每个家庭在学习系统的精神病康复知识后，都能够准确无误并且及时运用在生活中。一些家庭可能还需要更高强度的干预。需要更高强度干预的指征包括：①患者在其康复目标上没有取得进展；②家庭冲突程度高；③家属对患者及其治疗有很多顾虑，并频繁地与家庭治疗师联系。在是否为这些家庭推荐更高强度的家庭干预项目上，家庭治疗师也应该考虑：①他们在前序家长干预部分的出勤率和参与动机；②那些所谓的需接受高强度干预才能解决的家庭问题是否与疾病管理有关，或该问题可否借助其他医疗资源得以解决。如果这个问题与疾病管理有关，并且这个家庭可以持续出席治疗会谈，那么就可以推荐该家庭参加 NAVIGATE 技术中的更高强度的家庭干预，即强化技能训练（Modified Intensive Skills Training，MIST）；如果这一问题似乎与疾病管理无关，则应建议这一家庭寻求其他途径的帮助，如非专门针对首发精神病的家庭治疗。

MIST 是一个结构化的治疗项目，是专门为精神病障碍家庭设计的特定会谈，包括会谈的时长、针对特定主题领域的会谈时长和总时长，都根据家庭的独特需求而设置。大多数家庭需要大约 6 个月的时间来完成 MIST（例如，前 3 个月每周一次会谈，后 2 个月隔两周一次会谈，之后每月进行一次随访）。MIST 分为五个阶段，以循序渐进的方式构建知识和技能。表 4-4 列出了会谈的各阶段以及每阶段的会谈次数。

表 4-4　MIST 的各阶段

干预阶段	大概会谈次数
1. 评估	每个家庭成员 1 次；1 次家庭会谈（可选）
2. 对前一阶段教育内容的回顾	1 次家庭会谈
3. 沟通技能训练	4~6 次家庭会谈
4. 问题解决技能训练	5~8 次家庭会谈
5. 结束	1 次家庭会谈

若需了解更详细的细节（讲义、会谈细节及会谈所需其他工具），后续可以查阅笔者团队翻译的《NAVIGATE 首发精神病早期整合干预技术手册》（出版中）中家庭教育项目的相应章节进一步学习。

（2）精神病家庭养育支持团体干预

精神病家庭养育支持团体专注于提升父母在沟通技巧和问题解决方面的能力，从而有效支持精神病儿童和青少年的健康发展。该课程的核心目标是提高亲子沟通质量，增强家庭的问题解决能力，减少家庭冲突，为儿童和青少年提供一个稳定和支持性的环境。在具体的实践过程中，笔者团队发现，家长养育支持团体干预的组员可以是同质性程度高的单一诊断患者家庭，亦可以是异质的（一个团体中既有患者诊断是精神病的家庭，也有患者诊断是情绪障碍的家庭）。具体开展形式及内容在本章第二节情绪障碍选择性干预家长部分情绪障碍养育支持团体中有详细介绍，此处不再赘述。

3. 以家庭为单位参加的干预

精神病给患者及其家庭带来的负面生活影响巨大，致残率高，康复难度大。读者应该不难发现，本书中涉及精神病相关障碍的干预均需患者与家属同时参加，即使是"儿童和青少年部分"，也都包含对家长的干预。可见，对该类障碍，需要干预的是整个家庭。因此，笔者团队亦为该类障碍的患者及其家庭开展以家庭为单位的干预形式：家庭聚焦治疗——多家庭团体模式。

家庭聚焦治疗是基于易感性应激模型的健康教育式家庭干预模式，主要针对影响复发率的三个危险因素：对疾病症状及发病机制不了解；家庭沟通模式不良；问题解决技能欠缺。因此，家庭聚焦治疗的治疗模式包括 3 个模块：疾病知识介绍、家庭沟通技术及问题解决技术。有研究显示，精神病高危青少年家庭接受家庭聚焦治疗，能够有效提高患者及家庭的生活幸福感。笔者团队抽取首发精神分裂症康复项目（RAISE）中针对首发精神病患者的家庭干预项目方案的核心干预模块，亦发现其干预集中在帮助患者家庭"准确识别症状""降低家庭高情感表达交流模式"以及"增加家庭问题解决技能"三个方面。

笔者团队采用的家庭聚焦治疗模式改编自大卫·米克洛维茨教授团队所开发的治疗模式，从一对一的家庭会谈方式，改良为多家庭团体治疗模式，以尽量缓解我国医疗现状下的医患比例不足的问题。

患者及其家庭经由综合心理评估及心理干预计划制定访谈的全方位概念化评估，制订出包含家庭聚焦治疗的心理干预计划后，即可进入家庭聚焦团体治疗。该团体每组可容纳 4~6 个家庭，鼓励每个家庭都由患者及其双方养育者参加。会谈共分为 3 个模块，每个模块 4 次会谈，共 12 次会谈，每次会谈 1.5 小时。会谈模块依次是：关于症状的心理教育、沟通技术、问题解决技术。

12 次会谈完成后，治疗师团队会为每个家庭出具一份团体干预结束反馈表，帮助家庭总结整个会谈旅程中患者及其家庭的变化发展，以及介绍下一步家庭可能需要的心理干预计划。该计划与先前的"心理干预计划制定访谈"具有类似目标，旨在帮助患者家庭在个案概念化的基础上讨论当下可能最合适的心理干预策略。

笔者对一些团体参与者开展会后访谈，了解其对干预过程的认识，在保护患者家庭个人信息的情况下将反馈摘录如下：

家长对疗效比较放心，因为是全程参与会谈的；

学会了当孩子出现各种症状的时候怎么办；

干预对我的帮助是持续一段时间都存在的；

会谈提醒了家长要加快步伐调整自己的状态，从而更好地帮助孩子……

（四）精准个性化干预

精神分裂症谱系和其他精神病性障碍患者及其家庭的精准个性化干预主要包括两种类型的干预模式：不同阶段干预模式的个性化配合，其他个性化的干预主题。

1. 不同阶段干预模式的个性化配合

虽然本章以不同阶段和不同干预层级分别对自助性干预、普遍性干预及选择性干预进行了介绍，但患者并非只能刻板地依次接受自助性干预、普遍性干预、选择性干预。若在综合心理评估阶段或干预计划制定访谈阶段评估发现患者或家庭需要进行强度较高的干预时，可直接选择较高层级的干预，如精准个性化干预。这样一来，所设计出来的干预计划可能如下：患者参加 IRT 治疗（标准化模块+个性化模块），同时家长参加精神病家庭养育支持团体治疗。但若家庭暂时因各种原因无法参加团体治疗，也可先请家庭进行自助性干预，待患者的 IRT 治疗进行一段时间后，患者与其家属再共同参加以家庭为单位进行的家庭聚焦团体治疗。

2. 其他个性化的干预主题

（1）处理共病相关症状

大多数患者接受 NAVIGATE 技术的 IRT 训练，可以解决与精神病谱系障碍相关的绝大多数问题。若患者在精神病谱系障碍外，共病神经发育障碍，且神经发育障碍相关的症状亦造成了功能损害，则需进行与共病相关主题的治疗。需注意的是，在处理共病相关症状的同时，要密切关注精神病的复发问题，同时也需要对家庭及时同步治疗信息。

（2）康复导向的认知治疗

康复导向的认知治疗（Recovery-oriented Cognitive Therapy，CT-R），在亚伦·T. 贝克博士的认知模型指导下，提供了具体的可操作的步骤，以促进患者的康复和复原力。CT-R 最初是为了赋能被诊断为精神分裂症的个体而开发的，但它广泛适用于经历广泛行为、社会和身体健康挑战的个体。CT-R 高度协作、以人为本、以优势为基础，专注于发展和加强关于目标、希望、效能、赋权和归属感的积极信念。

CT-R 专注于赋能患有严重心理健康问题的个体，让他们能够过上自己想要的生活。这些个体可能会面临以下挑战：①难以获得动力；②难以与他人建立联系和沟通；③令人痛苦的声音和/或其他形式的幻觉；④难以让人理解的信念；⑤攻击性行为；⑥自残；⑦创伤的影响；⑧对是否存在心理健康问题的分歧。

CT-R 相信：无论个体所经历的挑战时间长短及难度大小，所有人都是有可能康复的。CT-R 主要专注于帮助来访者追求人生价值，而非指向减少症状。即便是患有严重心理健康问题的个体，也能够通过 CT-R 取向的治疗逐步走向康复，逐步迈向自己的人生追求。

在一项随机临床试验中，CT-R 在改善社区参与、动机和阳性症状方面，比常规治疗效果更显著（Grant et al., 2012）。CT-R 的改善效果在治疗干预后的 6 个月内也得以维持（Grant et al., 2017）。无论个体的病程有多长，接受 CT-R 的收益都是显著的，这是令人充满希望的康庄大道。

二、精神病整合心理干预案例[①]

患者贝贝（化名），女，17 岁，因行为紊乱、幻觉、妄想、情感淡漠，严重影响生活，无法正常参与学业学习，故被家人送入院治疗。刚入院时症状丰富，以阳性症状表现为主。听到评论性幻听，觉得有人冒充自己的父母潜入家中，对待自己也跟以前不一样了。觉得饭菜和水的味道变了，同时认为某些数字具有一定特殊的意义。例如，吃饭一定要在 2 分钟内吃完，因为 2 这个数字是自己的幸运数字；楼层 33 楼不吉利，所以回

---

① 本案例为混编案例。

家坐电梯时一定要坐到 22 楼后走楼梯回家。精神科诊断为精神分裂症。患者家族史阴性。

(一) 基本情况

在贝贝看精神科医生时，医生为其开具了精神病综合心理评估项目，患者及其家属一同到笔者团队完成心理评估。评估师为其进行了精神病性症状、情绪症状、功能与行为评估、家庭与环境因素（如家庭对于疾病相关知识的知晓和理解程度、家庭互动模式等）等多方面的评估。评估结果显示，当前贝贝受到几个严重的精神病性症状困扰，影响到贝贝的上学和家庭功能。而家庭也是第一次了解该疾病，对症状、诊断、治疗、疗效、病程等知识一无所知，更无法科学地应对患者出现症状的情况，有时还会对患者的症状产生误解，导致家庭关系不和谐，争吵、冲突明显增多。

(二) 干预项目及患者的改变

经过评估后，笔者团队为患者及其家属推荐了针对首发精神病的早期整合干预，包括的干预项目有：针对患者的个体心理弹性训练，针对患者家庭的精神分裂症家长指导以及家庭支持团体治疗。当然，这些干预都是作为精神药物治疗的辅助干预协同开展。下文会详述几个干预项目在这位患者身上是如何搭配、协同开展、达到整合干预的。贝贝在进行综合心理评估的时候，家属就分别参与了量表评估和访谈评估两部分。在之后的报告讲解阶段，心理评估师向贝贝及其家属讲解了该评估报告的内容，并对精神病的相关症状、早期整合干预的必要性和基本设置等做了初步介绍。贝贝家庭对当前所遇到的疾病相关问题和后续的干预措施进行简单了解后，就带着报告再次回到精神科医生处。

精神科医生再次结合报告内容与贝贝开展诊疗工作，制定出针对贝贝家庭当前状况的整合干预方案，其中就包括精神科药物治疗、个体心理弹性训练以及贝贝家属需要参加的家庭教育干预。

拿到这份干预方案后，贝贝及其家人就开始了整合干预之旅。

每隔 2 周到 1 个月，贝贝家属会带着贝贝找精神科医生复诊，对症状严重程度、药物副作用、健康状况等进行监测、管理和调整。

每隔 1 周，贝贝会单独与笔者团队的心理治疗师进行个体心理弹性训练。

贝贝家长先参加精神分裂症家长指导干预项目，待完成后，又继续参加了精神病家长养育支持干预项目，该项目线上进行，频率是每周一次。

各个治疗项目同步开展，按照各自的节奏有序进行。

贝贝的个体治疗师、家庭治疗师以及精神科医生会组成贝贝的整合干预团队，定期碰面，交流贝贝疾病康复的进展和需要调整的干预方向。

每 6 个月左右，整合干预团队会邀请贝贝家庭参与整合干预的阶段化联合治疗计划会谈。在该会谈中，会监测贝贝的康复目标达成状况、家庭资源的使用情况、贝贝当前的社会功能水平，从而对下一步开展的药理、个体心理弹性训练及家庭教育干预各项目的干预方向进行调整。

这样的干预会持续跟进1～2年。当然，在这段相对漫长的治疗进程中，各干预项目的会谈频率会随着贝贝疾病康复程度以及贝贝家庭对于疾病的支持程度逐渐降低。贝贝一家花在治疗该疾病上的时间和精力也逐步减少。

（三）干预过程中患者及家庭的转变

整合干预以药物治疗和综合心理评估打头阵。

刚开始，贝贝的症状还很丰富，药物治疗作为整合干预的基础，起到了定海神针般的作用。然而在治疗刚开始时，贝贝家长对其所使用药物的副作用非常担心。精神科医生建议贝贝家庭尽快加入家庭教育干预。

在家庭教育干预中，贝贝家庭全面了解了精神病性症状、治疗原则、疾病的发病机制，同时也知道了营造有利于贝贝康复的家庭互动模式的重要性。这一阶段的家庭教育干预是笔者团队所开展家庭干预的家长指导项目，属于普遍性干预。完成这一阶段时，也是贝贝开始整合干预1～2个月的时间，贝贝的精神病性症状开始有所减轻，家庭氛围也逐渐明朗了起来。贝贝希望在药物治疗之余也参加心理干预，主要是因为当贝贝的自知力一步步恢复，她开始对自己一个月前的经历以及疾病的康复未来充满了焦虑和担忧。贝贝家长也支持贝贝的这一决定，同时为了更好地陪伴贝贝，家长决定也参加进一步的选择性干预。

贝贝参加了个体心理弹性训练。个体心理弹性训练治疗师（下文简称"个体治疗师"）先为贝贝进行个体弹性训练的标准化部分，这属于笔者团队干预体系的普遍性干预中的孩子需要参加的干预项目。在这段时间里，贝贝与个体治疗师建立了稳固的咨访关系，贝贝非常信任自己的个体治疗师，与其讨论了自己关于疾病治疗的各方面困扰。药物治疗还在继续规范进行着，在这期间，贝贝曾对药物治疗有较深的误解，总在想办法漏服或者不服药物。个体治疗师帮助贝贝认识疾病的发病原理和症状对生活的影响，与贝贝一同讨论使用药物治疗的优劣势，在一段时间的讨论后，贝贝自己做出了使用药物治疗的决定。从此之后，贝贝不再抗拒使用药物了。

然而，时间来到了整合干预的6个月左右，新的困难又来了。贝贝开始准备复学了，但其所在的学校需要住校。贝贝担心自己在住校的过程中无法按医嘱服用药物，因为她一旦在室友面前服了药，那就意味着可能需要面临如何向室友和其他同学解释自己的药物、请假原因等情况。

显然，这个担忧不仅贝贝有，她的家长也在家庭干预中提了出来。

在干预6个月的节点，整合干预团队为贝贝一家召开了一次联合干预计划会谈。团队发现，当前的康复目标需要有所调整，从帮助贝贝及其家庭了解疾病、提高药物依从性、增强贝贝的自知力并且建构有利于康复的家庭环境这些较为基础的康复目标调整成为帮助贝贝复学。这是一个不小的挑战。因为其中不仅需要贝贝的症状康复到一定水平，还需要贝贝家长帮助其解决许多现实问题。于是，家庭治疗师决定在贝贝家庭的选择性干预（家长养育支持团体干预）中，加入复学问题的讨论；个体治疗师决定为贝贝开启选择性干预，即进行个体心理弹性训练的个性化干预部分，涉及疾病的披露、人际关系处理以及一些问题解决的主题。

如前文所述，针对家长的选择性干预，主要开展的是养育支持团体治疗。贝贝家长参加了情绪障碍及精神病家长养育支持团体干预。在该团体干预中，无论是家庭沟通技能模块还是问题解决技能模块，治疗师都将复学主题作为贝贝家长在该团体的主要练习内容。

随着干预的推进，贝贝的症状逐渐一一消退，其家长的焦虑也日渐减少，全家都呈现出对疾病敬畏但也应对得胸有成竹的模样。各治疗都趋于稳定，贝贝家庭与精神科医生的会面频率由原先的每周或每两周一次变为1～3个月一次，与家庭治疗师的会面改成每月一次或必要时，与个体治疗师的会面变成每2～4周一次。贝贝离真正复学也越来越近了。

（四）后期跟进了解到患者的康复状况

在贝贝接受整合干预一年的节点，干预团队对贝贝家庭进行了随访。贝贝家庭带来了好消息。经过全家的努力，贝贝已经基本实现完全复学。一开始贝贝还无法住校，只能每天由家长送她去学校，晚上再接回家，而且无法完成家庭作业。但逐渐地，贝贝开始能做到不仅白天参加学校的各种活动，晚上也能完成家庭作业了。到了后来，贝贝逐渐开始尝试一周住校3天。慢慢地，贝贝做到了一周都住校，并且与室友相处得还不错。贝贝还规律使用着药物，维持着定期访问整合干预团队的习惯，只是访问频率较低，有时见精神科医生，有时见家庭治疗师，有时见个体治疗师。

这些好消息无疑让贝贝一家信心倍增，同时也让整合干预团队感到振奋。

参考文献

[1] ARMITAGE J, COLLISHAW S, SELLERS R. Explaining long-term trends in adolescent emotional problems: what we know from population-based studies [J]. Discover Social Science and Health, 2024, 4 (1): 14.

[2] ASARNOW J R, BERK M S, BEDICS J, et al. Dialectical Behavior Therapy for Suicidal Self-Harming Youth: Emotion Regulation, Mechanisms, and Mediators [J]. Journal of the American Academy of Child and Adolescent Psychiatry, 2021, 60 (9): 1105-1115.e1104. DOI:10.1016/j.jaac.2021.01.016.

[3] BHIDE S, EFRON D, UKOUMUNNE O C, et al. Family Functioning in Children With ADHD and Subthreshold ADHD: A 3-Year Longitudinal Study [J]. Journal of Attention Disorders, 2024, 28 (4): 480-492. DOI:10.1177/10870547231217089.

[4] BUTLER A C, CHAPMAN J E, FORMAN E M, et al. The empirical status of cognitive-behavioral therapy: a review of meta-analyses [J]. Clinical Psychology Review, 2006, 26 (1): 17-31. DOI:10.1016/j.cpr.2005.07.003.

[5] EHRENREICH-MAY J, KENNEDY S M, SHERMAN J A, 等. 儿童和青少年情绪障碍跨诊断治疗的统一方案：治疗师指南 [M]. 王建平，李荔波，熊珂伟，等，译.

北京：中国轻工业出版社，2022．

［6］FATTA L M, LAUGESON E A, BIANCHI D, et al. Program for the Education and Enrichment of Relational Skills（PEERS©）for Italy：A randomized controlled trial of a social skills intervention for autistic adolescents［J］. Journal of Autism and Developmental Disorders，2024. DOI：10. 1007/s10803-023-06211-3.

［7］GRANT P M, BREDEMEIER K, BECK A T. Six-Month Follow-Up of Recovery-Oriented Cognitive Therapy for Low-Functioning Individuals with Schizophrenia［J］. Psychiatric Services，2017，68（10）：997-1002.

［8］GRANT P M, HUH G A, PERIVOLIOTIS D, et al. Randomized trial to evaluate the efficacy of cognitive therapy for low-functioning patients with schizophrenia［J］. Archives of General Psychiatry，2012，69（2）：121-127.

［9］GRAZIANO P A, GARCIA A. Attention-deficit/hyperactivity disorder and children's emotion dysregulation：A meta-analysis［J］. Clinical Psychology Review，2016（46）：106-123. DOI：10. 1016/j. cpr. 2016. 04. 011.

［10］HSU Y C, CHEN C T, YANG H J, et al. Family, personal, parental correlates and behavior disturbances in school-aged boys with attention-deficit/hyperactivity disorder（ADHD）：A cross-sectional study［J］. Child and Adolescent Psychiatry and Mental Health，2022，16（1）：30.

［11］JEBREEL D T, DOONAN R L, COHEN V, et al. Integrating spirituality within Yalom's group therapeutic factors：A theoretical framework for use with adolescents［J］. Group：The Journal of the Eastern Group Psychotherapy Society，2018，42（3）：225-244.

［12］EHRENREICH-MAY J, KENNEDY S M. 儿童和青少年情绪障碍跨诊断治疗的统一方案——应用实例［M］. 王建平，殷炜珍，郝小玉，等，译. 北京：中国轻工业出版社，2024．

［13］LIANG D, MAYS V M, HWANG W C. Integrated mental health services in China：challenges and planning for the future［J］. Health Policy and Planning，2018，33（1）：107-122.

［14］LINEHAN MM. Skills training manual for treating borderline personality disorder［M］. New York：Guilford Press，1993.

［15］LINEHAN M M, KORSLUND K E, HARNED M S, et al. Dialectical behavior therapy for high suicide risk in individuals with borderline personality disorder：A randomized clinical trial and component analysis［J］. JAMA Psychiatry，2015，72（5）：475-482.

［16］LIU T L, HSIAO R C, CHOU W J, et al. Parenting stress, anxiety, and sources of acquiring knowledge in Taiwanese caregivers of children with Attention-Deficit/Hyperactivity Disorder［J］. BMC Public Health，2024，24（1）：1675.

［17］MIKLOWITZ D J. Family-focused treatment for bipolar disorder［M］. New York：Guilford Press，2002.

[18] MIKLOWITZ D J, SCHNECK C D, WALSHAW P D, et al. Effects of family-focused therapy vs enhanced usual care for symptomatic youths at high risk for bipolar disorder: A randomized clinical trial [J]. JAMA Psychiatry, 2020, 77 (5): 455-463. DOI: 10.1001/jamapsychiatry.2019.4520.

[19] MUESER K T, PENN D L, ADDINGTON J, et al. The NAVIGATE program for first-episode psychosis: Rationale, overview, and description of psychosocial components [J]. Psychiatric Services, 2015, 66 (7): 680-690.

[20] PIEVSKY M A, MCGRATH R E. The neurocognitive profile of attention-deficit/hyperactivity disorder: A review of meta-analyses [J]. Archives of Clinical Neuropsychology, 2018, 33 (2): 143-157. DOI: 10.1093/arclin/acx055.

[21] ROBERTSON E, SIMS B, REIDER E, et al. Principles of substance abuse prevention for early childhood [M]. Bethesda: NIDA Press Office, 2016.

[22] SAFREN S A, OTTO M W, SPRICH S, et al. Cognitive-behavioral therapy for ADHD in medication-treated adults with continued symptoms [J]. Behaviour Research and Therapy, 2005, 43 (7): 831-842. DOI: 10.1016/j.brat.2004.07.001.

[23] SAYAL K, PRASAD V, DALEY D, et al. ADHD in children and young people: Prevalence, care pathways, and service provision [J]. The Lancet Psychiatry, 2018, 5 (2): 175-186. DOI: 10.1016/S2215-0366(17)30167-0.

[24] THE NAVIGATE TEAM. Manuals [EB/OL]. (2020-01-01) [2024-04-01]. https://navigateconsultants.org/manuals.html.

[25] VACHER C, GOUJON A, ROMO L, et al. Efficacy of psychosocial interventions for children with ADHD and emotion dysregulation: A systematic review [J]. Psychiatry Research, 2020 (291): 113151. DOI: 10.1016/j.psychres.2020.113151.

[26] WORLD HEALTH ORGANIZATION. Psychological interventions implementation manual: Integrating evidence-based psychological interventions into existing services [M]. Geneva: World Health Organization, 2024.

[27] WIEST G M, ROSALES K P, LOONEY L, et al. Utilizing cognitive training to improve working memory, attention, and impulsivity in school-aged children with ADHD and SLD [J]. Brain Sciences, 2022, 12 (2): 141. DOI: 10.3390/brainsci12020141.

[28] WILKES-GILLAN S, BUNDY A, CORDIER R, et al. A randomised controlled trial of a play-based intervention to improve the social play skills of children with attention-deficit/hyperactivity disorder (ADHD) [J]. PLoS ONE, 2016, 11 (8): e0160558. DOI: 10.1371/journal.pone.0160558.

[29] YALOM I D, LESZCZ M. The theory and practice of group psychotherapy [M]. New York: Basic Books, 2020.

第五章

团队建设及体系保障

为了保障心理综合评估与整合干预模式的有效实施，笔者团队建立了一套完善的质量安全保障体系，以保障业务的正常运行以及所提供服务的专业性，同时保障患者的福祉和权益。这包括完善的组织架构，领导对于部门发展的长远规划、支持，规范一致性的程序及反馈改进的机制过程，还包括此系统运行所需要的硬件及软件资源。本章以笔者团队科室为例，介绍践行儿童和青少年心理综合评估和整合干预所需的团队建设及体系保障。

第一节 团队建设

广州医科大学附属脑科医院儿少科是华南精神心理早期干预联盟的盟主单位，在国内享有良好的声誉，下设儿少病房、儿少心理评估与治疗中心、儿少康复病房，以精神科医生、治疗师、护理团队为主，为患儿及其家庭提供全方位的服务，包括药物、心理、物理、康复训练等治疗。儿少心理评估与治疗中心（以下简称"本中心"）主要负责儿童和青少年的心理评估与整合干预服务。

在本节中，早期干预科和儿少科学科带头人曹莉萍主任医师、儿少心理评估与治疗中心副主任殷炜珍心理治疗师将分别讲述团队建设及发展的组织构建及未来规划，并分享自己和团队的发展经验。两位专家深刻阐述了团队与个人发展之间不可分割、相辅相成的紧密联系——团队是每位成员茁壮成长的沃土，而每一位成员的成长又反哺团队，共同构筑起攀登学术高峰的坚实阶梯。本中心对于人才发展十分重视，提供了不少的资源和平台，这有赖于前瞻性和全局性的发展眼光，对人才的精准筛选与全面培养，以及每位成员在团队中的奋发和上进。

一、儿少精神心理科室团队建设

曹莉萍主任从科室团队的搭建出发，强调了构建专业化、多元化儿少精神心理团队的重要性，并指出了心理治疗师的发展对于团队的重要作用。她强调构建一个既专业化又多元化的儿少精神心理团队对于推动领域进步的重要性。她指出，心理治疗师作为团队中不可或缺的力量，其专业成长与职业发展直接关乎团队的整体效能，并分享了在科室层面如何为人才铺设发展路径、规划未来蓝图，旨在促进专科特色的深度挖掘与前沿技术的广泛应用。

凝聚心灵之力：心理治疗师在团队中的多维贡献 儿少精神科团队的建设

曹莉萍

构建一个专业化、多元化的团队，是提升医疗服务质量、推动科室及医院发展的重要举措。作为科室主任和学科带头人，在进行团队的总体建设布局及角色功能定位时，须充分参考国内外发展前沿和具体国情，以具有前瞻性的全局观和系统观来构建一个高效协作的儿少精神科团队。

根据我们目前的国情，儿少精神科团队的角色包括精神科医生、心理治疗师、精神科护理团队、康复人员及社会工作者（以下简称"社工"）等。精神科医生主要负责诊断、治疗计划、药物治疗、物理治疗等，承担总体诊疗的管理；心理治疗师为患者及家庭提供心理评估与治疗、心理健康教育，每周与来访者会面时间最长，同时承担着个案管理的工作；护理团队进行总体诊疗计划的执行、风险行为管理和精神康复治疗，承担运行管理、团队文化建设工作。由于现实条件所限，社工尚未普遍进入国内的精神科临床工作，心理治疗师和精神科护士也承担了部分康复和社工的角色功能。基于我们的现实条件，以下将和大家分享我们团队建设的三点经验。

第一，儿少精神科团队建设的角色分工和特色发展。

在考虑团队建设时，科主任要充分认识儿少心理治疗师是这个团队里很重要的一环，可作为团队建设的突破点。对于儿童和青少年来说，在心理问题和精神障碍的整个干预中，心理咨询与治疗可谓至关重要。首先，儿童和青少年处在生理及心理都迅速发展的阶段，心理治疗可帮助有心理困扰的他们建立积极的心理健康习惯和应对策略，提高他们对压力和挑战的应对能力。其次，大家也常会听到一个说法，"一个孩子病了，其实是这个家庭生病了"。虽然不能一概而论，但是家庭对于儿童和青少年的心理问题形成及康复都起着重要的作用。心理治疗师可以通过家庭教育或者家长会谈，改善儿童和青少年的家庭环境，提供更充分的理解和支持，创造良好的成长环境。因此，儿少精神科的发展需要建立一支专业的儿少心理治疗师队伍，且最好隶属于儿少精神科的领导，以便于整合发展。基于独特的专业优势，儿少心理治疗师既可丰富儿童和青少年精神障碍的治疗手段，也可为患者带来更全面、更细致的人文关怀，提升团队诊疗服务的质量。而且，从学科建设角度来看，儿少心理治疗师是一支思维活跃和充满活力的团队，可成为儿少精神科特色建设的生力军，并可带动整个团队其他专业人员的成长和综合能力的提升。

在儿少精神心理问题的干预中，精神科医师应该成为治疗小组的领导者。但是，目前国内精神科医师的心理治疗培训不足，且缺乏整合干预的团队管理意识。精神科医生的心理治疗意识不强，也不会调动整个团队成员的力量，则往往难以给患者提供切实的跨学科综合治疗和基于小组协作的整合治疗。传统的精神科医师，往往重视药物治疗、物理治疗等生物学干预手段，却可能忽视或未系统评估儿童和青少年精神障碍背后复杂的心理社会环境的作用。另外，囿于学科特点和培训背景的不同，精神科医师总体的灵活性和求变热情可能不及心理治疗师团队高。所以，科主任可充分发挥年轻心理治疗师团队的作用，通过他们对于新模式的良好学习和探索精神，以点带面促进整个科室诊疗模式的转变与学科特色的建设。心理治疗师团队的培训和建设可以反过来促进精神科医师团队的成长，让每一个精神科医师确实成为每一个患者治疗的团队领导者，从开始的综合评估、全面的治疗计划制订，到后续的治疗实施、效果评价与持续改进等方面的积极管理，可使得精神科医师真正成为整个诊疗团队的核心。

精神科医师和心理治疗师的成长，也将推动精神科护理团队的发展，从工作理念和工作模式的转变，到专业化、精细化和人性化的精神科护理特色形成，护理团队可成为整个团队的骨干之一。精神科护理要从传统的打针、派药、保护性约束等工作中逐渐解放，真正过渡到以患者的功能康复为中心的心理护理为主的工作模式，成为精神功能康复以及躯体健康管理的重要力量。这给护理人员的专业成长提出了更高的要求，除了心理评估与治疗技术的成长，也需要逐渐形成饮食（营养）、睡眠和运动等基本功能的专业康复技术。

科主任在重视儿少精神心理团队发展的同时，也需要积极争取医院领导的支持，调动其他科室力量参与自身的诊疗质量提升工作，比如邀请康复科参与儿少精神障碍患者的康复治疗。儿少精神心理团队的整体发展，必将使儿少精神科的诊疗质量大大提升，专业化和亚专科特色也可相应形成，并可面向全院提供儿少精神心理诊疗服务。

总体来说，一个科室的学科建设涵盖了临床、教学和科研多个方面，科主任在狠抓团队的诊疗规范、特色技术和新技术等临床能力的同时，须重视科研和教学人才的培养，通过科研和教学反哺临床特色和诊疗能力的提升，其中只有科研才能带来学科能力的突破。因此，科室团队建设中，科研骨干的培养和建设非常关键，而这往往是从精神科医师团队首先突破的。

第二，人才发展与团队建设。

要培养临床和科研、教学"两手抓"的人才，少不了领导和团队的大力支持，也少不了团队成员奋勇积极的劲头和不断学习的动力。科主任须深刻意识到，只有发展了人才，才可以推动整个学科团队的高质量发展。对于心理治疗师的成长路径，科主任可鼓励他们在常规工作方面全方位学习和发展，成为全能人才。比如，鼓励每一位治疗师在临床中充分接触和掌握儿童和青少年常见发育障碍、情绪障碍等疾病的评估和一般治疗的技术，发展综合的儿少心理的专业胜任力。同时，在专科特色上也要找准自身可深耕的方向，钻研下去，成为该领域的"专家"。比如，我们团队里有治疗师深耕焦虑的心理评估与治疗，有治疗师深耕自杀/自伤、社交与人际关系或家庭的心理评估与治疗，从而积极发展个人特长和亚专科特色。在综合素质发展上，则需要通过项目的执行管理来培养自身的项目管理能力，学习采用PDCA①等管理方法促进各评估与治疗项目的高质量实施和持续改进，主动定期地向领导汇报进展，及时协调解决问题，提升团队协作能力。

除了抓好临床、教学和科研人才，近年来的互联网发展，也要求我们重视对大众的科普工作。通过多种形式的科普，可以提升社会对于儿童和青少年精神心理问题、障碍的了解，降低就医的病耻感，从而促进精神科的良性发展，吸引更多人才投入我们的行列。

团队人才的发展，需要以点带面。先物色有发展潜力的人才，通过具体项目的实施，大力支持和培养其最终发展为团队骨干。比如，我们在发展儿少心理评估体系和特色技术时，先指定了一位骨干治疗师专职负责。该骨干基于科主任提出的儿少心理评估发展理念和总体设计思路，发挥自主能动性和探索精神，逐渐带领团队成功完成了此项目。我们的首发精神病早期整合干预项目、各疾病的专科评估和个体/家庭干预等特色项目均采用了这样的发展模式。在培养骨干人才时，要有打破现有工作模式和劳务分配机制的勇气，因为有些新技术在开始时并不是常规临床诊疗服务内容，那么在骨干的工作时间和劳务分配等方面，就需要科主任有魄力地推动新机制的实施。当然，这往往需要我们的耐心和坚持，方能逐渐争取管理团队的认同和支持。

第三，如何引领团队具有前瞻意识和把控全局的能力？

我认为，在团队发展壮大的过程中，科主任需要具备专科发展规划的前瞻性和把控全局的能力。通过各方面的学习和信息了解，敏锐地把握行业发展趋势，为团队制定符合时代要求和国情的发展目标。这些目标可以鼓励团队成员积极创新，勇于尝试新的技术和模式，提高团队的医疗水平和服务质量，同时也可以吸引更多有志于儿童和青少年精神心理事业的人才加入团队，为其提供良好的职业发展机会。而全局的把控能力，是指科主任站在高质量发展的视角统筹规划团队的建设和科室运营，布局人才的定向与优势发展，积极争取外界的合作和资源为科室的发展创造有利条件。

建立专科特色及积极对外交流是团队建设中的两大核心，这也正是科主任的前瞻性和全局把控能力的体现。2013年，我接手早期干预科的科主任管理工作，此时该亚专科的临床和科研特色均缺乏。当时我反复在思考，什么是早期干预科的专科特色？通过大量阅读文献和对外交流，我们以国际比较成熟的精神病高危个体和首发精神病的早期识别技术和整合干预模式/技术为切入点，逐渐建立了该亚专科的特色，并牵头成立了华南精神心理早期干预联盟，推动精神病早期整合干预技术的应用。逐步地，也摸索建立了双相障碍高危和阈下抑郁的早期识别和干预等早期干预专科特色技术。在此过程中，认识到了全面深入的心理评估的重要性。2015年我兼管儿少精神科时发现，目前精神科对于儿童和青少年心理问题评估的理解和重视不够。不同于其他的专科，精神科的评估与诊断需要采用病史了解、精神检查和结构化访谈等方式开展，而不是通过仪器就可以较

---

① PDCA 是 plan（计划）、do（执行）、check（检查）和 act（处理）四个英文单词的首字母缩写，代表着持续改进的四个阶段。

快得出精确结果。作为精神科的专科检查手段，心理评估应该被提高到"看肺炎就得做胸片一样"的高度来认真对待；而且，近年来学界认为儿童和青少年心理问题受到心理、社会和环境构成的整个生态系统的影响，对个体进行全面而综合的心理评估尤为重要。在充分调研和交流的基础上，我指导团队的两位骨干治疗师引进了量表智能辅助自评系统，以及开发对于个体与家庭的半结构化访谈，优化结果呈现方式，并形成综合心理评估报告。通过自评和访谈他评、初筛和深度评估结合，建立了我们科室的疾病/行为特异性的综合心理评估流程和规范，提升了两个科室的评估及诊疗的精细化和专业化。

专科特色和团队的建设离不开积极的对外交流，而且需要通过一个个项目的实施，迅速培养团队骨干的专业技术和项目管理能力。作为科主任，我带领团队积极和国际同行进行学术交流，引进技术和创新模式，真正体会到了国际交流对于学科和团队建设的帮助。首发精神病早期整合干预和家庭聚焦治疗技术（FFT）的引入，NAVIGATE项目的落地，均是很好的例子。2015年，早期整合干预还是一个比较新的概念，我和团队骨干成员先调研了世界各地的精神病早期干预现状，发现美国的RAISE项目与NAVIGATE技术是一个相对完整和成熟的项目。在技术引进前，我们和NAVIGATE开发者进行了多次会面交流，了解他们的发展理念和项目运作，并邀请项目开发者给我们提供了连续两年的培训和督导。一开始的引入其实是很艰难的，因为我们的团队成员规模与NAVIGATE项目的实施团队人员架构不尽相同，也没有办法获得那么多的外部资源。我们在内部进行了很多讨论与协调，在现有的团队人员下组成各模块项目组，搭建内部的沟通流程和运作模式，贯彻体现整合干预的意识和理念。心理治疗师团队在这个过程中的个案管理与统筹协调工作起到很重要的角色，带领团队开展阶段性的沟通会议，推动整个团队的医生、护理一起学习和成长，推进NAVIGATE模式的本土化引入。2022年5月，我与郝小玉治疗师一起在NAVIGATE国际会议上分享了"我们在中国如何实施NAVIGATE"的进展，分享了NAVIGATE技术在中国的本土化情况，让世界听到我们的声音。总之，首发精神病早期整合干预和FFT项目，为我们科室在国内率先建立首发精神病和青少年情绪障碍的早期整合干预模式打下了良好基础，促进了科室成员的亚专科定向和技术特长发展。

展望未来，我们学习和发展的脚步不能停歇，这样方能带领好儿少精神科团队的持续成长。我们期待更多的精神科医护人员、专业心理治疗师和康复治疗师加入我们的事业，用他们的专业知识和技能，为儿童和青少年的心理健康保驾护航！

二、儿少心理部门团队建设

殷炜珍副主任从儿少心理评估与治疗中心的部门构建的独特视角出发，详细阐述了在多样化人才背景下，团队对于每位成员的殷切期望及业务发展的精细规划。她强调，在儿少心理评估与治疗中心这一平台上，每位成员都被赋予了广阔的成长空间，通过临床实践的深耕、科研探索的突破、教学传承的接力以及科普工作的普及，不断提升自我及团队的心理服务胜任力，确保服务质量的持续优化与提升。

儿童和青少年心理工作者发展与培训
——以儿少心理评估与治疗中心为例

殷炜珍

一、完善的职称晋升通道是心理治疗师持续成长和发展的重要前提

近年来，接受过心理学相关专业学历教育的人员进入医疗健康机构担任心理治疗师的情况越来越常见，国家卫生健康委员会（以下简称"卫健委"）和医疗卫生机构也已为在医院执业的心理治疗师群体提供了职称晋升的通道。我有幸作为亲历者见证了心理治疗逐渐被看见和重视的过程。

2013年1月，我作为一名心理学专业的本科实习学生进入医院进行毕业实习时，应用心理学专业的毕业生还没资格报考心理治疗师执业资格考试。而且，当时只有中级心理治疗师这一级别的执业资格考试，参加该考试的人员通常是在精神卫生机构从事临床工作且已获聘中级职称的医护人员。而这种情况在2015年发生了变化。在这一年，国家卫健委新增了初级心理治疗师的执业资格考试，允许在医疗卫生机构工作且毕业于医学院校的心理学及相关专业人员报名考试。我符合报名要求，报考了卫健委第一批初级心理治疗师的考试并取得了执业资格证。然而，由于只开设初级心理治疗师及中级心理治疗师的考核，在2023年之前，中级职称对于大多数在医疗卫生机构工作的心理治疗师来说已是职称晋升的天花板。

到了2023年，国家卫健委又新增了副主任心理治疗师的执业资格考试。作为第一批参加该考试的心理治疗师，我虽然通过考试了，但确确实实感受到了学科之间的差异，所考的精神病学内容与心理治疗本身的工作内容差异较为明显。但毋庸置疑的是，可考心理治疗师高级职称是一个巨大的进步。我想我们可以期待未来可以有心理治疗专业的高级职称考试内容，并且也期待早日可以像其他学科一样具备完善的职称晋升通道。

二、心理治疗师团队的组建与发展

2012年12月我院儿少病区重新开区，2013年7月我院儿少科重新建科。2013年1月我到儿少病区进行毕业实习，2013年7月我作为心理咨询师入职儿少科。可见，我个人的职业发展与儿少科的发展在时间上是高度重叠的。儿少科从只有1名心理治疗师，到配备2名心理治疗师，再到配备4名心理治疗师，然后发展壮大到专门成立儿少心理评估与治疗中心，截至2024年9月，团队配备近20名专职心理治疗师，经过了一个较为漫长的发展过程。这个不断发展壮大的过程不仅得益于领导们的大力支持，亦得益于社会的高速发展和心理学学科的快速发展。

我非常荣幸从2022年1月开始正式受命担任儿少心理评估与治疗中心的副主任一职，负责团队的管理及日常运营工作。在团队的运营和管理方面，我们得到了领导的大力支持，同时也吸纳了越来越多新鲜血液，承担起这一份重要的事业及使命，为儿童和青少年的心理健康发展贡献自己的一份力量。

在团队人员的背景上，我们团队努力做到多样化。不过，评估诊断能力强、沟通能力强、组织与执行能力强是对所有心理治疗师的要求，主要原因有三。

第一，我们是基于医院设置下进行的实践，有医科受训背景的治疗师的评估诊断能力是更佳的。虽然作为治疗师，我们并没有诊断的资质，但是必须要具备评估诊断的能力，并且基于评估做好个案概念化的工作。治疗师也需要厘清个案工作的边界，心理治疗可以达成哪些目标，什么时候需要转介，什么时候需要与精神科医生及时沟通药物的使用，对这些问题都要有心中的尺度和把握。对于新入职的治疗师，我鼓励大家可以更多地参与到病房的个体心理治疗接诊中。在病房药物—心理—物理的整合干预模式下，心理治疗师可以与精神科医生进行更加深入、广泛的合作，同时也可以更全面地评估和观察患者的症状及病情变化，有利于心理治疗师评估、诊断能力的快速成长。

第二，无论是在哪个工作设置下，沟通协调能力都尤为重要。通常，来到医院的儿童和青少年的家长对于孩子的问题都十分着急，心理治疗师需要安抚好家长的情绪，同时需要给他们提供清晰有效的指引，提升他们对于治疗的依从性，更好地为儿童和青少年患者康复提供有益的家庭环境。而在团队内部，虽然我们的治疗项目各有分工，但是基于整合干预的背景，治疗师需要承担个案管理的角色，了解患者在综合心理评估、团体治疗、个体治疗、家长工作中的信息，有效地进行沟通和统合，给患者及家庭提供有针对性的帮助，并进行定期的评估，所以团队的沟通和协作能力十分重要。

第三，由于患者的流量非常大，我们每个月需要服务的患者已达3000人次以上，组织和执行能力也是很重要的能力。在团队内部，我安排了不同的管理岗位，每月进行质量安全管理会议。我也会安排团队新入职的同事承担部分管理岗位，一方面给我们带来活跃的思维和新鲜的想法，并不恪守于传统的管理职责，而是在基于患者福祉的大前提下，更加灵活地进行管理工作；另一方面，他们通过积极的投入，可以更快地熟悉部门的日常工作，更规范地遵守部门的工作要求，实现更快的个人成长。

三、提升临床心理服务胜任力是团队的首要任务

作为一名临床心理工作人员，临床工作应是排在第一位的。做好临床工作也是科研、教学、科普、个人成长等一切的先决条件。在临床工作的个人成长上，我们建立了团队内部的人才梯队，也给心理治疗师团队提供了各种专业成长和学习的机会。我们团队有不同治疗取向、不同受训背景的治疗师，我鼓励各位团队成员都积极去获得更加权威的专业认证及进行长程系统的专业培训。此外，从2024年4月开始，我们团队组成了8名督导师带2～3名成长中的心理治疗师的内部成长小组，以最大程度地提升团队成员的专业胜任力。

儿少心理评估与治疗的胜任力是无法在一朝一夕之内培养出来的。回顾我个人的成长经历，跟随业内专家学习是成长的最佳路径，也是"最快"的路径。在培训学习上，2022年，我们团队与由阿伦·贝克（Aaron Beck）创建的贝克CBT研究所[①]合作，牵头

---

① 贝克CBT研究所（Beck Institute for Cognitive Behavior Therapy）是一家位于美国宾夕法尼亚州费城的非营利组织，其使命是通过卓越和创新的认知行为治疗（CBT）培训、实践和研究来改善全世界的生活。由阿伦·贝克博士和他的女儿朱迪斯·贝克博士于1994年创立。

开展了国际儿少 CBT 两年连续培训项目。考虑到国内的长程儿少 CBT 培训机会很少，也缺乏一些针对儿童和青少年的 CBT 工具表格改编，我们在领导的支持下，联系了贝克 CBT 研究所，合作开展了此培训，以期更加与国际接轨，在规范的发展方向上学习儿少 CBT，并且加入中国化的特色和进行本土化改编。比如，在课上老师曾提到"波斯地毯"的隐喻——波斯地毯是一种精湛的工艺品，但是它仍然存在细微的瑕疵和差异，使得每一张波斯地毯都更加独特和珍贵，可以理解为尽管我们都在追求完美，但是完美是不存在的，瑕疵反而使其更加独特珍贵。我们团队的成员按照其含义，使用中国文化下的成语进行本土化改编，将此比喻改编为"白璧微瑕"，同时也通过比喻让来访者明白人无完人的道理。除此之外，我们团队还主办了家庭聚焦治疗工作坊、儿童和青少年心理健康服务技能培训等项目，邀请国内外专家开展定期督导，通过组织培训与作为讲学者培训授课，更好地实现个人成长和发展的目标。

四、科研是确保临床工作有效的重要手段

在团队的人员构建中，我期望大家是临床和科研"两手抓"的。来面试心理治疗师岗位的同行，对于临床工作都很有热情，但是同时，我们团队也期待大家是具有科研思维和科研能力的。为了干预更加有效及更有针对性，我们需要走在国际的前沿，定期学习国内外的文献和前沿发展的方向，结合最新的研究去做临床的干预。在儿童和青少年的干预上，比如国外比较经典的"COPING CAT"[①]"UP"[②]"SPACE"[③] 等项目，以及我们团队目前在主导开展的国际儿少 CBT 两年连续培训项目，都可以给我们的心理治疗带来更广阔且前沿的视角和参考。

目前，我们国家的临床心理干预研究还是比较少的。我们现在开展的临床心理工作效果到底如何？对哪些人、哪些群体更有益？哪些干预成分有效？这些都是亟待新一代心理人回答的问题。依托我们医院的平台以及大样本容量的患者群体，我们有很好的机会可以实施更多的临床科研。我们目前正在开展国家级、省市级的科研项目，通过研究指导我们的实践，同时也通过课题去支持临床的发展，给团队成员更多对外学习及交流的机会，相互促进和成长。

例如，几年前，我基于临床经验和所学知识，开发了为期 15 次的 ADHD 儿童团体治疗，包括注意力训练及情绪管理技巧训练两个治疗模块。经过后续科研的研究和数据验证，目前我更清楚团体中起效的成分及起效机制，并在开展形式上将该团体划分为

---

① 应对猫计划（COPING CAT）是一个针对儿童焦虑症的认知行为疗法（CBT）治疗方案。该项目通过心理教育、应对技能培养、暴露疗法和应急管理等多个方面，帮助儿童有效应对和减轻焦虑症状。

② 情绪障碍跨诊断治疗的统一方案（Unified Protocol for Transdiagnostic Treatment of Emotional Disorders，简称 UP）是一种基于认知行为疗法的模块化治疗方法，旨在针对情绪障碍及其共同的影响因素与特征性表现进行跨诊断干预。

③ 一个旨在帮助家长以支持性方式养育有焦虑情绪的儿童的项目。SPACE 疗法强调家长通过调整自己的反应方式，以支持性反应（承认孩子的困难并相信他们有能力解决）来取代原有的顺应行为或苛求行为，从而帮助孩子有勇气面对焦虑并逐渐克服。

ADHD 患儿注意力训练团体及 ADHD 患儿情绪管理技巧训练团体,加快了患者的周转率,也便于只有其中一个困扰突出的患者参与到治疗中来。而这一切的工作,既离不开我们团队成员的配合和支持,也离不开领导和团队成员对于科研的重视。完成临床科研并不容易,进行患者的招募、干预实施及前后测的工作,需要全体部门的成员配合,并且要求我们迅速培养出标准化的主试和团体带领者,同时也需要协调好项目进展以及和家长的沟通。但是我们在一年的时间里,完成了两轮 RCT 项目的实施与项目收集,这是一个艰巨的任务!

在未来的发展上,考虑到临床研究的开展不易,受到各方面的影响较多,我们在进行定量研究的同时将目光转向了质性研究,目前已有部分项目在逐步开展质性的访谈研究。

五、教学是梳理知识体系和促进学科繁荣的快速通道

我院是高校附属的医院,也是教学医院,承担广州医科大学精神医学专业的本科课程《情绪智力及其提升》的开发和授课工作,参与《整合精神医学》《心理学导论》和《临床心理学》等本科课程的授课,授课对象包括精神医学专业和应用心理学专业的学生。同时,我们中心也是广州医科大学及其他很多高校的实习基地、华南精神心理早期干预联盟的盟主单位,不少高校和单位会派进修治疗师及实习治疗师来我们中心学习,我们会根据他们的学习目标匹配带教老师,并每周提供一对二的个案督导。

在团队内部,我秉承"以教促学"的理念和原则,每个人均有机会带教进修及实习治疗师,同时会有授课、在学术会议上分享团队的工作成果等任务。当我们成为老师,向学生或同道分享我们的工作或所学,我们可以通过"输出"促进"输入",帮助自己整合自身的知识体系,同时通过"教学相长",作为"教师"角色的人员也可以有更多的收获和成长。

为确保教学质量,也为了建立团队的人才梯队,我们设置了团队内部的督导组,每个督导组包括 1 名中国心理学会临床心理学注册系统注册心理师,1 名接受了贝克 CBT 研究所六人小组督导并正在获取国际认证的治疗师,2 名进修/实习人员。为鼓励更多的同事走上督导师的道路,每个督导组开放 2~3 个旁听名额给正在成长的治疗师。

六、科普是输出专业知识和建立团队品牌的高效方式

团队的科普也是我们很重视的工作之一。在我个人所采用的 CBT 取向下,可以使用各种方式对来访者进行心理健康教育,自媒体的官方信息也是一个重要渠道。我们会定期在公众号上推送患者康复故事、家庭教育的方法等文章,并且与各大传统媒体、新媒体、中小学、公益组织等合作,开展义诊、讲座、采访及文字交流的活动,进行儿童和青少年精神心理健康的科普工作,以促进社会各界人士更科学客观地认识儿童和青少年的心理健康问题,降低患儿及其家属的病耻感,同时也水到渠成地建立团队品牌。

我们团队仍在不断发展和壮大中,团队的发展和科室的学科发展其实是交织进行的。最开始,心理治疗师只安排在儿少病房做心理治疗,后续,科室的发展更加看重门诊心理康复,同时也更注重综合心理评估与发育障碍的筛查,心理治疗师团队"走出病房",面向门诊患者全面开展综合心理评估的形式,并在医院领导们的支持下正式成立了儿少

心理评估与治疗中心这个部门。随着患者数量的增加，我们从一开始主要接诊患者的个体心理治疗，到开展不同主题和形式的团体心理治疗，再到后续开发了综合评估、心理干预计划访谈评估。先从单次的会谈给患者提供心理干预的建议，再到后续发展出更多不同主题的团体，包括人际互动、情绪管理、应对焦虑、注意力训练、情绪调节训练、社交技能训练和家庭聚焦训练的孩子团体，并为不同病种的家长开发阶梯式的干预，不断丰富儿童和青少年整合干预内容，同时也对治疗师的个案管理能力提出了更高的要求。

我们一直鼓励治疗师们保持持续学习的热情，不断更新专业知识，提高临床技能，同时基于临床工作开展教学和科普工作；我们也鼓励治疗师们积极申报和参与科研项目，为他们提供科研支持和激励机制，让他们在工作中获得更多的认可和回报。

简而言之，在治疗师的个人成长和培养上，我们不遗余力，且期待"星星之火可以燎原"，未来能有更多有热情、有才华的心理治疗师加入医疗卫生机构的儿少心理服务工作，持续成长为行业的中流砥柱，促进学科的繁荣发展，推动儿少心理服务质量进一步提升，为儿童和青少年的心理健康提供更加坚实和有力的保障！

两位专家的分享，不仅是对团队过去成就的回顾，更是对未来发展的展望。她们以前瞻性的战略目光，精准筛选并积极培养人才，激发团队内在活力，共同推动儿少精神心理领域向更高、更远的目标迈进。在这样一个充满活力与创新的团队中，每位成员都在为构建更加完善的心理健康服务体系贡献着自己的力量，携手共创儿少精神心理领域的辉煌未来。

第二节　质量安全管理

对心理评估与心理治疗的质量安全管理是指对心理健康服务的全过程进行监控和管理，以确保服务的质量符合专业标准，同时保障患者的安全和权益。这包括文件规范指引、人员管理及发展、质控及反馈等方面。

一、文件规范指引

在部门发展的过程中，笔者团队逐步制定了一些部门规范及制度，不断推进工作的专业化和规范化，确保我们的服务对象得到更加专业有效的支持。作为心理工作者，一方面需要遵守心理咨询与治疗的相关伦理，另一方面也需注意在医疗设置下的专业规范。专业制度与规范有助于团队成员明确各自职责，提升团队协作的效率。目前，笔者团队已制定多份工作流程、工作规范及工作指引，并定期更新与存底。

对评估人员岗位及心理干预人员岗位，笔者团队制定了相应的岗位职责，详见表5-1和表5-2。

表 5-1　评估人员岗位职责

广州医科大学附属脑科医院儿少综合心理评估人员岗位职责

文件名称	儿少综合心理评估人员岗位职责		
文件类型	☑新增　□修订	编码	ESXL-ZZ-202301
颁布部门	儿少心理评估与治疗中心	审核日期	2023-4-12
审核者	殷炜珍	执行日期	2023-4-12
内容			

1. 遵守心理评估相关的法律法规及伦理规范。
2. 根据儿少综合心理评估工作流程和规范开展综合心理评估工作。
3. 以热情、真诚的态度接待每个患者及其家属。
4. 根据患者相关情况如实出具综合心理评估报告，报告交给患者或患者家属前进行基本信息的二次确认，确保无误。
5. 对患者的相关资料进行整理和归档保管，并予以严格保密。
6. 每次完成综合评估后，需请患者扫码完成当次评估的电子版满意度调查表，将作为心理评估的质量安全管理内容之一。
7. 每次评估完成后，需在工作系统进行医嘱的执行。
8. 评估人员之间相互学习、相互督导，不断提高专业素养和技能。
9. 积极参与心理评估相关的科研、教学和科普工作。

表 5-2　心理干预人员岗位职责

广州医科大学附属脑科医院儿少心理干预人员岗位职责

文件名称	儿少心理干预人员岗位职责		
文件类型	☑新增　□修订	编码	ESXL-ZZ-202302
颁布部门	儿少心理评估与治疗中心	审核日期	2023-4-12
审核者	殷炜珍	执行日期	2023-4-12
内容			

1. 遵守儿童和青少年心理干预相关的法律法规及伦理规范。
2. 根据中心所开展各类儿少心理干预项目的工作流程和规范开展个体或团体心理干预工作。
3. 以真诚、开放的态度与每位患者及其家属开展心理干预工作。
4. 根据患者的具体情况制订适合的心理干预计划，积极调动患者各方资源并进行团队协作，为患者及其家庭提供个性化的整合心理干预。
5. 及时识别心理危机者，按心理危机干预流程和规范进行评估、风险告知和向患者及其家庭提供所需的求助渠道。
6. 每次干预完成后，认真如实地做好当次治疗记录，并予以严格保密。
7. 每次干预完成后，需在工作系统进行医嘱的执行。
8. 须在每次完成个体心理干预后，请患者签到确认出席并扫码完成当次治疗的"会谈评定量表"，将作为心理干预的质量安全管理内容之一。
9. 参加系统连续的心理干预培训，持续接受督导和做好自我关照，不断提高专业胜任力。
10. 积极参与心理干预相关科研、教学和科普工作。

在部门不断成长、发展与人员规模的扩张中，儿少心理评估与治疗中心深刻意识到文件规范对于专业服务保障的重要性，并设立了各种文件规范，例如《儿少心理评估与治疗中心门诊预约转介工作指引》《儿少心理评估与治疗中心业务用房预约制度》《儿少心理评估与治疗中心考勤制度》《儿少心理评估与治疗中心工作例会指引》《儿少心理评估与治疗中心质安管理会议指引》《儿少心理评估与治疗中心退费工作流程》《儿少心理评估与治疗中心关于患者投诉的工作指引》《儿少心理评估与治疗中心风险情况处理流程》等。通过逐步建立与完善规范，笔者团队推动了心理干预服务的专业化和规范化进程。展望未来，我们将继续优化部门内制度文件及手册，确保其与时俱进，为部门的长远发展奠定坚实的基础。

二、人员管理及发展

在明确的规范文件下，笔者团队对不同岗位都制定了详细的岗位职责，如上述所提到的心理评估人员岗位职责、心理干预人员岗位职责。在不同治疗技术的规范文件下，也详细规定了各人员所承担的职责。在部门内部，设综合评估管理、整合干预管理、教学管理、科普管理、实习进修管理、对外培训项目管理六个管理岗位，与部门负责人形成管理小组，定期进行质量安全会议。鼓励团队成员在不同的岗位间轮岗，以更了解部门的运作，积累管理经验。

为了提升胜任力，内部人员会定期进行交流、督导以及质控。每周会开展一次业务学习、督导，提升临床技能。在团体内部，组建了内部成长小组，组长均为注册心理师，负责把关质量，为成长中的治疗师及进修、实习人员提供督导。

对于新入职的人员，笔者团队也制定了完善的培训和学习流程。先进行评估学习实践，再进行治疗的学习实践，这是每位新入职成员的"必经之路"（图5-1）。作为一名心理工作者，先要掌握基本的评估、会谈技巧，形成个案概念化，才可以与来访者在此基础上开展进一步工作。而内部的业务学习与质控反馈流程贯穿全过程，定期开展，是内部成员专业交流的机会与平台。

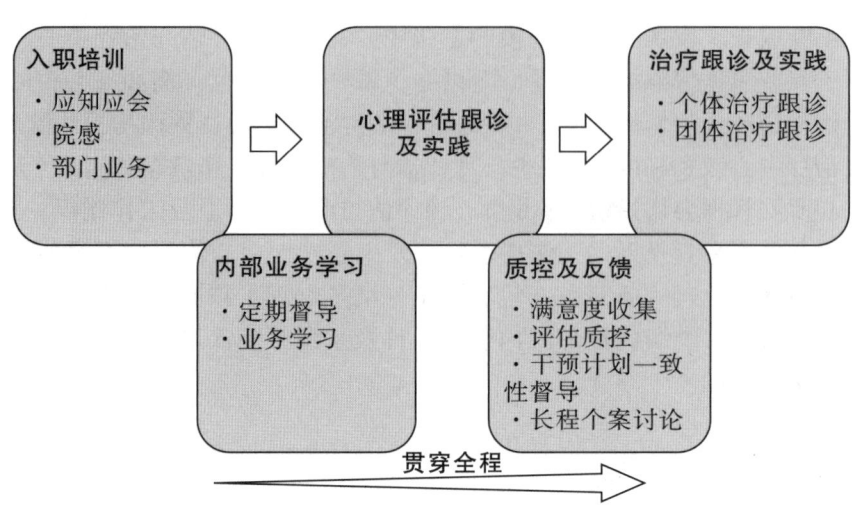

图 5-1 新入职人员培训流程

三、质控及反馈

1. 定期业务会议

每周都会进行导诊会议及业务会议，及时总结每周出现的情况并提出改进方案，传达部门最新工作，落实团队内管理规范。每月进行管理小组质安会议，对于评估、治疗、教学、科普、科研等不同板块进行工作的讨论，总结本月工作，并有计划、有组织地开展下月工作。

2. 反馈数据收集

评估及治疗工作均会收集患者满意度，通过满意度调查，及时跟踪每一例来访者的工作进展及反馈，为我们的工作提供改进的方案。例如，每一次会谈后，都会邀请来访者填写简短的会谈评定量表（session rating scale, SRS），如表5-3和图5-2所示，通过治疗后的反馈有效促进治疗的效果（Schuckard et al., 2017）。

对于儿童和青少年来说，面对"权威"治疗师，可能不一定能够主动地表达自己在咨询中的感受。但通过咨询后的反馈量表，可以了解本次咨询是否让来访者感觉有效。例如，当"我们谈了我想谈的，也做了我想做的"条目打分较低时，临床工作者可以与来访者反馈本次打分情况，并与来访者讨论是否达到了其咨询的目标，若没有达到目标，可及时调整话题方向或重新制定咨询目标。

表 5-3　会谈评定量表（SRS）

请用【✓】在下列的等级线上评估今天的会谈经验，等级线的左右代表两种不同的经验。如果你的标记越往左，那就表示你越同意左端的经验。如果你的标记越往右，那就表示你越同意右端的经验。
1. 姓名：
2. 第几次面谈：
3. 日期：
*4. 我觉得咨询师听我讲话、了解我、尊重我。 0（0）　　　　　　　　　　　　　　　　　100（100） 0   20   40   60   80   100
*5. 我们谈了我想谈的，也做了我想做的。 0（0）　　　　　　　　　　　　　　　　　100（100） 0   20   40   60   80   100
*6. 咨询师的交谈方式很适合我。 0（0）　　　　　　　　　　　　　　　　　100（100） 0   20   40   60   80   100
*我对今天的会谈感到很满意。 0（0）　　　　　　　　　　　　　　　　　100（100） 0   20   40   60   80   100

1. 姓名：
2. 第几次面谈： 3
3. 日期：
*4. 我觉得咨询师听我讲话、了解我、尊重我。[滑动条] 100
*5. 我们谈了我想谈的，也做了我想做的。[滑动条] 100
*6. 咨询师的交谈方式很适合我。[滑动条] 100
*我对今天的会谈感到很满意。[滑动条] 100

图 5-2　SRS 反馈量表示例

3. 评估每月质控及干预计划一致性培训

每月均会进行一次评估质控，通过内部人员间的互相参考及学习，可以提升自己对于症状的辨识程度，也可以出具更加高质量的报告。定期进行干预计划一致性培训，提出不同的临床案例让所有的参与成员进行干预计划制定，增强内部的一致性，也通过不同视角提出对于来访者的理解，澄清不同团体参与的入组标准等。表5-4 为综合评估报告质控反馈示例。

**表5-4 广州医科大学附属脑科医院
2024 年 4 月儿少心理综合评估报告质控反馈**

心理干预计划质控反馈：
1. 使用正确模板。
2. 需要了解各团体的适应病种，入组标准。评估中对于入组标准的评估需要记录（安全风险等）。
3. 干预建议需要更加详细：医生定期评估；患者及其家庭基本情况：主诉、参与意愿、自伤自杀风险等；患者干预建议及医嘱；如何开单、次数等；家庭干预建议及医嘱；推荐书目、公众号。
4. 安全风险评估需要按照流程图。
5. 评估中的量表、访谈部分需要按照逻辑整理好。
6. 干预计划中也要补充对于家庭部分的评估以及家庭干预推荐。

抽查的报告患者登记号	抽查的报告评估日期	发现问题	改进建议
	2024-4-18	1. 评估+干预计划有另外的模板。 2. 患者超出团体入组标准。 3. 诊断与推荐项目不适配。如不明确，需要写如确诊/未确诊分别如何。 4. 风险评估需按照规范，完整。 5. 发育障碍筛查的名词使用及症状的指向。 6. 需补充推荐家庭部分的干预。 7. 干预计划复制后没有根据实际情况调整。	1. 使用评估+干预计划的正确模板。 2. 了解入组标准，各病种对应团体。 3. 对于患者的诊断不明确，需要分类讨论。 4. 干预计划建议需要包含家庭+患者部分，并需根据实际情况删减增加。

4. 使用 PDCA 等管理工具持续改进

PDCA 是一种有效的管理工具，通过该工具，进行不断地循环改进，推动工作效率和质量的持续提升。以下为运用 PDCA 管理工具来提升儿少心理治疗率的案例。

运用PDCA管理工具来提升儿少心理治疗率案例

一、项目背景

2018年下半年以来,时有患者及家属反馈在住院期间未能得到心理治疗服务。对于儿少精神障碍来说,心理社会因素在致病因素中所占比重大,故对心理治疗的需求很大。心理治疗是儿少精神障碍综合心理干预必不可少的部分。因此,从2018年8月起,我科运用PDCA对心理治疗率进行管理。

二、计划(P)

1. 发现问题

2018年7月,病房心理治疗率为73.47%,低于心理治疗率管理指标85%。

2. 原因分析

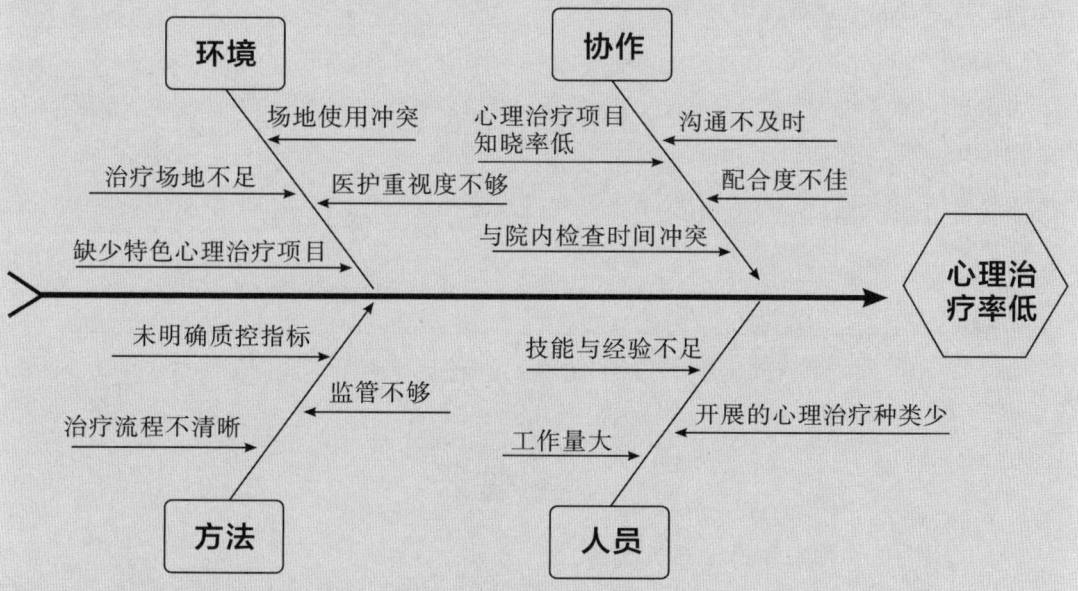

3. 设置具体目标

(1) 提升心理治疗率、心理治疗总人次和心理治疗项目数;

(2) 规范心理治疗工作流程图,提升医护人员之间的配合;

(3) 建立便捷高效的心理治疗场地预约方式;

(4) 提升心理治疗师开展不同种类心理治疗的能力;

(5) 加强医护间的沟通和协作。

三、实施(D)

1. 成立心理治疗率管理小组

管理小组以科主任牵头为小组督导,设立组长、副组长,以及安排医生、治疗师、护士为各板块具体执行者。

2. 针对原因采取具体措施

序号	原因	措施
1	治疗场地不足和场地使用冲突	使用电子化的方式进行预约,采用办公软件会议室预约功能
2	医护重视度不够	开展科内心理治疗培训,提升医护对心理治疗的重视程度
3	缺少特色心理治疗项目	确定科室优势病种,发展特色心理治疗项目
4	心理治疗项目知晓率低	整理科室开展的心理治疗项目及介绍清单给到每个医疗组
5	工作人员沟通不及时和配合度不佳	心理治疗师积极参与交班,提前出治疗名单挂到护士站
6	治疗流程不清晰	建立心理治疗流程并在交班时介绍
7	未明确质控指标和监管不够	明确质控指标和加强监管,成立小组每季度开会管理
8	心理治疗师技能和经验不足	支持心理治疗师参加专业培训,提升业务能力

四、检查（C）

1. 主要指标1：心理治疗率

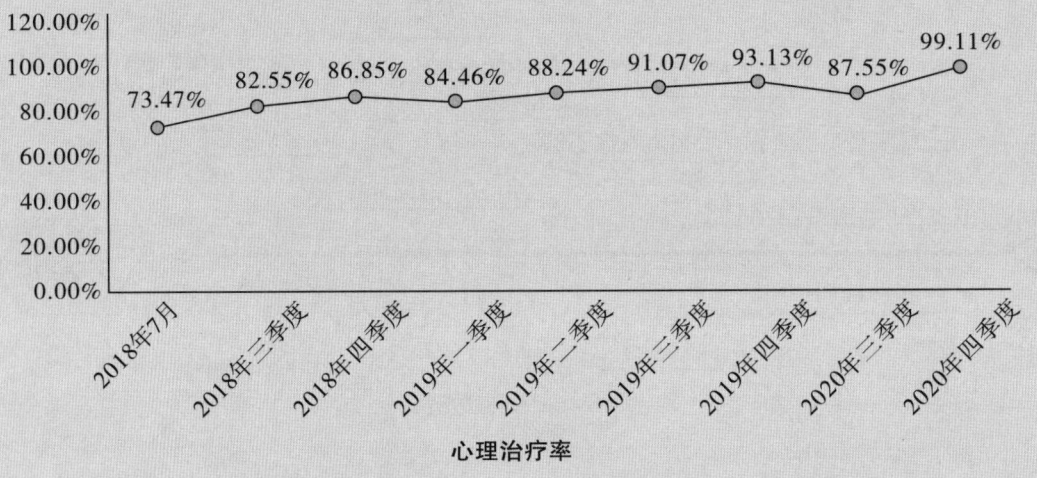

心理治疗率

2. 指标2：心理治疗月均总人次

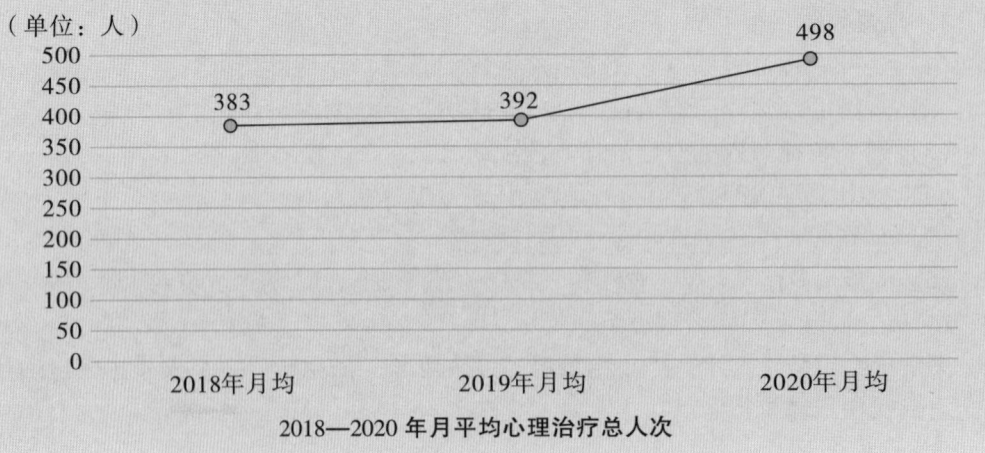

2018—2020年月平均心理治疗总人次

3. 指标3：心理治疗项目数

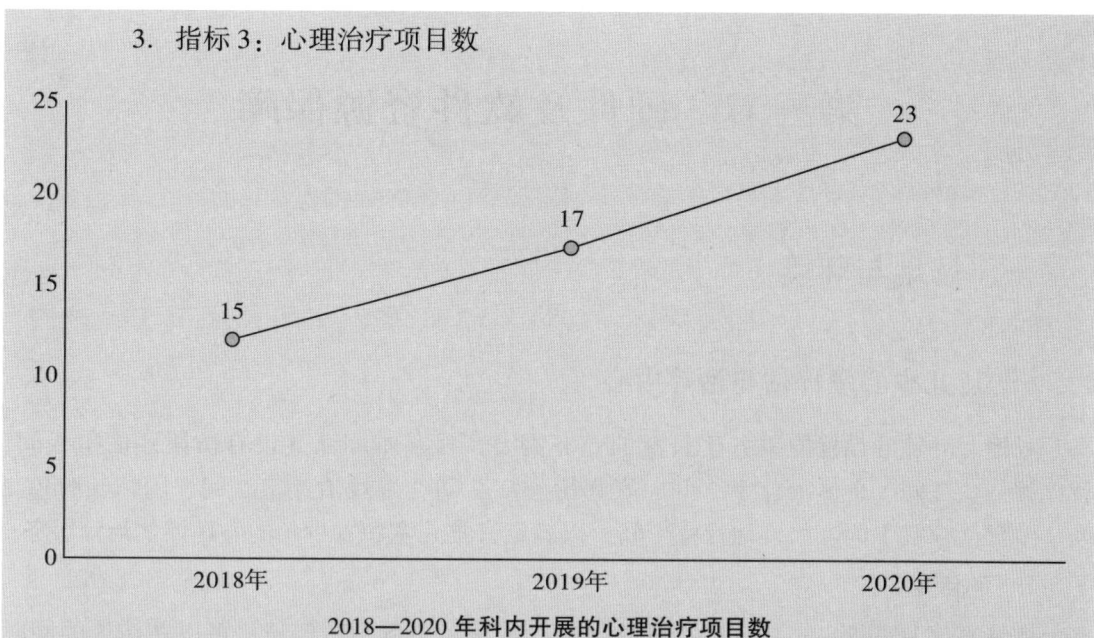

2018—2020年科内开展的心理治疗项目数

通过以上三个指标的监测，进行以上改进措施后，均有较大的提升。未来将继续跟踪，及时总结。

五、处理（A）

1. 经验总结

（1）增强管理意识，用好PDCA；

（2）重视团体心理治疗的开展，不仅需要针对患者进行心理干预，也需要针对患者的家长进行心理干预；

（3）每月统计工作量及质量指标，分析患者未参加心理治疗的原因。

2. 后续改进

（1）保持目前的心理治疗率；

（2）为不同病种的患者提供特定的心理治疗组合；

（3）针对患者的病情，提供更加个性化的心理治疗。

展望未来，虽然心理工作是充满灵活性及不确定性的，但是我们仍然希望可以坚守专业、规范、伦理的标准，不断提升服务质量，通过量化的数据指导我们做出更加专业的决策及推动规范化的发展。

第三节　硬件及软件资源保障

一、场地与环境

（一）儿少心理评估与治疗中心

场地与环境的设置均服务于目前的业务需要，目前本团队共设有访谈评估室 6 间、智能评估室 2 间、个体治疗室 2 间、家庭治疗室 2 间、游戏治疗室 2 间、团体治疗室 2 间、沙盘治疗室 1 间、物理治疗室 1 间，以满足日常儿童和青少年的心理评估治疗服务。

1. 评估室

评估室（见图 5-3）用于综合评估访谈，均配备电脑、打印机，可以在访谈的同时记录访谈信息，撰写综合评估报告。评估室均为独立单间，以保障患者的隐私及保密性，避免嘈杂和干扰。房间内的布局、桌椅摆放均会注意距离和角度，既与受访者保持一定距离，同时也确保评估师和患儿之间视线畅通无阻。在案台，也准备了 ADHD 及情绪障碍专病的宣传小册、团体宣传单等，供评估师在评估时派发给患者作为科普宣传材料。除此之外，还常规准备了情绪日记、安全风险告知书等文件，在评估过程中提供给患者及其家庭。

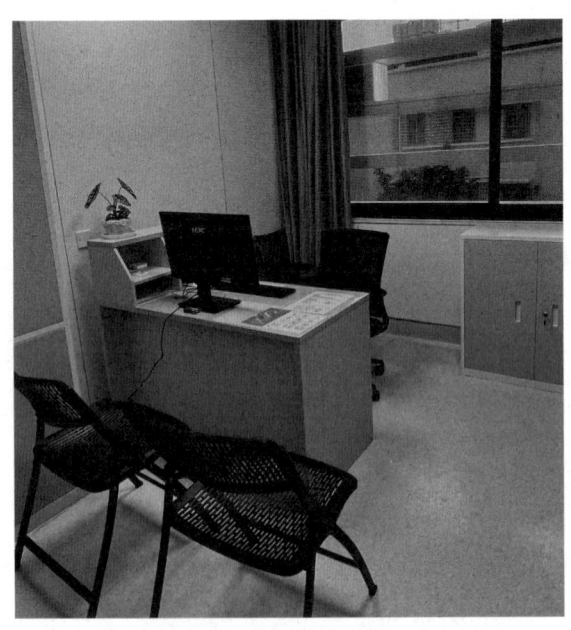

图 5-3　评估室环境

2. 个体治疗室

个体治疗室（见图5-4）设计简约而温馨，营造出一种放松和舒适的环境。室内配置了两张深棕色的皮质沙发，分别置于房间两侧，为来访者提供私密的交流空间，均摆放为45°。来访者进门后，可以随意选择自己舒服的座位入座，与心理治疗师开启"心灵之旅"。房间的墙壁采用纯白色调，整体空间显得明亮而宽敞，有助于营造一种开放和包容的氛围。这样的环境设计，旨在让来访者感受到安全与放松，从而更自由地表达内心的想法和情感。

图5-4　个体治疗室环境

3. 家庭治疗室

与个体治疗室布局不同的是，家庭治疗室（见图5-5）布置有治疗师的单座以及家庭成员坐的长条沙发。沙发布局既考虑了家庭治疗中的互动需求，也兼顾了治疗时的私密性。当家庭成员进门时，也可以从他们入座的位置了解到他们的关系和紧密程度，如谁和谁坐在一起，谁坐在沙发的另一边，谁第一个坐下，都是我们了解家庭结构的"第一手资料"。在儿童和青少年的心理工作中，父母会谈或者家庭治疗，都会在家庭治疗室内进行。

图 5-5 家庭治疗室环境

4. 团体治疗室

目前，我们中心设置了两个团体治疗室。团体治疗室（见图 5-6）是一个专为促进多人互动与心理疗愈而设计的空间。该室布置简洁而明亮，以功能性为主导，旨在营造一个轻松、舒适且有利于交流的环境。在儿童和青少年的团体干预中，团体成员通常会与治疗师一起围成一圈落座，这种形式不仅便于参与者面对面交流，还能促进彼此间的情感连接与互动；而在家长的团体干预中，家长通常会围坐于桌前，因为他们经常需要在团体中对提到的养育技巧记下笔记。

图 5-6 团体治疗室环境

5. 游戏治疗室

游戏治疗室（见图5-7）是一个专为儿童设计的空间，旨在通过游戏与互动促进他们的心理健康发展。室内布置温馨而活泼，为孩子们营造了一个充满乐趣和安全感的环境。游戏治疗室坐落在走廊的最里面，并且整间治疗室都做了贴胶、包垫的处理，以保护儿童在游戏治疗中的安全。同时，孩子们在游戏治疗中可能会收获欢声笑语，隔音材料可以降低对其他功能室的干扰和影响。而孩子们也可以选择自己舒服的姿势，坐在小板凳或者地上，和治疗师一起进行游戏治疗。在游戏治疗室中，治疗师会利用这些设施和环境优势，设计各种适合儿童年龄特点和心理需求的游戏活动。通过游戏，治疗师能够观察孩子们的行为模式、情感表达和社交互动，从而评估他们的心理健康状况并提供相应的干预和支持。这种治疗方式既符合儿童的天性，又能够在轻松愉快的氛围中实现治疗效果的最大化。

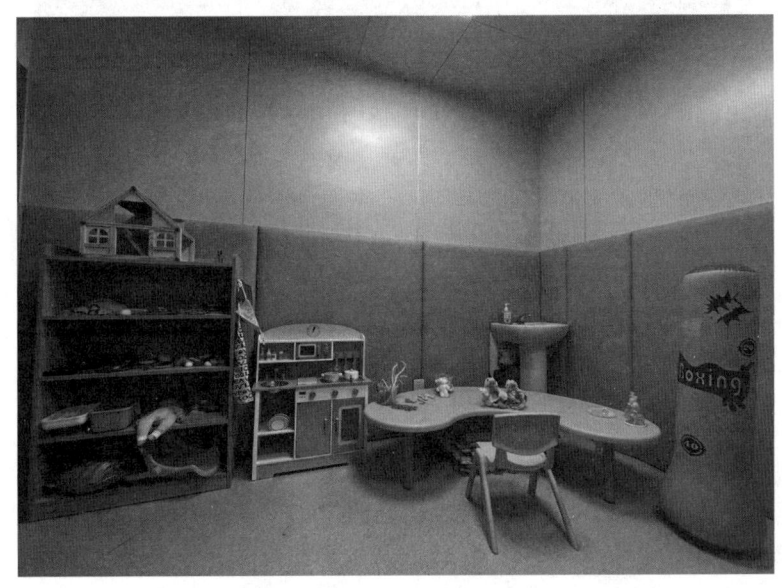

图5-7 游戏治疗室环境

6. 沙盘治疗室

沙盘治疗室（见图5-8）设置了包含人物、建筑、交通工具、动植物等多类别的沙具，一套完整的沙具将有利于进行艺术表达，展开积极想象。若缺乏沙具或只有几种特定类型的沙具，可能引发不了患者的兴趣和动力。沙具摆放顺序一定程度上遵循当地的社会生活习惯。一般来说，精神层面的文化宗教等沙具放在上层，而现实议题的沙具，如人物、动物、植物、交通工具、建筑、家居、自然物质等可以依次分种类往下摆放。出于保护儿童的目的，将易碎、阴影情结相关的物品靠里摆放，且将较重的石头、贝壳等往下摆放。沙具摆放要让患者一眼清晰可见，方便挑选。除了常规沙具，治疗师也可以依据儿童和青少年特点、地域文化特点、治疗师个人风格等收集单个沙具。注意，如果对于幼儿，有些相对"危险"的沙具可以适当舍弃。另外，不要忘记对于沙盘治疗来说，最重要的沙具是沙子。"玩"沙子需要配备稳固的、具备合适高度的沙盘和支撑架，一般不可随意移动。有较好条件的治疗室可以购入适合加水的"湿盘"，如果条件无法满足，只有"干盘"也是可以开展沙盘治疗的。对于沙子的选择，可以有不同的考虑，例如：直径较小的细沙，手感较为细腻；直径中等或较粗的沙子，手感较为粗糙。对于治疗座位的设置，患者一般面向沙盘面积长的一方就座，治疗师则在对面一侧就座，或者沙盘面积宽的一面就座；重要的还是考虑患者摆放沙具时是否有足够的活动空间。

图 5-8　沙盘治疗室环境

7. 儿少心理评估与治疗中心候诊区

候诊区（见图 5-9）旨在为来访者提供一个安静、有序且温馨的等待环境。候诊区的整体氛围营造得既专业又不失亲和力，让儿童和青少年在等待过程中能够感受到安全与舒适。候诊区域安装了供家长和孩子们休息的椅子，同时也安装了空调、风扇等纳凉设备。在书架上购置了不少科普书籍，供家长和孩子在候诊时阅读。墙壁上挂了公告板和信息图表，向家长和孩子们传递关于心理评估与治疗的重要信息，以及进行疾病的心理健康教育及科普。

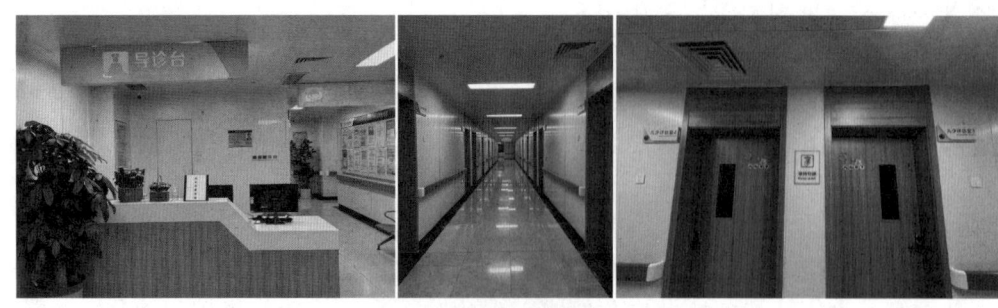

图 5-9　候诊区环境

8. 智能评估室

智能评估室安装了基于机器学习的青少年多模态语音抑郁检测系统,融合多任务文本及声学特征,使用预先训练的情绪识别模型对采集的语音对话信息进行语音识别、语义识别,并进行特征提取,通过提取的特征进行多模态融合,可进行青少年抑郁症大规模筛查,即早期辅助诊断,同时,结合后续专业的临床医生访谈评估及自评量表结果提示,大大提高诊断效率。

(二) 儿少病房

儿少病房(见图5-10)采用积极乐观的卡通形象作为墙绘,意在减少孩子们初入院时的紧张不安,并希望孩子们能像这些卡通朋友一样"友善团结""克服困难"。值得一提的是,绘画是儿少科心理治疗的特色项目,这些墙绘都是工作人员和住院的孩子们一起合作的成果。作为儿少科的门面展示,它们也是医护患彼此关爱、共同努力的美好象征的展示。儿少科的图标是一只飞翔的小白鸽,翅膀又像一棵小绿苗,象征着茁壮的希望和对未来的期盼。儿少科服务口号"守护少儿,呵护未来"也代表了科室对广大儿童和青少年的精神心理康复的细心守护与呵护,以及对未来的美好祝愿。

儿少病房主题颜色选择饱和度低的米白色和绿色,平和宁静,这类柔和的颜色也有利于稳定孩子们的情绪。病房环境设置从满足患者需求、医护人员日常工作流程需求出发。环境让人感觉舒适,设施方便使用,以人为本,以终为始。

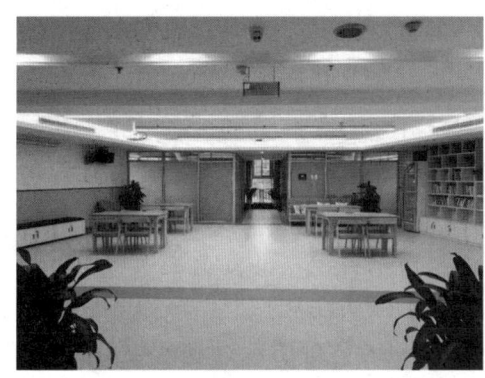 

图5-10 儿少病房环境

(三) 儿少康复病区

坐落于广州医科大学附属脑科医院白云院区的儿少康复病区环境舒适、采光充足、视野开阔,可以在生活化场景中开展心理康复活动。专科特色心理康复技术基于儿少的心理认知发展和情绪发展特点设计,重点聚焦症状管理,恢复正常生物节律,改善身体机能,提升情绪、社交和压力管理的技能,预期进一步缓解症状,恢复正常生活节律,实现积极、健康的生活、社交、复学等功能康复。在病区内配置沙盘室、个体治疗室、家庭访谈室、团体治疗室、艺术表达活动室、烘焙室、室外运动场所、植物种植疗愈场所等，部分治疗场所的功能可以多元化。

二、电子信息系统

1. 医院信息系统（Hospital Information System，HIS）

通过医院信息系统，可以实现患者信息整合及各职能部门的信息互通。系统的信息包含患者的病历、检查结果、心理治疗记录、诊疗操作等。对于精神科医生而言，通过医院信息系统，可以跟进患者以往就诊的情况，及时查看患者的检查结果，并定期查看患者心理治疗记录及进展。而对于心理治疗师，在心理治疗中了解到需要和精神科医生沟通的情况，与患者进行知情告知与讨论后，患者同意由心理治疗师与其精神科主诊医生沟通，可以在心理治疗记录中记录患者的治疗情况及特殊情况，比如患者的药物依从性、安全风险评估、症状的变化等。通过查看病历，也可以看到精神科医生对患者随访就诊的情况更新以及药物上的调整。

医院信息系统实现了患者信息的有机整合，通过该系统，可以关注到患者在广州医科大学附属脑科医院不同科室的就诊记录，了解其诊疗进展，有效地提高各部门间沟通的效率。而电子信息系统的信息保存量大，保存时间长，有良好的数据安全保障，对于不同级别的人员设置相应权限，上级部门也可以通过该系统进行质控和风险预警。

2. 心理 CT 系统（Psychological Computerized Tomography）

2021 年，笔者团队引入了线上心理测量系统，无须医院提供施测设备，患者可利用个人设备电脑端、平板端、手机端无限次通过移动设备参与线上心理测量，突破了设备的限制和同时施测人数的限制。这不仅节约了医院开展心理测量的设备成本，同时缩短了患者的排队等候时间，患者可随时随地利用自己的设备完成测评，不受其他患者的干扰，从而达到了让数据多"跑动"、让患者少走路的效果。

系统集成了各人群各病种的自评量表套餐，包括患者填写部分及家属填写部分。根据心理测评结果，可以生成其心理健康档案，并提供随访功能长期监测患者心理疾病病程及了解治疗效果的目标。在报告的内容上，根据中国常模生成简明易懂的文字描述，并配合直观图表展示，同时增加了预警和指导建议部分。另外，线上心理测量系统可按需增设心理测量量表和自编量表的测试，为科研提供工具上的便利。在数据处理上，能够突破时空的限制，保存患者的历史测评结果，方便横向比较和纵向追踪。

数据安全上，该系统搭建在医院信息科机房指定服务器中，系统数据均不能缓存在第三方存储设备中，数据较为安全可靠。心理检测系统与医院 HIS 系统对接，医生工作站所开医嘱可以推送到量表系统，患者无须二次登记信息。系统测评结果可以回传 HIS 系统，医生工作站可见、可打印，可以查询填写状态，并可以直接应用到病历中。

3. 神经心理测验

对于儿童和青少年的诊断评估，除了量表填写、生理学指标的检查外，神经心理测验也具有重要的意义（中华医学会神经病学分会神经心理与行为神经病学学组，2019）。目前，我们科室开展了智力功能测评与注意测验，评定儿童和青少年在不同维度的认知功能，了解其功能受损程度，也作为重要的辅助诊断依据。在测验材料、测验过程及结果报告方面，我们均引入了智能化的系统，并在访谈评估过程中进行详细解读。以下以注意测验的电子信息系统举例，在我们科室的临床应用上，主要采用行为实验测评 D-CPT 测评系统及虚拟现实注意力 AX-CPT 测评系统。

在 D-CPT 测试任务中，被试需要完成 14.5 分钟（6～12 岁）或 18.5 分钟（13 岁及以上）的持续操作测验，测验中包含听觉干扰刺激及视觉干扰刺激，一共有 8 个测试阶段。该系统设计为游戏化页面，参与者通过电脑端即可进入测验，具有良好的敏感性和特异性。

在开始前，输入患儿个人信息，进行信息匹配及年龄常模匹配。正式测验前会播放教程及引导患儿进行练习，如练习未能通过，将会再次返回教程，并重新进行练习。当患儿多次无法通过练习后，工作人员将会与患儿确认其是否理解规则。若患儿已经理解测验规则，将会直接进入正式测验，并将观察现象告知评估医生，在评估报告上记录对患儿的行为观察结果。测验中，通过电脑记录其反应时及准确率，测验后即可出具实时测验报告，包含患儿反应的多动性、及时性、专注度及冲动性测验表现，并通过清晰明了的图片展示其在同年龄儿童常模中的表现。该测验可为医生提供客观参考数据，辅助诊断。

近年来，笔者团队也引入了虚拟现实注意力 AX-CPT 测评系统，通过虚拟现实技术，可以模拟儿童熟悉的教室场景。儿童戴上头盔后，将"身临其境"地坐在教室里，并在该场景下完成 13 分钟的 AX-CPT 测试任务，增加儿童完成任务的趣味性和依从性，同时也更具有生态效度。在完成任务的过程中，反应手柄会同时采集儿童头部、手部运动数据，并基于人工智能算法分析儿童注意力水平及动作行为表现，同时对比同年龄段、同性别人群常模，生成目标注意力、行为自控力、反应力、分辨力和持续注意力等多维度测验结果报告，为 ADHD 患儿的诊断分型提供了参考。

参考文献

[1] Schuckard E, Miller S, Hubble M. Feedback informed treatment: Historical and empirical foundations // Prescott D, Maeschalck C, Miller S, eds. Feedback Informed Treatment in Clinical Practice: Reaching for Excellence [A]. Washington, DC: American Psychological Association, 2017.

[2] 中华医学会神经病学分会神经心理与行为神经病学学组. 常用神经心理认知评估量表临床应用专家共识 [J]. 中华神经科杂志，2019，52（3）：11.